职业教育电气技术应用专业系列教材

电气控制与 PLC 技术及实训

（第二版）

葛志凯　主编

杨伟波　张龙　刘霞　副主编

科学出版社

北　京

内 容 简 介

本书是电气控制与PLC技术及实训一体化课程的中高职学校和技工院校教材。全书以任务驱动教学法为导向，以具体的工作任务为载体，以"工学结合，项目引导，教学做一体化"为原则，以工作任务引领的方式将相关知识点融入完成工作任务所必备的工作项目中，使学生掌握必要的基本理论知识，并提高学生的实践能力、职业技能、分析问题和解决问题的能力。

全书共7个单元、32个任务，包括常用低压电器的功能、结构、参数、使用注意事项，常用低压电器控制电路的安装与调试，FX2N系列PLC的基本知识、基本指令、步进指令、功能指令的应用实例，以及PLC综合应用实例和编程软件的应用等内容。

本书注重知识的系统应用和前后联系，结合世界技能大赛工业控制项目案例的要求，对应知应会知识进行描述和分析，深入浅出，简明扼要，通俗易懂，图文并茂，实例丰富，程序短小精练，选取典型任务利于读者进行学习。

本书既可作为中等职业学校和高职院校、技工院校电气技术应用相关专业的通用教材，也可作为相关行业岗位培训和技术人员自学用书。

图书在版编目（CIP）数据

电气控制与PLC技术及实训／葛志凯主编.—2版.—北京：科学出版社，2020.12
　ISBN 978-7-03-067644-3

Ⅰ.①电…　Ⅱ.①葛…　Ⅲ.①电气控制-中等专业学校-教材 ②PLC技术-中等专业学校-教材　Ⅳ.①TM571.2 ②TM571.61

中国版本图书馆CIP数据核字（2020）第271045号

责任编辑：陈砺川　赵玉莲／责任校对：王　颖
责任印制：吕春珉／封面设计：东方人华平面设计部

科学出版社出版
北京东黄城根北街16号
邮政编码：100717
http://www.sciencep.com

北京鑫丰华彩印有限公司印刷
科学出版社发行　各地新华书店经销

*

2010年9月第　一　版　　开本：787×1092　1/16
2020年12月第　二　版　　印张：20
2020年12月第十次印刷　　字数：462 000
定价：56.00元
（如有印装质量问题，我社负责调换〈鑫丰华〉）

销售部电话 010-62136230　编辑部电话 010-62130874（VA03）

第二版前言

《电气控制与PLC技术及实训》（第一版）自2010年9月出版以来，被全国部分中职学校及技师学院选为电气控制类教材，得到了广大读者的高度评价，同时也得到了一些使用者反馈的建设性意见。为适应电气控制新技术的发展，特别是PLC应用技术快速发展的需要，编者结合20多年的教学经验和读者的建议，对第一版内容重新进行了审读，发现有些内容需要更新，也有些内容需要调整，因此对第一版进行了修订。

修订后的《电气控制与PLC技术及实训》（第二版）仍然保持原来的编写风格，在保留第一版基本框架的前提下，对一些内容进行了补充、更新和提高。

1）修正了第一版中的一些错误。

2）在任务驱动教学法的前提下，设置了更加真实的任务情景，按照任务描述、任务分析、任务目标、任务准备、任务实施的基本流程，使各环节设定更加合理，并增添了7S管理和任务评价环节。

3）结合PLC编程软件的发展，取消了手持编程器任务的学习，以三菱公司编程软件GX Works 2替代了第一版的GX Developer软件，并在GX Works 2软件环境下对本书中的所有PLC程序进行了更新和仿真。

4）更新了10个学习任务，并引入世界技能大赛工业控制项目中的部分训练模块案例。

在更新学习任务时，我们借鉴世界技能大赛工业控制项目训练课题的训练思路，选取了日常生活中常见的控制实例，以便进一步激发学生的学习兴趣和学习主动性。本书实例较多，且都短小精练，涉及的知识点、技能点可满足教学及自学者之需。

一、教学课时

本书教学课时总数为100课时，教学课时安排建议如下（仅供参考）：

教程内容	教学课时	
	理论教学	技能训练
单元1　常用低压电器	4	4
单元2　三相异步电动机电气控制系统的基本电路	6	12
单元3　初步认识可编程逻辑控制器	4	2
单元4　三菱FX2N系列PLC基本指令的应用	6	8
单元5　三菱FX2N系列PLC步进指令的应用	6	10
单元6　三菱FX2N系列PLC功能指令的应用	6	10
单元7　三菱FX2N系列PLC在工业生产中的综合应用	8	14
学时合计	40	60

　　本书除了在第一版的基础上加强了内容的实用性外，还提供了教学课件和部分单元对应内容的知识拓展，有需要的读者可以直接到科学出版社网站（www.abook.cn）免费下载。

　　二、编写分工

　　本书由邢台技师学院教师团队、河北师范大学职业技术学院专业教师、世界技能大赛工业控制项目基地的专家、教练等编写、审核。其中，葛志凯担任主编，杨伟波、张龙、刘霞担任副主编，韩静、李萍、王华强、潘志刚、刘圣华、杨丽坤等参编。具体编写分工如下：单元1由杨伟波编写，单元2由韩静、王华强编写，单元3由李萍、刘圣华编写，单元4由刘霞编写，单元5由张龙编写，单元6由葛志凯编写，单元7由葛志凯、杨丽坤、潘志刚编写。世界技能大赛工业控制项目中国集训基地（邢台技师学院）的专家教练连英、段赞辉等对本书的编写提供了宝贵的意见和指导，并负责审稿工作。

　　由于编者水平有限，加上编写时间仓促，书中难免有不足之处，敬请读者批评指正。

第一版前言

"电气控制与PLC控制技术及实训"是中等职业学校机电类相关专业的一门专业核心课程，本书是与该课程配套的教材。本书根据目前中等职业教育的特点和中职学生的学习状况，立足"以就业为导向"、知识"够用、实用"，采用项目教学安排课程结构，把理论知识和技能实训应用到每个教学项目中，实现从理论到实践的学习过程。

全书共分低压电器和PLC控制技术两部分。第一部分为低压电器知识，包括两个单元、10个任务，主要要求学生熟练掌握常用低压电器的基本类型、原理、用途，并合理选用控制电器，掌握继电器、接触器控制电路的基本环节，学会阅读和分析由继电器、接触器构成的典型电气控制线路，并具有初步的设计能力。第二部分为PLC控制技术，包括6个单元、17个任务，以三菱FX2N系列PLC为样机，从学生的实际出发，结合编者多年的教学经验，介绍PLC的基本知识与应用技能。主要要求学生掌握PLC的分类和选择，掌握其基本指令、步进指令、部分功能指令的应用和控制系统的设计思路和步骤。

本书教学时数为100课时，课时安排建议如下（仅供参考）。

教学课时分配表

教程内容	学时	
	理论教学	技能训练
单元 1　常用低压电器	4	4
单元 2　三相异步电动机电气控制系统的基本电路	8	12
单元 3　初步认识可编程逻辑控制器	4	2
单元 4　三菱 FX2N 系列 PLC 基本指令的应用	8	6
单元 5　三菱 FX2N 系列 PLC 步进指令的应用	6	6
单元 6　三菱 FX2N 系列 PLC 在工业生产中的应用	6	8
单元 7　三菱 FX2N 系列 PLC 功能指令的应用	4	6
单元 8　三菱 FX2N 系列 PLC 编程器和编程软件的应用	6	10
合　　计	46	54

本书具有以下特点。

1）遵循学生认知规律，打破传统学科体系，坚持理论知识和技能实施并重，以任务为引领，以学生的行为为导向，采取项目教学方式对低压电器和PLC的知识与技能进行建构，突出技能的培养和职业习惯的养成，力求做到学做合一、理实一体。

2）以就业为导向，坚持"够用、实用、会用"的原则，加强了基本继电控制环节和梯形图及其硬件的学习，重点培养学生的PLC应用能力，引领学生学会方法，学有所成，更好地满足企业岗位的需要。

3）采用图文并茂的表现形式，使用大量图片和表格展示各个知识点和任务，大大提高了本书的可读性和可操作性。

本书由河北省邢台市职教中心葛志凯担任主编，杨伟波担任副主编，参加编写的有邢台技师学院胡继军、段赞辉、杨玉伟，邢台市职教中心苏超、王华强，邢台农业学校曹荣格、秦秀妙，邢台经贸学校于建明，华北工程学校王照卫，石家庄第三职业中专庄建莎，石家庄裕华职教中心李新辉等多名骨干教师。单元1由杨玉伟、于建明编写，单元2、单元4由杨伟波编写，单元3由曹荣格、庄建莎、李新辉编写，单元5由葛志凯、胡继军、王照卫编写，单元6由王华强、苏超、段赞辉编写，单元7由段赞辉、秦秀妙编写，单元8由葛志凯编写。葛志凯、杨伟波、郑红领对全书进行了修改并统稿。河北师范大学职业技术学院刘波粒教授和河北省职教研究所谢勇旗研究员提出了许多宝贵的指导建议，并由河北师范大学职业技术学院院长刁哲军教授和邢台市职教中心校长魏晓林担任主审，他们对本书的内容、结构及文字方面提出了许多宝贵建议，在此表示衷心的感谢！

由于编者水平有限，书中难免有疏漏和不足之处，敬请各位专家和读者批评指正。

目　录

单元 1

常用低压电器

单元向导

低压电器是电力拖动继电控制系统的基本组成部分，是组成电器设备的基础配套元件。继电控制系统性能的优劣与所用的低压电器直接相关。低压电器通常包括开关类低压电器、电磁类继电器以及保护类低压电器等。本单元所介绍的刀闸开关、转换开关、按钮、行程开关、接触器、时间继电器、热继电器和熔断器等都是低压电器中最常用的元件，电气技术人员必须熟悉常用低压电器的原理、结构、规格、型号和用途，并能够正确选择、使用与维护低压电器，充分发挥低压电器组成的继电控制系统的作用。

认知目标

1. 能熟练叙述常用低压电器元件的功能。
2. 能正确画出常用低压电器元件的符号（图形符号及文字符号）。
3. 能熟练分析常用低压电器等电器元件的结构及工作原理。
4. 能熟练分析常用低压电器元件的型号、代表的意义和选用的方法。

技能目标

1. 能正确识别并检测接触器和时间继电器等电器元件。
2. 能正确拆装接触器和时间继电器等电器元件。
3. 能根据要求，正确选用接触器和时间继电器等电器元件。

任务 1.1　认识并拆装常用低压开关类电器

现有某低压电器生产企业组装一批低压开关电器，其中有刀开关、断路器等，要求我们对这批电器进行正确组装，并检测其性能好坏。

低压开关类电器是指工作在交 / 直流电压 1500V 以下并且在电路中起接通或断开电路作用的电器。

刀开关、按钮等是我们在生活中常见到的低压电器，除了它们，还有其他的低压电器吗？它们有什么具体的作用吗？本任务我们就来认识常见的低压开关类电器——主令电器，包括刀开关、转换开关、按钮、行程开关。在学习中请同学们认真比较，找出这些低压开关类电器彼此之间的异同点。

在这一任务中，同学们只有认真学习低压开关类电器的功能、结构，才能合理地进行拆装组合再利用这些电器元件。

认知目标：

1. 能熟练说出刀开关、转换开关、按钮、行程开关等电器元件的功能、型号。

2. 能正确画出刀开关、转换开关、按钮、行程开关等电器元件的符号（图形符号及文字符号）。

3. 能熟练分析刀开关、转换开关、按钮、行程开关等电器元件的结构及工作原理。

技能目标：

1. 能正确识别并检测刀开关、转换开关、按钮、行程开关等电器元件。

2. 能正确拆装刀开关、转换开关、按钮、行程开关等电器元件。

3. 按照 7S 要求，安全文明生产。

任务准备

1.1.1　7S 管理基本要求

1. 什么是 7S 管理

7S 管理是指：Seiri（整理）、Seiton（整顿）、Seiso（清扫）、Seike（清洁）、Shitsuke（素养）、Safety（安全）、Save（节约），因其日语的罗马拼音均以 "S" 开头，因此简称为 "7S"。

2. 7S 的定义及目的

1S—整理

定义：区分 "要" 与 "不要" 的东西，对 "不要" 的东西进行处理。

目的：腾出空间，提高生产效率。

2S—整顿

定义：要的东西依规定定位、定量摆放整齐，明确标识。

目的：减少取放物品的时间，提高工作效率。

3S—清扫

定义：清除工作场所内的脏污，设备异常马上修理，并防止污染的发生。

目的：保证稳定产品的品质。

4S—清洁

定义：将上面 3S 的实施制度化、规范化，并维持效果。

目的：通过制度化来维持成果，并显现 "异常" 之所在。

5S—素养（又称修养、心灵美）

定义：人人依规定行事，养成好习惯。

目的：提升 "人的品质"，养成对任何工作都持认真态度的习惯。

6S—安全

定义：清除隐患，排除险情，预防事故发生。

目的：保障员工的人身安全，保证生产的连续安全正常的进行，同时减少因安全事故带来的经济损失。

7S—节约

定义：就是对时间、空间、能源等方面合理利用，以发挥它们的最大效能，从而创造一个高效的、物尽其用的工作场所。

目的：对整理工作的补充和指导，由于我国资源相对不足，更应该在企业中秉持勤俭节约的原则。

7S 活动是企业现场各项管理的基础活动，它有助于消除企业在生产过程中可能面临的各类不良现象。7S 活动在推行过程中，通过开展整理、整顿、清扫等基本活动，能有效解决工作场所凌乱、无序的状态，有效提升个人行动能力与素质，最终提高员工的职业素养。因此，我们需要按照 7S 活动的要求，开展学习任务和实训工作。

1.1.2　低压电器的概况

1．低压电器的定义

低压电器是指用在交流电压 1200V 以下及直流电压 1500V 以下的电路中，能根据外界的信号和要求，手动或自动地接通、断开电路，以实现对电路或电气设备的切换、控制、保护、检测和调节的工业电器。低压电器作为基本控制电器，广泛应用于输配电系统和自动控制系统，在工农业生产、交通运输和国防工业中起着极其重要的作用。目前，低压电器正朝着小型化、模块化、组合化和高性能化发展。

2．低压电器的分类

（1）按动作原理分类

1）手动电器。这类电器的动作是由工作人员手动操纵的，如刀开关、组合开关及按钮等。

2）自动电器。这类电器是按照操作指令或参量变化自动动作的，如接触器、继电器、熔断器和行程开关等。

（2）按用途和所控制的对象分类

1）低压控制电器。主要用于设备电气控制系统，用于各种控制电路和控制系统的电器，如接触器、继电器、电动机启动器等。

2）低压配电电器。主要在低压配电系统中用于电能输送和分配的电器，如刀开关、转换开关、熔断器和自动开关、低压断路器等。

3）低压主令电器。主要用于自动控制系统中发送动作指令的电器，如按钮、转换开关等。

4）低压保护电器。主要用于保护电源、电路及用电设备，使它们在短路、过载等状态下运行时不会遭到损坏的电器，如熔断器、热继电器等。

5）低压执行电器。主要用于完成某种动作或传送功能的电器，如电磁铁、电磁离合器等。

（3）按工作环境分类

1）一般用途低压电器。指用于海拔高度不超过 2km，周围环境温度在 −25 ～ 40℃，空气相对湿度为 90%，安装倾斜度不大于 5°，无爆炸危险的介质及无显著摇动和冲击震动场合的电器。

2）特殊用途低压电器。指在特殊环境和工作条件下使用的各类低压电器，通常是在一般用途低压电器的基础上派生而成的，如防爆电器、船舶电器、化工电器、热带电器、高原电器以及牵引电器等。

3. 低压电器的组成

低压电器一般由感受部分和执行部分组成。感受部分感受外界的信号并做出有规律的反应。在自动切换电器中，感受部分大多由电磁机构组成，如交流接触器的线圈、铁心和衔铁构成电磁机构；在手动电器中，感受部分通常为操作手柄，如主令控制器由手柄和凸轮块组成感受部分。执行部分根据指令要求，执行电路接通、断开等任务，如交流接触器的触点连同灭弧装置。对自动开关类的低压电器，还具有中间（传递）部分，它的任务是把感受和执行两部分联系起来，使它们协同一致，按一定的规律动作。

4. 低压电器的性能指标

低压电器的性能指标参数主要包括额定电压、额定电流、通断能力、电气寿命和机械寿命等。

（1）额定电压

低压电器在规定条件下长期工作时，能保证电器正常工作的电压值，通常是指主触点的额定电压。有电磁机构的控制电器还规定了吸引线圈的额定电压。

（2）额定电流

额定电流是指保证电器能正常工作的电流值。同一电器在不同的使用条件下，有不同的额定电流等级。

（3）通断能力

通断能力是指低压电器在规定的条件下，能可靠接通和分断的最大电流。通断能力与电器的额定电压、负载性质、灭弧方法等有很大关系。

（4）电气寿命

电气寿命是指低压电器在规定条件下，在不需修理或更换零件时的负载操作循环次数。

（5）机械寿命

机械寿命是指低压电器在需要修理或更换机械零件前所能承受的负载操作次数。

1.1.3　刀开关

刀开关又叫开启式负荷开关，在配电系统和设备自动控制系统中常用于电源隔离，有时也可用于不频繁接通和断开小电流配电电路或直接控制小容量电动机的启动和停止。

这种开关结构简单、价格低廉，安装、使用、维修都很方便。常用的刀开关有胶盖闸刀开关和铁壳开关，这里只介绍胶盖闸刀开关，它的主要结构如图 1.1 所示。

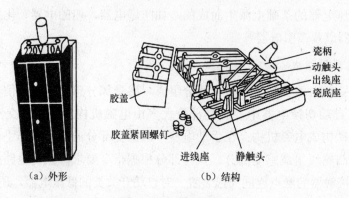

瓷柄
动触头
出线座
瓷底座
胶盖
胶盖紧固螺钉
进线座
静触头

（a）外形　　　　　　（b）结构

图 1.1　胶盖闸刀开关

1．用途

刀开关广泛应用于照明电路、小容量（5.5kW 及以下）的动力电路和不频繁启动的控制电路中。

2．安装工艺

胶盖闸刀开关安装时，瓷底应与地面垂直，手柄向上推为合闸，不得倒装和平装。接线时，电源进线必须接闸刀上方的静触点接线桩，通往负载的引线接下方的接线桩。接线时螺丝必须拧紧，保证接线桩与导线连接良好。

3．选用

选用胶盖闸刀开关时，应注意以下三点。

1）根据电压和极数选择。

2）根据额定电流选择。

3）选择开关时，注意检查各刀片与对应夹座是否直线接触，有无歪斜、不同步等，如有问题，应及时修理或更换。

4．电气图形符号及型号含义

胶盖闸刀开关图形符号及型号含义如图 1.2 所示。

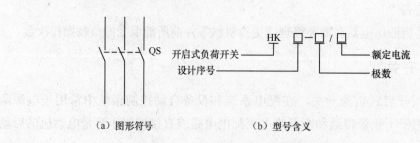

QS
HK □-□/□
开启式负荷开关
设计序号
额定电流
极数

（a）图形符号　　　　　（b）型号含义

图 1.2　胶盖闸刀开关图形符号及型号含义

1.1.4　转换开关

转换开关又称组合开关，是由多节触点组合而成的一种手动控制电器，它是一种凸轮式的做旋转运动的刀开关，在设备自动控制系统中一般用作电源引入开关或电路功能切换开关，也可直接用于控制小容量交流电动机的不频繁操作。按极数转换开关分为单极、双极、三极和多极结构，常用的 HZ10 系列转换开关的结构如图 1.3 所示。

（a）外形　　　　　　　　　　（b）结构

图 1.3　HZ10 系列转换开关

1．用途

转换开关可以用作电源引入开关，也可以用作 5.5kW 以下的电动机直接启动、停止、反转和调速的控制开关。

2．选用

选用转换开关应根据电源种类、电压等级、所需触头数、接线方式和负载容量进行选用。开关的额定电流一般为

$$I=（1.5\sim2.5）I_{\mathrm{e}}（其中 I 为开关电流，I_{\mathrm{e}} 为电动机额定电流）$$

3．电气图形符号和型号含义

HZ10 系列转换开关的图形符号及型号含义如图 1.4 所示。

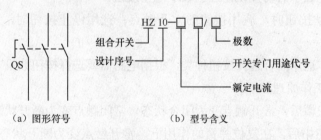

（a）图形符号　　　　　　　　（b）型号含义

图 1.4　HZ10 系列转换开关的图形符号及型号含义

1.1.5　主令电器

主令电器是用来接通和分断控制电路，用它来命令电动机及其他控制对象的启动、停止或工作状态的变换。因此称这类发布命令的电器为主令电器。常见的主令电器有按钮、行程开关、万能转换开关、主令控制器等。下面我们就来学习按钮和行程开关。

1．按钮

按钮又叫控制按钮或按钮开关，是一种手动控制电器，只能短时接通或断开 5A 以下小电流电路，向其他用电电器发出指令性的电信号，控制其他电器动作。由于按钮载流量小，不能直接用它控制主电路的通断。按钮外形及结构如图 1.5 所示。

（a）按钮外形　　　　　　　　　　　　　（b）按钮结构

图 1.5　按钮外形及结构

> **小知识**
>
> 　　所谓常开触点是指在通常状态下（不受外力的状态下，或认为对按钮不执行操作的状态下）触点之间为断开状态的一对触点，如图 1.5（b）中触点 3 与 4；常闭触点是指在通常状态下触点之间为闭合状态的一对触点，如图 1.5（b）中触点 1 与 2。

1）用途。短时接通或断开小电流电路。

2）选用。选择按钮时应注意以下 3 点。

① 一般绿色表示启动按钮，红色表示停止按钮。

② 选用启动按钮时，应用按钮的常开触点；选用停止按钮时，应用按钮的常闭触点。

③ 根据具体适用场合选择按钮种类，根据电路需要选择按钮数量。

3）按钮的工作原理如下。

① 按下按钮帽后，常开触点变为闭合状态，常闭触点变为断开状态。

② 松开按钮帽后，在复位弹簧的作用下，常开触点变为断开状态，常闭触点变为闭合状态。

4）电气图形符号。按钮的电气图形符号如图 1.6 所示。

（a）按钮常开触点　　　　（b）按钮常闭触点　　　　（c）按钮复合触点

图 1.6　按钮的电气图形符号

☀ 小知识

　　在实际应用中，有时会用到按钮的复合触点。所谓复合触点是指按钮的常开、常闭触点复合使用，当按下按钮时常开、常闭触点一起动作，常开触点变为闭合状态，常闭触点变为断开状态，如图 1.6（c）所示。

　　5）型号含义。按钮的型号含义如图 1.7 所示。

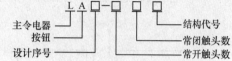

图 1.7　按钮的型号含义

　　2. 行程开关

　　行程开关，又称限位开关，是一种根据生产机械运动的行程位置而动作的小电流开关电器。它是利用生产机械的某运动部件对开关操作机构的碰撞而使触点动作，以实现对机械的电气控制。

　　从结构看，行程开关由操作头、触头系统和外壳组成。操作头是开关的感测部分，它接受机械结构发出的动作信号，并将此信号传递到触头系统。触头系统是开关的执行部分，它将操作头传来的机械信号，通过本身的转换动作，变换为电信号，输出到有关控制回路，使之能按需要做出必要的反应。

　　行程开关的触头动作方式有蠕动型和瞬动型两种。蠕动型触头的分合速度取决于挡铁的移动速度，当挡铁的移动速度较慢时，触头切换慢，易受电弧烧灼，从而减少触头的使用寿命，也影响动作的可靠性。为克服以上缺点，可采用具有快速换接动作机构瞬动型触头。

　　行程开关按照传动装置的形式分为直动式（按钮式）、滚轮式（旋转式）。滚轮式又分单滚轮式和双滚轮式。单滚轮式行程开关在被机械运动部件碰撞之后，能自动复位，双滚轮式则不能自动复位。行程开关外形如图 1.8 所示。

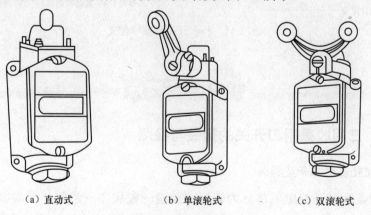

（a）直动式　　　　　（b）单滚轮式　　　　　（c）双滚轮式

图 1.8　行程开关外形

　　其中，直动式行程开关的结构示意图如图 1.9 所示。

1）用途。常用于限制机械运动的位置或行程，实现程序控制、定位控制、限位控制、改变运动方向等，使运动机械按一定的位置或行程实现自动运行或者停止。

2）选用。根据应用场合及控制对象选择种类；根据安装使用环境选择防护型式；根据控制回路的电压和电流选择行程开关系列；根据运动机械与行程开关的传力和位移关系选择行程开关的头部型式。

3）电气原理图符号。行程开关的电气原理图符号如图 1.10 所示。

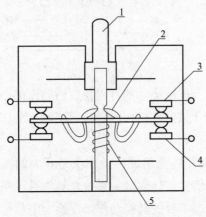

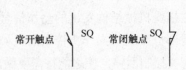

1—推杆；2—弯形片状弹簧；
3—常开触点；4—常闭触点；5—恢复弹簧。

图 1.9　直动式行程开关的结构示意图　　　　图 1.10　行程开关电气原理图符号

4）型号含义。行程开关的型号含义如图 1.11 所示。

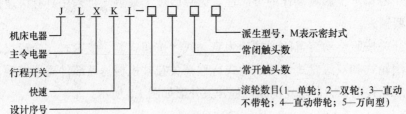

图 1.11　行程开关的型号含义

任务实施

1.1.6　三相胶盖闸刀开关的拆装与检测

1. 三相胶盖闸刀开关拆装

三相胶盖闸刀开关组成部分为瓷柄→胶盖→瓷底座→静触片→动触片→熔体端子→接电源端→接负载端，其拆卸步骤如图 1.12 所示，首先拧下螺丝，拆下胶盖，确定动触片、静触片、熔体端子、接电源端和接负载端的位置，移动瓷柄，观察触片接触情况，安装步骤与拆卸步骤相反。

2．三相胶盖闸刀开关的检测

三相胶盖闸刀开关的检测记录见表 1.1，请根据表 1.1 逐项检测三相胶盖闸刀开关的各项性能，并记录。

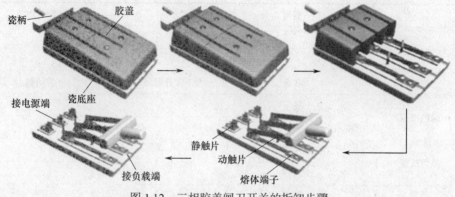

图 1.12　三相胶盖闸刀开关的拆卸步骤

表 1.1　三相胶盖闸刀开关的检测记录表

型号		额定电流	
触头电阻 /Ω			
刀片与对应夹座是否直线接触，有无歪斜、不同步等			
是否直线	有无歪斜		是否同步

1.1.7　按钮的拆装与检测

1．按钮的拆装

以三联按钮为例，其拆卸步骤为：首先拧下螺丝，拆下后盖，确定其中各个按钮的常开触点及常闭触点，然后手动按下按钮，观察各个触点的变化，具体步骤如图 1.13 所示，安装步骤与拆卸步骤相反。

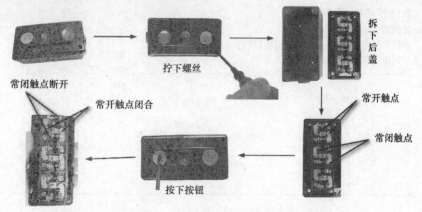

图 1.13　三联按钮的拆卸步骤

2．按钮的检测

请根据表 1.2 逐项检测三联按钮的各项性能，并记录。

表 1.2　按钮的检测记录表

型号			额定电流
触点状态			
按钮	状态	常开触点	常闭触点
绿色按钮	按下		
	松开		
黑色按钮	按下		
	松开		
红色按钮	按下		
	松开		

任务评价

完成认识并拆装常见低压开关类电器任务评价表 1.3。

表 1.3　认识并拆装常见低压开关类电器任务评价表

	评价项目及标准	配分	自评	互评	师评	总评
知识与技能	能熟练说出刀开关、转换开关等电器元件的功能、型号	10				
	能正确画出刀开关、转换开关等电器元件的符号	10				
	能熟练分析刀开关、转换开关等电器元件的结构及工作原理	10				
	能正确识别并检测刀开关、转换开关等电器元件	20				
	能正确拆装刀开关、按钮等电器元件	20				
实习过程	1．按照 7S 要求，安全文明生产 2．出勤情况 3．积极参与完成任务，积极回答课堂问题 4．学习中的正确率及效率	30				
合计		100				
简要评述						

任务 1.2　认识并拆装常用电磁继电器

任务描述

在工厂的生产控制中，有些场合往往需要远距离控制，以及频繁地接通或断开电路，有的电路甚至还需要通过较大的电流，这是一般的低压开关所无法实现的。到底应该应用什么器件来实现这一控制呢？如果在生产控制中需要按时间的顺序来控制生产，又该应用什么器件实现时间的延时呢？

某企业进行设备升级改造，为节约成本需要将质量性能较好的电磁类继电器继续留用。委托我们对接触器和时间继电器进行拆装修整，并检测其性能好坏。

任务分析

继电器是一种根据某种输入信号接通或断开小电流控制电路，实现远距离自动控制和保护的自动控制电器。继电器按输入信号的性质可分为电流继电器、电压继电器、时间继电器、温度继电器、速度继电器等。

在本任务中我们要学习接触器和时间继电器的相关知识，较前一任务常用低压开关类电器而言，接触器和时间继电器的应用范围更加广泛，并且可以实现自动地接通或断开电路（因为电流具有磁效应）。

任务目标

认知目标：

1．能熟练叙述接触器和时间继电器等电器元件的功能。

2．能正确画出接触器和时间继电器等电器元件的符号（图形符号及文字符号）。

3．能熟练分析接触器和时间继电器等电器元件的结构及工作原理。

4．能熟练分析接触器和时间继电器等电器元件的型号代表的意义及选用的方法。

技能目标：

1．能正确识别并检测接触器和时间继电器等电器元件。

2．能正确拆装接触器和时间继电器等电器元件。

3．能根据要求，正确选用接触器和时间继电器等电器元件。

4．按照 7S 要求，安全文明生产。

 任务准备

1.2.1 接触器

接触器是用来频繁接通和断开交直流主电路和大容量控制电路的控制电器，并可实现远距离自动控制，具有欠（零）电压保护功能。接触器由于生产方便、成本低廉、用途广泛，在各类低压电器中生产量最大、使用面最广。

1．用途

接触器用于频繁的接通或断开交直流主电路和大容量控制电路，可实现远距离自动控制，具有欠（零）电压保护功能。

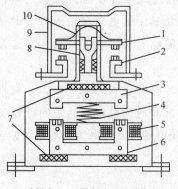

1—动触点；2—静触点；3—衔铁；
4—缓冲弹簧；5—电磁线圈；
6—铁心；7—垫毡；8—触点弹簧；
9—灭弧罩；10—触点压力簧片
图 1.14　CJ20 系列接触器结构示意图

2．结构

接触器从整体上可分为电磁机构、触点系统和灭弧装置，如图 1.14 所示为 CJ20 系列接触器。其中电磁系统是感测部分，触点系统是执行部分。触点工作时，需要经常接通和分断额定电流或更大的电流，常常伴有电弧的产生。为此，一般情况下都装有灭弧装置。

3．工作原理

当线圈得电后，线圈电流产生磁场，使静铁心产生电磁吸力吸引衔铁，衔铁在电磁吸力的作用下吸向铁心，同时带动动触点移动，使常闭触点断开、常开触点闭合。当线圈失电或线圈两端电压显著降低时，电磁吸力小于弹簧反力，使得衔铁释放，触点机构复位，常开触点断开，常闭触点闭合。

4．接触器的主要技术参数

（1）接触器的极数和电流种数

按接触器主触头的个数确定其极数，有两极、三极和四极接触器；按主电路的电流种类分有交流接触器和直流接触器。

（2）额定工作电压

额定工作电压指主触头之间正常工作电压值，也就是主触头所在电路的电源电压。直流接触器的额定电压有 110V、220V、440V、660V；交流接触器的额定电压有220V、380V、500V、660V 等。

（3）额定电流

额定电流指接触器触头在额定工作条件下的电流值。直流接触器的额定电流有 40A、80A、100A、150A、250A、400A 及 600A；交流接触器的额定电流有 10A、20A、40A、60A、100A、150A、250A、400A 及 600A。

（4）线圈额定电压

线圈额定电压指接触器正常工作时线圈上所加的电压值。选用时，一般交流负载用交流接触器，直流负载用直流接触器，但对动作频繁的交流负载可采用使用直流线圈的交流接触器。

（5）操作频率

操作频率指接触器每小时允许操作次数的最大值。

（6）寿命

寿命包括电气寿命和机械寿命。目前接触器的机械寿命已达一千万次以上，电气寿命约是机械寿命的 5% ～ 20%。

5．选用

接触器的选用主要根据以下几方面。

1）根据负载性质选择接触器类型（直流、交流）。

2）额定电压应大于或等于主电路的工作电压。

3）额定电流应大于或等于被控电路的额定电流。对于电动机负载，还应根据其运行方式适当增大或减小。

4）吸引线圈的额定电压和频率要与所在控制电路选用的电压和频率相一致。

6．电气图形符号

接触器的电气图形符号如图 1.15 所示。

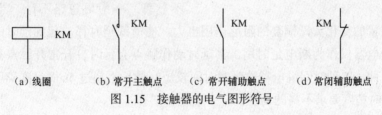

（a）线圈　　　（b）常开主触点　　　（c）常开辅助触点　　　（d）常闭辅助触点

图 1.15　接触器的电气图形符号

7．型号含义

接触器的型号含义如图 1.16 所示。

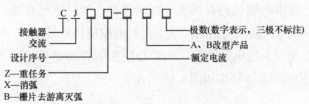

图 1.16　接触器的型号含义

说明：接触器按照电路的电流种类分为交流接触器和直流接触器，本任务中只为大家介绍交流接触器的相关知识，直流接触器的结构和工作原理与交流接触器基本相同，这里不再详细介绍。

1.2.2　时间继电器

时间继电器是电气控制中应用最多的继电器之一。我们把从得到输入信号（即线圈通电或断电）开始，经过一定的延时后才输出信号（延时触点状态变化）的继电器，称为时间继电器。时间继电器按延时方式可分为通电延时型和断电延时型，按其动作原理可分为电磁式、空气阻尼式和电子式。

通电延时型：线圈通电后，触点延时动作；线圈断电后，触点瞬时复位。

断电延时型：线圈通电后，触点瞬时动作；线圈断电后，触点延时复位。

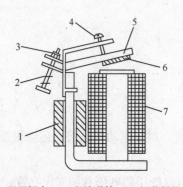

1—阻尼铜套；2—释放弹簧；3—调节螺母；
4—调节螺钉；5—衔铁；6—非弹性垫片；7—电磁线圈。
图 1.17　直流电磁式时间继电器结构

1. 直流电磁式时间继电器

直流电磁式时间继电器在铁心上有一个阻尼铜套，其结构如图 1.17 所示。由电磁感应定律可知，在继电器线圈通断电过程中铜套内将产生感应电动势，同时有感应电流存在，此感应电流产生的磁通阻碍穿过铜套内的原磁通变化，因而对原磁通起到了阻尼作用。

当继电器通电吸合时，由于衔铁处于释放位置，气隙大、磁阻大、磁通小，铜套阻尼作用也小，因此铁心吸合时的延时不显著，一般可忽略不计。当继电器断电时，磁通量的变化大，铜套的阻尼作用也大，使衔铁延时释放起到延时的作用。因此，这种继电器仅作为断电延时用。其延时动作触点有延时打开常开触点和延时闭合常闭触点两种。这种时间继电器的延时时间较短，最长不超过 5s 而且准确度较低，一般只用于延时精度要求不高的场合。

2. 空气阻尼式时间继电器

空气阻尼式时间继电器利用空气阻尼原理达到延时的目的。它由电磁机构、延时机构和触点组成。其中电磁机构有交流、直流两种；延时方式有通电延时型和断电延时型，两种继电器原理和结构均相同，只是将其电磁机构翻转 180° 安装。当衔铁位于铁心和延时机构之间时为通电延时型；当铁心位于衔铁和延时机构之间时为断电延时型。JS7—A 系列时间继电器结构如图 1.18 所示。

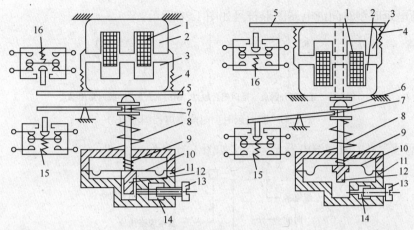

1—线圈；2—铁心；3—衔铁；4—反力弹簧；5—推板；6—活塞杆；7—杠杆；8—塔形弹簧；
9—弱弹簧；10—橡皮膜；11—空气室壁；12—活塞；13—调节螺钉；14—进气孔；15、16—微动开关。

图 1.18 JS7—A 系列时间继电器（空气阻尼式）结构图

现以 JS7—A 系列通电延时型时间继电器为例说明其工作原理。当线圈 1 得电后衔铁 3 吸合，活塞杆 6 在塔形弹簧 8 作用下带动活塞 12 及橡皮膜 10 向上移动，橡皮膜下方空气室空气变得稀薄，形成负压，活塞杆只能缓慢移动，其移动速度由进气孔气隙大小来决定。经一段延时后，活塞杆通过杠杆 7 压动微动开关 15，使其触点动作，起到通电延时作用。

当线圈断电时，衔铁释放，橡皮膜下方空气室内的空气通过活塞肩部所形成的单向阀迅速排出，使活塞杆、杠杆、微动开关等迅速复位。由线圈得电至触点动作的一段时间即为时间继电器的延时时间，其大小可以通过调节螺钉 13 调节进气孔气隙大小来改变。

在线圈通电和断电时，微动开关 16 在推板 5 的作用下都能瞬时动作，其触点即为时间继电器的瞬动触点。空气阻尼式时间继电器的优点是延时范围大、结构简单、寿命长、价格低廉；缺点是延时误差大，没有调节指示，很难精确地整定延时值。在延时精度要求高的场合不宜使用。

1）用途。常用于需要按照时间顺序进行控制的电气控制电路中。

2）选用。根据系统的延时范围和精度选择时间继电器的类型和系列。

① 根据控制线路的要求选择时间继电器的延时类型（通电延时型或断电延时型）。

② 时间继电器电磁线圈的电压应与控制线路电压等级相同。

3）原理图符号。通电延时和断电延时继电器原理图符号如下。

① 通电延时型时间继电器图形符号如图 1.19 所示。

线圈　延时闭合常开触点　延时断开常闭触点　瞬时常开触点　瞬时常闭触点

图 1.19 通电延时型时间继电器图形符号

② 断电延时型时间继电器图形符号如图 1.20 所示。

线圈　　延时断开触点　延时闭合触点　瞬时常开触点　瞬时常闭触点

图 1.20　断电延时型时间继电器图形符号

4）型号含义。时间继电器型号含义如图 1.21 所示。

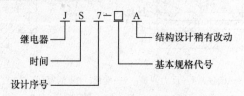

图 1.21　时间继电器型号含义

基本规格代号含义：1—通电延时，无瞬时触头；2—通电延时，有瞬时触头；3—断电延时，无瞬时触头；4—通断延时，有瞬时触头。

任务实施

1.2.3　接触器和时间继电器的认识和检测

1．认识典型的交流接触器

1）典型的交流接触器如图 1.22 所示。

（a）CJ10系列　　　　　（b）CJX1系列　　　　（c）CJX1/N系列机械联锁接触器

图 1.22　典型的交流接触器

2）交流接触器的内部结构如图 1.23 所示。

2．交流接触器的检测

使用前，应对接触器进行必要的检测，检测的内容包括电磁线圈是否完好；对结构不甚熟悉的接触器，应区分出电磁线圈、常开触点和常闭触点的位置及状况。

1）测量线圈。用万用表测量电磁线圈电阻从而判断电磁线圈是否完好。

步骤 1：将万用表拨至电阻 R×100 挡，调零。

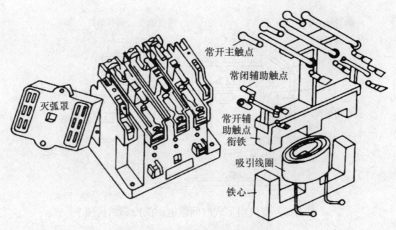

常开主触点
常闭辅助触点
灭弧罩
常开辅助触点
衔铁
吸引线圈
铁心

图 1.23 交流接触器的内部结构

步骤 2：两表笔接触线圈两接线端，测量电阻。若阻值为零，说明短路；若为无穷大，说明开路；若测得电阻值（几百欧左右），为正常。

2）测量主触点和辅助触点。常开触点和常闭触点的位置及状况。

步骤 1：将万用表拨至电阻 R×100 挡，调零。

步骤 2：将两表笔点击任意两触点，若指针不动，则可能是常开触点；若指针为零，则可能是常闭触点；若要确定，须按动机械按键，模拟接触器通电。

步骤 3：若按下机械按键指针不动，说明这对触点不是常开触点；若按下机械按键指针指向零，说明这对触点是常开触点；若按下机械按键指针指向无穷大，说明这对触点是常闭触点。

3. 认识常见的时间继电器

1）典型时间继电器如图 1.24 所示。

（a）空气阻尼式时间继电器   （b）电子式时间继电器

图 1.24 典型时间继电器

2）空气阻尼式时间继电器的内部结构如图 1.25 所示。

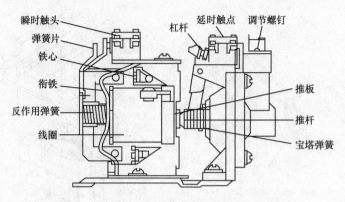

图 1.25　空气阻尼式时间继电器的内部结构图

4．时间继电器的检测

时间继电器使用前，应先进行必要的检测，检测内容包括：线圈是否完好；延时常闭触点、延时常开触点的位置是否完好。

（1）测量线圈

步骤 1：将万用表拨至电阻 R×100 挡，调零。

步骤 2：两表笔接触线圈两接线端，测量电阻。若阻止为零，说明短路；若为无穷大，说明开路；若测得电阻值（几百欧左右），为正常。

（2）延时常闭触点、延时常开触点测量

将两表笔点击任意两触点，手动推动衔铁，模拟时间继电器动作，延时时间到后，若指针从无穷大指向零，说明这对触点是常开触点；若指针从零指向无穷大，说明这对触点是常闭触点；若指针不动，说明这两点不是一对触点。

5．巩固练习

拆装交流接触器和时间继电器。

（1）工具器材

钢丝钳、尖嘴钳、螺钉旋具、扳手、镊子等电工工具，万用表 1 块、CJ10-40 型交流接触器 1 只，JS7 系列空气阻尼式时间继电器 1 只。

（2）训练步骤及内容

1）把一个 CJ10-40 型交流接触器拆开，观察其内部结构，将拆卸步骤、主要零部件的名称及作用以及各对触头动作前后的电阻值、各类触头的数量、线圈的数据等记入表 1.4 中，然后将这个交流接触器组装还原。

2）把一个 JS7 系列空气阻尼式时间继电器拆开，观察其内部结构，将拆卸步骤、主要零部件的名称及作用以及各对触头动作前后的电阻值、各类触头的数量、线圈的数据等记入表 1.5 中，然后将这个时间继电器组装还原。

表 1.4　交流接触器拆装记录表

型号		容量		拆装步骤	主要零部件	
					名称	作用
触头数量						
主	辅	常开	常闭			
触头电阻 /Ω						
常开		常闭				
动作前	动作后	动作前	动作后			
电磁线圈						
线径	匝数	工作电压 /V	直流电阻 /Ω			

表 1.5　时间继电器拆装记录表

型号		容量		拆装步骤	主要零部件	
					名称	作用
触头数量						
瞬时常开触点	瞬时常闭触点	延时常开触点	延时常闭触点			
触头电阻 /Ω						
延时常开触点		延时常闭触点				
延时前	动作后	延时前	动作后			
电磁线圈						
线径	匝数	工作电压 /W	直流电阻 /Ω			

任务评价

完成认识并拆装接触器和时间继电器任务评价表 1.6。

表 1.6　认识并拆装接触器和时间继电器任务评价表

	评价项目及标准	配分	自评	互评	师评	总评
知识与技能	能熟练叙述接触器和时间继电器等电器元件的功能并画出符号	10				
	能熟练分析接触器和时间继电器等电器元件的结构及工作原理	10				
	能正确识别并检测接触器和时间继电器等电器元件	20				
	能正确拆装接触器和时间继电器等电器元件	20				
	能根据要求，正确选用接触器和时间继电器等电器元件	10				
实习过程	1. 按照 7S 要求，安全文明生产 2. 出勤情况 3. 积极参与完成任务，积极回答课堂问题 4. 学习中的正确率及效率	30				
	合计	100				
简要评述						

任务 1.3　认识并拆装常用保护电器

在工厂电气控制中，除了一般的低压电器和接触器外，还要用到一些保护器件，他们各自有着不同的保护作用，从而保证控制电路的顺利运行。在这一任务中，我们将学习在电气控制中最常用的保护器件——热继电器、熔断器、电流继电器和电压继电器（电流继电器和电压继电器相关内容见知识拓展）。

某企业的两台机床，其电气控制系统的电气保护装置损坏，为了保证机床的正常运行和电气安全，委托我们对其电气保护装置进行更换。

保护电器的作用是对电路中其他电器加以保护，不同的保护电器的保护作用是不同的，其中热继电器、熔断器分别起到过载保护和短路保护的作用。在这一任务中我们将分别从原理、作用、检测、拆装几个方面来学习热继电器、熔断器、电流继电器和电压继电器。

认知目标：

1．能熟练叙述常见的保护器件——热继电器、熔断器、电流继电器和电压继电器等电器元件的功能。

2．能正确画出热继电器、熔断器、电流继电器和电压继电器等电器元件的符号（图形符号及文字符号）。

3．能熟练分析热继电器、熔断器、电流继电器和电压继电器等电器元件的结构及工作原理。

4．能熟练分析热继电器、熔断器、电流继电器和电压继电器等电器元件的型号代表的意义及选用的方法。

技能目标：

1．能正确识别并检测热继电器、熔断器、电流继电器和电压继电器等电器元件。

2．能正确拆装热继电器、熔断器、电流继电器和电压继电器等电器元件。

3．能根据要求，正确选用热继电器、熔断器、电流继电器和电压继电器等电器元件。

4．按照 7S 要求，安全文明生产。

1.3.1　热继电器

在三相异步电动机的运行过程中，常常遇到过载情况。只要过载不严重、时间短，电动机绕组没有超过允许温升，这些情况下的过载是允许的。但是，电动机如果出现长期过载运行，绕组温升超过允许值时，就会加速电动机绝缘老化过程，甚至会导致电动机绕组烧毁。因此，我们常常利用热继电器对电动机实施过载保护。

1．用途

利用电流的热效应原理实现电动机的过载保护。热继电器中发热元件有热惯性，在电路中不能做瞬时过载保护，更不能做短路保护。

2．结构

热继电器主要由热元件、双金属片、触头和导板组成。如图 1.26 所示，热元件由

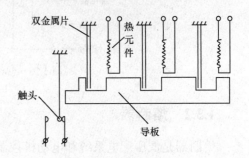

图 1.26　热继电器原理图

发热电阻丝做成，双金属片由两个热膨胀系数不同的金属片叠加而成，热元件串接在电动机定子绕组中。

3．工作原理

热元件串联于电动机工作回路中，因此工作中会产生热量。电机正常运转时，热元件产生热量仅能使双金属片弯曲，还不足以使触头动作。当电动机过载时，即流过热元件的电流超过其整定电流时，热元件的发热量增加，使双金属片弯曲位移量增大，经一段时间后双金属片就推动导板使热继电器的常闭触点断开，从而切断电动机控制电路，切断电动机的供电，达到过载保护的目的。

4．选用

1）选类型。一般情况，可选择两相或普通三相结构的热继电器，但对于三角形接法的三相异步电动机，应选择三相结构并带断相保护功能的热继电器。

2）选择额定电流。热继电器的额定电流要大于或等于电动机的工作电流。

3）合理整定热元件的动作电流。一般情况，将整定电流与电动机的额定电流调整为相同即可。但对于启动时负载较重的三相异步电动机，整定电流可略大于电动机的额定电流。

5．电气原理图符号

热继电器的图形符号如图 1.27 所示。

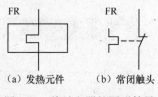

图 1.27　热继电器的图形符号

6．型号含义

热继电器的型号含义如图 1.28 所示。

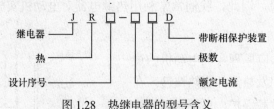

图 1.28　热继电器的型号含义

1.3.2　熔断器

熔断器是低压配电系统和电动机控制电路中最简单、最常用的保护电器。熔断器的种类很多，按结构可分为瓷插式、螺旋式、无填料密封管式和有填料密封管式等，下面主要讲解瓷插式和螺旋式两种。

1．用途

熔断器属于保护电器，在一般低压照明线路中用作过载和短路保护，在电动机控制线路中主要用作短路保护。

2．结构

瓷插式和螺旋式两种熔断器的结构如图 1.29 所示。

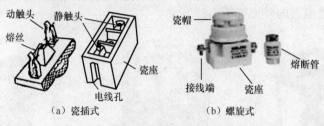

图 1.29　瓷插式和螺旋式熔断器结构图

3．工作原理

使用熔断器时，将熔断器串联在被保护电器或电路的前面，当电路或设备过载或短路时，过大的电流使熔体迅速熔断、切断电路，从而起到短路保护的作用。

4．选用

1）熔断器的额定电流与熔体的额定电流不同。所以在选择熔断器时，首先确定熔体的规格，再根据熔体去选择熔断器，熔断器的额定电流应大于或等于熔体的额定电流。

2）单台电动机，熔体的额定电流应为电动机额定电流的 1.5 ～ 2.5 倍。

5．图形符号

熔断器的图形符号如图 1.30 所示。

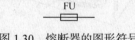

图 1.30　熔断器的图形符号

6．型号及含义

熔断器的型号含义如图 1.31 所示。

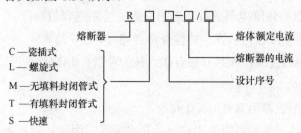

图 1.31　熔断器的型号含义

任务实施

1.3.3　热继电器的检测

1．热继电器的认识

1）常用热继电器的外形如图 1.32 所示。

（a）T系列　　　　　　　（b）JR16系列　　　　　　　（c）JR20系列

图 1.32　常用热继电器的外形图

2）JR16 系列热继电器的内部结构如图 1.33 所示。

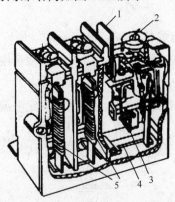

1—复位杆；2—电流整定旋钮；3—常闭触点；4—传动推杆；5—热元件。

图 1.33　JR16 系列热继电器的内部结构图

2．热继电器的检测

1）使用前，应对热继电器进行必要的检测。检测内容包括：

①区分热元件主接线柱位置，并检查是否完好。

②区分常闭触点接线柱和常开触点接线柱的位置，并检查是否完好。

2）测主接线柱。

步骤 1：将万用表调至 R×10 挡并调零。

步骤 2：由于热元件的电阻值比较小，几乎为零。因此，通过表笔接触主接线柱的任意两点，若电阻值读数为零，说明这两点是一对接线柱，且热元件完好；若为无穷大，说明这两点不是一对接线柱或热元件损坏。

3）测常开、常闭触点接线柱。

步骤 1：将万用表调至 R×10 挡并调零。

步骤 2：用万用表接任意两接线柱，若指针为零，说明这是一对常闭触点接线柱；若指针不动，则可能是常开触点接线柱。若要确定为常开触点接线柱，需要按下机械按键，模拟继电器动作。将两表笔点击任意两接线柱，并同时按下机械按键，若指针从无穷大指向零，说明这对接线柱是常开触点接线柱；若指针从零指向无穷大，说明这对接线柱是常闭触点接线柱；若表针不动，说明这两点不是一对接线柱。

3．巩固练习

熔断器的拆装。

（1）训练目的

1）熟悉熔断器的基本结构，了解各组成部分的作用。

2）掌握熔断器的拆卸和组装方法。

（2）工具器材

钢丝钳、尖嘴钳、螺钉旋具、扳手、镊子等电工工具，螺旋式熔断器一只。

（3）训练步骤及内容

螺旋式熔断器结构图如图 1.34 所示，按照取下瓷帽→取出熔管→旋出瓷套→拆下瓷座（包括上、下接线端）的顺序将螺旋式熔断器拆下，观察其内部结构，将拆卸步骤、主要零部件的名称及作用、额定电流、额定电压及熔断电流的数值填入表 1.7 中。

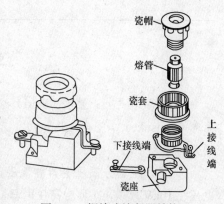

图 1.34　螺旋式熔断器结构图

表 1.7　熔断器的拆装记录表

拆卸步骤	主要零部件名称及作用	额定电压	额定电流	熔断电流
1				
2				
3				
4				

任务评价

完成认识并拆装常用保护电器任务评价表 1.8。

表 1.8 认识并拆装常用保护电器任务评价表

评价项目及标准		配分	自评	互评	师评	总评
知识与技能	能熟练叙述热继电器、熔断器等电器元件的功能并画出符号	10				
	能熟练分析热继电器、熔断器等电器元件的结构及工作原理	10				
	能正确识别并检测热继电器、熔断器等电器元件	20				
	能正确拆装热继电器、熔断器等电器元件	20				
	能根据要求，正确选用热继电器、熔断器等电器元件	10				
实习过程	1. 按照 7S 要求，安全文明生产 2. 出勤情况 3. 积极参与完成任务，积极回答课堂问题 4. 学习中的正确率及效率	30				
合计		100				
简要评述						

单元小结

1. 7S 管理是指：整理（Seiri）、整顿（Seiton）、清扫（Seiso）、清洁（Seiketsu）、素养（Shitsuke）、安全（Safety）、节约（Save），因其日语的罗马拼音均以"S"开头，因此简称为"7S"。

2. 常用电器分高压电器和低压电器，通常将用于配电变压器高压侧的电器（一般电压在 10kV 及以上）称为高压电器，用于配电变压器低压侧的电器（交流 1200V 以下）称为低压电器。

3. 常用低压电器按其用途可分为配电电器和控制电器两大类。配电电器主要用于供电和配电系统对电能的输送及配电器控制与保护作用，如断路器、刀开关、熔断器等。控制电器主要对各类电器设备直接进行控制、检测和保护等，如接触器、启动器、主令电器、继电器、电磁铁、变阻器等。

4. 刀开关和组合开关，属于配电类电器，在电路中主要用于电源的隔离作用，即不直接带电切断或接通电路中的被控制对象（主要指电动机）。

5. 低压断路器是一种集刀开关、接触器、继电器等功能于一体的综合型电器，它既可手动又可电动，既可直接接通或切断负载电流，而且又具有过载、短路、欠电压等保护功能。

6. 接触器是由主令电器带动其电磁线圈动作，从而使其触点动作，实现对被控设备主电路控制（接通或断开）。接触器具有通断电流能力强、动作迅速、操作安全、能频繁动作和远距离操作等优点，被广泛应用于各类电气设备的控制中。

7．选用接触器时最重要的参数是主触点允许通过的额定电流，必须大于被控制设备的额定电流，其额定工作电压必须等于（也可大于）实际电路的电压。

8．继电器是一种控制类的电器，它根据外界输入信号（电信号或非电信号）来对被控设备的控制电路实行控制（接通或断开），再通过接触器的动作来对主电路实现控制。

思 考 与 练 习

一、填空题

1．刀开关和组合开关，属于低压配电类电器，在电路中主要用于_____，既不直接带电_____电路中的被控制对象。

2．自动空气开关又称_____。其热脱扣器作_____保护用，电磁脱扣机构作_____保护用，欠电压脱扣器作_____保护用。

3．按钮又叫_____，是一种手动控制电器，只能短时接通或断开_____以下小电流电路，向其他用电器发出_____，控制其他电器动作。

4．接触器是用来频繁接通和断开_____主电路和大容量控制电路的控制电器，并可实现_____自动控制，具有_____保护功能。交流接触器的_____触头额定电流较大，可以用来_____大电流的主电路；_____触头的额定电流较小，一般用于接通或断开辅助电路。

5．时间继电器按延时方式可分为_____型和_____型，按其动作原理可分为_____、_____、_____、_____。

6．热继电器是利用电流的_____效应而动作的。它的发热元件应_____接于电动机电源回路中。

7．熔断器应_____接于被保护的电路中，当电流发生_____或_____故障时，由于_____过大，熔件_____而自行熔断，从而将故障电路切断，起到保护作用。

二、选择题

1．下列电器中不是自动电器的是（　　）。

　　A．组合开关　　　　　　　　　　B．直流接触器

　　C．继电器　　　　　　　　　　　D．热继电器

2．接触器的常态是指（　　）。

　　A．线圈未通电情况　　　　　　　B．线圈带电情况

3. 接触器的文字符号是（　　）。

    A. KM   B. KS   C. KT   D. KA

4. 通电延时型时间继电器的动作情况是（　　）。

    A. 线圈通电时触点延时动作，断电时触点瞬时动作

    B. 线圈通电时触点瞬时动作，断电时触点延时动作

    C. 线圈通电时触点不动作，断电时触点瞬时动作

    D. 线圈通电时触点不动作，断电时触点延时动作

5. 按钮及刀开关的符号分别为（　　）。

    A. SK   QS   B. SB   QS

    C. SQ   QS   D. SB   QF

6. 对于频繁启动的异步电动机，应当选用的控制电器是（　　）。

    A. 铁壳开关   B. 低压断路器

    C. 接触器   D. 转换开关

7. 当负荷电流达到熔断器熔体的额定电流时，熔体将（　　）。

    A. 立即熔断   B. 长延时后熔断

    C. 短延时后熔断   D. 不会熔断

三、简答题

1. 试举例说明低压电器的分类情况。

2. 熔断器主要由哪几部分组成？各部分的作用是什么？

3. 如何正确选用按钮？

4. 简述接触器的工作原理。

5. 试分析刀闸开关和低压断路器的区别。

6. 行程开关、万能转换开关及主令控制器在电路中各起什么作用？

7. 热继电器与熔断器可以替换使用吗？并分析原因。

单元 2

三相异步电动机电气控制系统的基本电路

单元向导

　　在电力拖动自动控制系统中，各种生产机械均由电动机来拖动，其控制电路由接触器、继电器、按钮、行程开关、低压断路器等组成，可以实现对电动机的启动、停止、点动、正反转、制动等方面的控制要求，从而实现对电力拖动系统的保护和生产过程自动化。由于各种各样的生产机械的工艺过程不同，其控制电路也千差万别。但是，每种控制电路都要遵循一定的原则和规律，都是由多个简单的基本控制环节组成的。

　　掌握这些基本控制电路环节是学习电气控制的基础，特别是通过若干典型电气控制电路工作原理的分析，有助于对基本控制环节原理的理解和提高电气控制设备的维修水平。本单元着重对绘制电气控制电路的基本原则、基本控制环节以及三相异步电动机常用的启动、制动等电气控制电路的设计、安装及调试等方面知识进行学习。

认知目标

1. 能熟练说出电气控制电路原理图和接线图的绘制原则。
2. 能正确分析三相异步电动机控制线路的电路组成和工作原理。
3. 能正确分析电路的组成以及各个元件的作用。
4. 能熟练说出电路的布线及接线规则。

技能目标

1. 能根据电气控制电路图的原则，正确识读、绘制电气控制电路图。
2. 能正确分析三相异步电动机电气控制系统基本电路的工作原理。
3. 通过本单元的学习，具备根据任务要求设计三相异步电动机电气控制系统基本电路的电气原理图的能力。
4. 能根据电气原理图，进行三相异步电动机电气控制系统基本电路的检测、安装与调试。

任务 2.1　天车继电器控制线路的绘制

在电力拖动继电控制系统中，不同的生产机械对电动机的控制要求和加工工艺也不相同，必须根据具体的要求，设计和绘制相应的电气控制原理图、安装接线图等，这些由按钮、开关、接触器、继电器等有触点的低压控制电器所组成的控制电路必须采用国家统一规定的电气图形符号和文字符号，按照电气设备和电器的工作顺序，表达其基本组成和连接关系。同时设计、绘制和识读电气控制电路图还要坚持统一的原则。

现某企业的天车继电器控制线路的电气原理图丢失，委托我们重新画出天车的继电器控制线路的电气原理图，要求原理图符合绘制和识读原则。

设计和绘制电气控制原理图、安装接线图等，首先需要学习电气控制电路的表示方法和电气控制电路常用的图形、文字符号等内容，其次学习电气原理图的绘制和识读原则，最后学习电气安装接线图的绘制原则，对于设计和改进以后工作中遇到的电气控制系统控制电路大有帮助。

认知目标：
1. 能熟练、正确画出电气控制电路常用的图形、文字符号。
2. 能正确叙述电气原理图和接线图的绘图原则。

技能目标：
1. 能根据电气原理图的绘图原则，正确、合理绘制电路的电气原理图。
2. 按照 7S 要求，安全文明生产。

2.1.1　电气控制电路的表示方法

电气控制电路的表示方法有电气原理图、安装接线图和电气布置图三种。电气原理图是根据工作原理绘制的，具有结构简单、层次分明、便于研究和分析电路工作原理等优点。在各种生产机械的电气控制中，无论在设计部门或生产现场均得到广泛的应用。电气安装接线图是按照元器件的实际位置和实际接线绘制的，要根据元器件布置最合理、连接导线最经济等原则来安排布局。电气安装接线图为安装电气设备、元器件之间进行配线及检修电气故障等提供了必要的依据。电气布置图则是表明在控制电路板上各个元器件之间相对安放位置的位置图，布置图的设计以安全、美观、布局合理、便于操作为原则。

2.1.2　电气控制电路常用的图形符号与文字符号

在电气控制系统中，元器件的图形符号和文字符号必须遵循统一的国家标准。为了便于掌握引进技术和先进设备，便于国际交流和满足国际市场的需要，国家标准局参照国际电工委员会（IEC）公布的有关文件，制定了我国电气设备有关国家标准，颁布了 GB/T 4728.1—2018 电气简图用图形符号。常用电气图形符号和文字符号见表 2.1。

表 2.1　常用电气图形符号和文字符号

名称	图形符号	文字符号	名称	图形符号	文字符号
按钮常开触点		SB	按钮常闭触点		SB
行程开关常开触点		SQ	行程开关常闭触点		SQ
接触器主触点		KM	接触器常闭辅助触点		KM
接触器常开辅助触点		KM	接触器线圈		KM
线圈通用符号		KA	信号灯		HL
继电器动合触点		符号同操作元件	继电器动断触点		符号同操作元件
延时闭合动合触点		KT	延时断开动合触点		KT
延时闭合动断触点		KT	延时断开动断触点		KT
瞬时常开触点		KT	瞬时常闭触点		KT
热继电器热元件		FR	热继电器常闭触点		FR

续表

名称	图形符号	文字符号	名称	图形符号	文字符号
熔断器	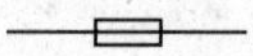	FU	三相断路器	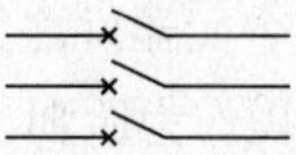	QF
直流		DC	交流		AC
刀开关	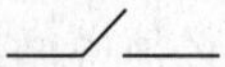	Q	三相刀开关	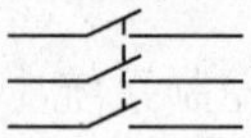	Q
端子	o	X	可拆卸端子		X
端子板	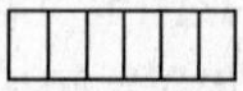	XT	导线连接点	●	X
旋转开关转换开关	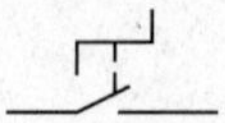	QS	拉拔开关	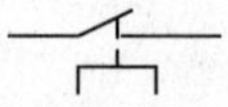	Q
接地		E	接机壳	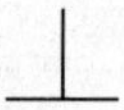	E
三相鼠笼异步电动机	 (M 3~)	M	三相绕线异步电动机	 (M 3~)	M

2.1.3　绘制、识读电气原理图的原则

绘制、识读电气原理图应遵循以下原则。

1）电气控制电路根据电路通过的电流大小可分为主电路和控制电路。主电路包括从电源到电动机的电路，是强电流通过的部分，一般画在原理图的左边。控制电路是通过弱电流的电路，一般由按钮、元器件的线圈、接触器的辅助触点、继电器的触点等组成，一般画在原理图的右边。

2）表示导线、信号通路、连接线等的图线都应是交叉或折弯最少的直线。可以水平布置，也可以垂直布置。

3）电气原理图中，所有元器件的图形、文字符号必须采用国家统一标准。

4）为了突出和区分某些电路，导线和连接线等可采用粗细不同的连接线来表示。

5）采用元器件展开图的画法。同一元器件的各部分可以不画在一起，但需用同一文字符号标出。若有多个同一种类的元器件，可在文字符号后加上数字序号以示区别，比如 SB1、SB2、KA1、KA2 等。

6）所有按钮、触头均按没有外力作用和没有通电时的原始状态画出。

7）控制电路的分支电路原则上按照动作先后顺序排列，两线交叉连接时的电气连接点须用黑点标出。

图 2.1 所示为三相电动机连续运转电气原理图。

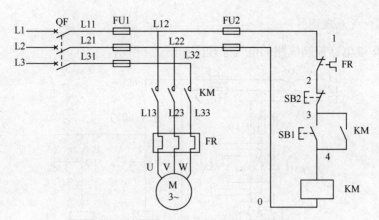

图 2.1　三相电动机连续运转电气原理图

2.1.4　电气安装接线图的绘制、识读原则

在绘制、识读安装接线图时一般应遵循以下原则：

1）各元器件用规定的图形、文字符号绘制，同一元器件各部件必须画在一起。各元器件的位置应与实际安装位置一致。

2）不在同一控制柜或操作台上的元器件的电气连接必须通过端子排进行。各元器件的文字符号及端子编号应与原理图一致，并按原理图的接线进行连接。

3）走向相同的多根导线可用单线表示，但线径不同的导线例外。

4）画连接导线时，应标明导线的规格、型号、根数等工艺要求，以便施工人员按图施工。

　任务实施

2.1.5　绘制天车继电器控制线路的电气原理图

1. 查验天车继电器控制线路元器件

查验天车继电器控制线路的元器件，并填写表 2.2。

表 2.2　天车继电器控制线路元器件明细表

序号	电气符号	元器件名称	型号与规格	数量	作用
1					
2					
3					
4					
5					

2．绘制电气原理图

绘制天车继电器控制线路的电气原理图如图 2.2 所示。

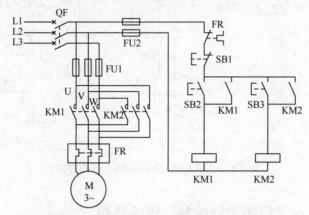

图 2.2　天车继电器控制线路电气原理图

完成天车继电器控制线路的绘制任务评价表 2.3。

表 2.3　天车继电器控制线路的绘制任务评价表

	评价项目及标准	配分	自评	互评	师评	总评
知识与技能	能熟练、正确画出电气控制电路常用的图形、文字符号	20				
	能正确叙述电气原理图和接线图的绘图原则	25				
	能根据电气安装接线图的绘图原则，正确、合理地绘制电路的电气原理图	25				
实习过程	1．按照 7S 要求，安全文明生产 2．出勤情况 3．积极参与完成任务，积极回答课堂问题 4．学习中的正确率及效率	30				
合计		100				
简要评述						

任务 2.2　三相异步电动机单向全压启动控制电路

在电力拖动自动控制系统中，各类生产机械的运动均是由电动机拖动的。对于三相笼型异步电动机，由于结构简单，价格便宜和坚固耐用等一系列优点使之获得了广泛的应用。

某企业要求控制电动机拖动皮带连续运转，要求电动机在具有相应的短路和过载保护的前提下，按下启动按钮电动机连续正转，按下停止按钮时，电动机停止转动。现委托我们设计并安装 5 块能满足上述要求的控制板，希望能在 5 天后交工。

在本任务中通过对三相异步电动机全压启动控制电路的安装、检测和调试，学习掌握如何读懂电路图、如何分析电路、如何设计电路、如何按照电路图进行实物连接、检测、安装和调试，及如何实现短路、过载保护等，其中重点是自锁触点的作用及电路的连接方式。本任务是电气控制电路安装与维修的重要基础，并将为后续电路的学习打下坚实的基础。

认知目标：

1. 能正确识读基本的电气原理控制图。

2. 能正确分析电动机点动、连续运转控制线路的工作原理。

3. 具备正确分析电路各元器件作用的能力，理解自锁的作用。

4. 能正确熟练说出电路安装的基本原则及工艺要求。

技能目标：

1. 能正确识别、检测常用元器件，为安装电路做准备。

2. 能正确、合理地进行元器件布置。

3. 能按照电路安装的基本原则及工艺要求，根据电路原理图正确安装电路。

4. 根据任务要求，自检互检并调试电路，判断电路是否符合要求。

5. 按照 7S 要求，进行安全文明生产。

　　　　　　　　　　任务准备

　　三相笼型异步电动机的全压启动，又称为直接启动，是指将额定电压直接加到电动机的定子绕组上，使电动机启动运转。由于这种直接启动的电流可达电动机额定电流的 4～7 倍，过大的启动电流会造成电网电压的显著下降，从而影响同一电网中其他电动机的工作，使其停转或无法启动。因此，采用直接启动的电动机的容量一般小于 10kW。

2.2.1　点动控制电路的基本知识

　　按下按钮电动机启动运转、松开按钮电动机停止运转的控制方式称为点动控制，也就是说"点动点动，一点就动，不点不动"。点动控制电路由空气断路器 QF、熔断器 FU、交流接触器 KM 的主触点、热继电器 FR 的热元件和电动机 M 构成主电路，由按钮 SB、接触器 KM 的常开辅助触点的线圈、热继电器 FR 的常闭触点构成控制电路。其电气原理图如图 2.3 所示。

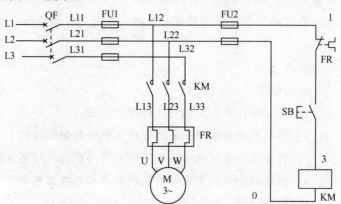

图 2.3　三相电动机点动控制电气原理图

点动控制电路的工作原理如下：

1）合上电源开关 QF，为电动机启动做好准备。

2）按下按钮 SB，接触器 KM 线圈得电，接触器 KM 主触点闭合，三相电动机得电启动；松开按钮 SB，接触器 KM 线圈断电，接触器的主触点复位（变为断开状态），电动机停转。

2.2.2　单向连续运转控制电路的基本知识

　　由于生产机械的实际运行是连续运转的，因此三相异步电动机就要实现连续运转。所谓连续运转是指在按下启动按钮后电动机启动运转，松开启动按钮后电动机继续运转，直到按下停止按钮后电动机才会停止运转。由此可见，要想实现连续运转则必须在图 2.3 的基础上加以改进。电动机实现连续运转的电气原理图如图 2.4 所示。

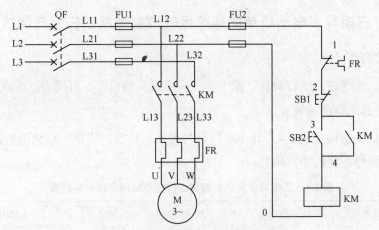

图 2.4 电动机连续运转电气原理图

电动机单向连续运转控制的工作原理如下：

1）合上电源开关 QF，为电动机启动做好准备。

2）按下启动按钮 SB2，接触器 KM 线圈得电，接触器主触点、常开辅助触点同时闭合，三相异步电动机得电启动。松开启动按钮 SB2 后，由于接触器的常开辅助触点已经闭合，KM 线圈继续通电，实现电动机连续运转。

3）按下停止按钮 SB1，接触器 KM 线圈断电，接触器主触点、常开辅助触点同时复位断开，电动机停止运转。要想使电动机再次运转，需要重新按下启动按钮 SB2。

2.2.3 电动机单向连续运转控制的关键环节——自锁

比较图 2.4 与图 2.3 可以看到，图 2.4 在图 2.3 的基础上除了增加了停止按钮 SB1 外，启动按钮 SB2 并联了接触器 KM 的常开辅助触点，从而使 KM 线圈一旦得电，就能够持续通电，电动机就可以实现连续运转。这种利用接触器自身辅助触点使线圈持续通电的现象称为自锁（或自保）。因此，电动机是否为连续运转控制的关键在于是否自锁。有自锁环节则为连续控制，没有自锁环节则为点动控制。

2.2.4 电路的保护措施

热继电器 FR 起过载保护作用，熔断器 FU 起短路保护作用。由于热继电器断开电路时热惯性比较大、需要时间较长，而熔断器可迅速切断电路，因此两者不可互换、缺一不可。其中接触器可依靠自身的电磁机构实现欠压保护与失压保护。

2.2.5　三相异步电动机单向连续运转控制电路的安装与调试

1．工具的选用

钢丝钳、剥线钳、螺钉旋具、试电笔、尖嘴钳、斜口钳、万用表、兆欧表。

2．材料与元件的选用

各元器件的选用见表 2.4，其中"型号与规格"栏目，根据电动机的规格检验选配所使用的元器件，自行如实填写。

表 2.4　三相异步电动机连续运转控制电路元器件明细表

序号	电气符号	元器件名称	型号与规格	数量	作用
1	FU	熔断器		5 个	过流保护
2	KM	交流接触器		1 个	控制电动机运行
3	FR	热继电器		1 个	过载保护
4	SB1	按钮		1 个	停止按钮
5	SB2	按钮		1 个	启动按钮
6	M	三相异步电动机		1 个	
7	QF	空气开关		1 个	电源引入开关
8		安装板		1 块	铺设元件
9	XT	接线端子		1 组	保证布线美观，牢固
10		电路图		1 份	
11		导线		若干	

3．元器件的布置及安装

电气布置图如图 2.5 所示。要求绘制布置图时做到位置合理，整齐美观，安装及检修方便，并保障间隔距离符号安全原则。

实物安装图如图 2.6 所示。按图 2.5 的位置要求在控制板上安装元器件，要求各元器件布置合理，便于拆卸。

4．实物连接

按照图 2.6 所示，参照图 2.4 三相异步电动机连续运转控制电路的原理图进行实物连接，如图 2.7 所示。

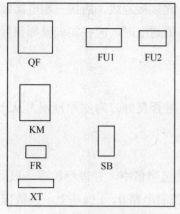
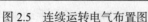
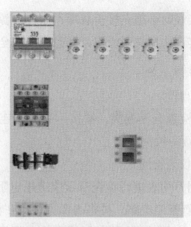

图 2.5　连续运转电气布置图　　　　图 2.6　连续运转实物安装图

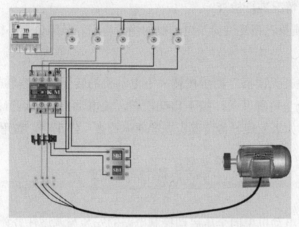

图 2.7　电动机单向连续运转实物连接图

5. 电路安装的原则及工艺要求

1）装接电路应遵循"先主后控、从上到下、从左到右"的原则。

2）布线应注意走线要求：横平竖直，变换走向应垂直、避免交叉，多线要实现集中和并拢。布线时，严禁损伤线芯和导线绝缘。

3）根据电动机的规格检验选配使用的元器件和导线的型号、规格是否满足要求。其中的元器件应该完整无损，附件、备件齐全。

4）电动机使用的电源电压和绕组的接法必须和电动机铭牌上的标注相同。电动机和按钮的金属外壳必须可靠接地。使用兆欧表依次测量电动机绕组与外壳间及各绕组间的绝缘电阻值，检查绝缘电阻值是否符合要求。

5）导线与接线端子或线桩连接时，应不压绝缘层、不反圈及不露头过长，并做到同一元器件、同一回路的不同接点的导线间距离保持一致。每个接线端连线不得超过两根导线，按钮要求出线最少。

6）热继电器的整定电流必须按电动机的额定电流进行调整。

7）接线时必须先接负载端，后接电源端；先接接地线，后接三相电源线。

8）实训中要文明操作，注意用电安全，需要通电时，应在实训教师指导下进行。

6. 检测

（1）自检

外观检查有无漏接、错接，导线的连接点是否良好。对照原理图，从上到下、从左到右，逐一检测。

（2）仪表检测

1）用万用表进行检查时，应选用电阻挡的适当倍率，并进行校零，以防错漏短路故障。检查控制电路，可将表棒分别搭在辅助控制电路 0、1 线端上，读数应为"∞"，按下 SB2 时读数应为接触器线圈的电阻值。检查主电路时，可以手动来代替接触器线圈通电触点吸合的情况进行检查。

2）用兆欧表测量三相笼型异步电动机的绝缘电阻，其阻值应不得小于 0.5MΩ。

7. 通电调试

经指导老师检查无误后，用手拨转一下电动机的转子，观察转子有无堵转现象，在老师的监控下合上电源开关，按下启动按钮，使电动机空载运行；当运行正常时，可以带负载运行。如果发现异常情况应立即断电检查。停车时，按下停止按钮即可。

任务评价

完成三相异步电动机单向全压启动控制电路的安装与调试任务评价表 2.5。

表 2.5　三相异步电动机单向全压启动控制电路的安装与调试任务评价表

	评价项目及标准	配分	自评	互评	师评	总评
知识与技能	能正确分析自锁正转控制线路的组成及工作原理	10				
	能正确识别、检测本电路所用到的元器件	10				
	能正确、合理布置元器件	5				
	能按照电路安装的基本原则及工艺要求，根据电路原理图正确安装电路	25				
	根据任务要求自检互检，并调试电路成功运行	20				
实习过程	1. 按照 7S 要求，安全文明生产 2. 出勤情况 3. 积极参与完成任务，积极回答课堂问题 4. 学习中的正确率及效率	30				
合计		100				
简要评述						

任务 2.3　三相异步电动机正/反转控制电路

在实际生产中，很多生产机械往往要求能实现正/反两个方向的运动，比如机床工作台的前进与后退、机床主轴的正转与反转等。现某企业委托我们利用低压电器元件设计一个升降机控制系统，要求能实现升降机的上升与下降功能，并能实现必要的过载和短路保护。

本任务中，升降机的上升与下降功能是通过三相异步电动机的正转和反转控制实现的。要实现三相异步电动机的正/反转控制，只要改变电动机任意两相电源的相序，就可以实现电动机正/反转的可逆运行。因此在电路设计中要用到两个接触器，KM1 控制电动机正转（正转接法），KM2 控制电动机反转（反转接法）。但是必须注意在同一时刻只有 KM1、KM2 二者之一处于工作状态，即二者不能同时工作，否则将造成电源短路，发生事故。

认知目标：

1. 能读懂基本的电气原理控制图，正确分析电动机正/反转的工作原理。

2. 能掌握电气控制系统中的基本保护环节，理解互锁电路的作用。

技能目标：

1. 能识别、检测电动机正/反转所用元器件。

2. 能设计电动机正/反转控制的安装布置图。

3. 能完成电动机正/反转控制的实际接线，并进行安装及调试。

任务准备

2.3.1　三相异步电动机正/反转控制的基础知识

三相异步电动机正/反转控制电路是指采用某一方式使电动机实现正/反转向调换的控制。在工厂电气控制设备中，通常采用改变接入三相异步电动机绕组的电源相序来实现，即将 U、V、W 三相电源与电动机连接时交换其中任意两相的位置即可。如图 2.8 所示，当 KM1 常开主触头闭合时电动机接 U—V—W，当 KM2 常开主触头闭合时电动机接 W—V—U。

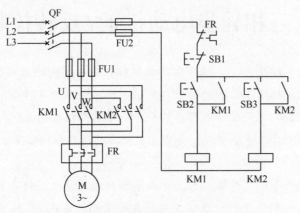

（a）正/反转主控和辅助控制电路

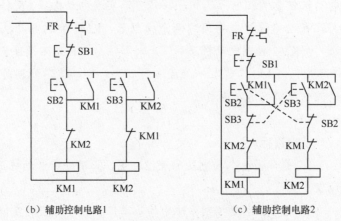

（b）辅助控制电路1　　　　　　　（c）辅助控制电路2

图 2.8　三相电动机正 / 反转控制电路图

2.3.2　三相电动机正 / 反转控制工作原理

图 2.8（a）为典型具有自锁功能的控制电路，当正转按钮 SB2 按下后，接触器 KM1 线圈得电，KM1 主触点闭合，同时其常开辅助触点吸合并自锁，电动机开始连续正转。此时，要实现电动机反转必须先按下停止按钮 SB1，使电动机停转，然后按下反转按钮 SB3，接触器 KM2 线圈得电，KM2 主触点闭合，同时其常开辅助触点吸合并自锁，电动机开始连续反转。若同时按下 SB2 和 SB3，会导致 KM1 和 KM2 线圈同时得电，KM1 和 KM2 的主触点都闭合，将造成电源短路，发生事故。因此，这个控制电路存在缺陷。

图 2.8（b）在图 2.8（a）的基础上，在 KM1 线圈支路中串联了 KM2 的常闭辅助触点，在 KM2 线圈支路中串联了 KM1 的常闭辅助触点，从而保障了 KM1 和 KM2 两个线圈不能同时得电，纠正了图 2.8（a）中控制电路的缺陷。但是，当其中一个接触器触点发生熔焊故障时，还将造成电源的短路，因此图 2.8（b）所示的控制

电路仍有缺陷存在。

　　图 2.8（c）在图 2.8（b）的基础上又增加了 SB2、SB3 的复合按钮，当正转按钮 SB2 按下时 KM1 线圈得电而 KM2 线圈支路断开，当反转按钮 SB3 按下时 KM2 线圈得电而 KM1 线圈支路断开，从而保证了不会发生电源短路的故障，因此图 2.8（c）所示的控制电路为具有安全保障、科学合理的电路。

2.3.3　三相电动机正/反转控制电路的关键环节——互锁

　　利用接触器的常闭辅助触点串联在对方电路中，从而形成相互制约的控制称为电气互锁。图 2.8（b）是具有电气互锁的控制电路，图 2.8（c）是在图 2.8（b）电气互锁的基础上又利用了按钮复式触点形成了 SB2、SB3 之间的机械互锁关系，因此图 2.8（c）为具有电气互锁、机械互锁的双重互锁控制电路。

2.3.4　三相电动机正/反转运行的双重互锁控制电路的安装和调试

1．工具的选用

钢丝钳、剥线钳、螺钉旋具、试电笔、尖嘴钳、斜口钳、万用表、兆欧表。

2．材料与元器件的选用

元器件的选用见表 2.6 所示。其中"型号与规格"栏目，根据电动机的规格检验选配所使用的元器件，如实填写。

表 2.6　电动机正/反转双重互锁控制电路元器件的选用

序号	电气符号	元器件名称	型号与规格	数量	作用
1	FU	熔断器		5	过流保护
2	KM	交流接触器		2	控制电动机正转、反转
3	FR	热继电器		1	过载保护
4	SB1	按钮		1	停止按钮
5	SB2	按钮		1	正转按钮
6	SB3	按钮		1	反转按钮
7	M	三相异步电动机		1	
8	QF	空气开关		1	电源引入开关
9		安装板		1	铺设元件
10	XT	接线端子		1组	保证布线美观，牢固
11		导线		若干	

3．元器件的布置及安装

元器件布置图如图 2.9 所示，要求绘制布置图时注意位置间隔合理、整齐美观。实物图安装固定如图 2.10 所示。按图 2.9 所示的位置在控制板上安装元器件，要求各元器件布置合理、便于拆卸。

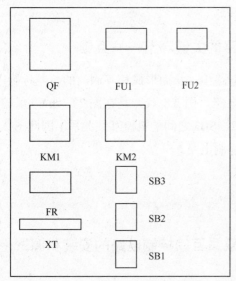

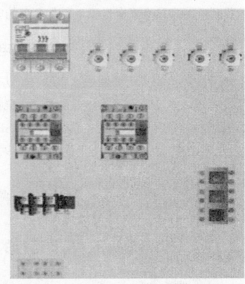

图 2.9　电动机正 / 反转控制电路元器件布置图　　图 2.10　电动机正 / 反转控制电路实物图

4．实物连接

按照图 2.9 和图 2.10 所示，参照图 2.8（c）所示的控制电路进行实物连接，实物连接效果如图 2.11 所示。

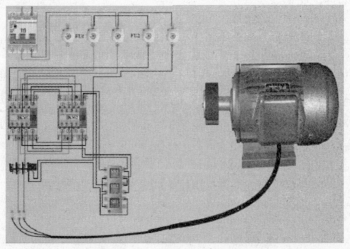

图 2.11　三相电动机正 / 反转双重互锁控制电路实物连接图

5．工艺要求及应注意的问题

安装电动机正 / 反转双重互锁控制电路时，按照任务二实践操作中工艺要求连接实物，特别注意主电路换相线路的连接和辅助控制线路中双重互锁的连接，否则容易造成电动机正/反转切换失败和电源短路事故。

6. 检测

（1）外观检查

1）在电动机线路连接完成后检查有无绝缘层压入接线端子。若有绝缘层压入接线端子，通电后会使电路无法接通。

2）检查裸露的导线线芯是否符合规定。

3）用手摇动、拉拔接线端子上的导线。检查所有导线与端子的接触情况，不允许有松脱。

4）用万用表检查各元件动作情况及接线是否正确。

（2）主电路的检查

用万用表 R×10 挡或 R×100 挡，将两表笔分别接在图 2.12（a）中的 3 与 U、4 与 V、5 与 W 两点之间。正常情况万用表指针此时应分别指在"∞"位置。然后，测量点不变，分别手动按下交流接触器 KM1、KM2 的动铁心，如果此时万用表指针从无穷大位置向右偏转，说明交流接触器 KM1、KM2 动作良好且交流接触器主触点及热继电器热元件接线正确且情况正常。

（3）控制电路的检查

用万用表 R×10 挡或 R×100 挡，将两表笔分别接在图 2.12（b）中的 0、1 线端上，读数应为"∞"，分别按下按钮 SB2、SB3 时，万用表指针从无穷大位置向右偏转，此时读数应为接触器线圈的直流电阻值，说明辅助控制电路接线正确且情况正常。

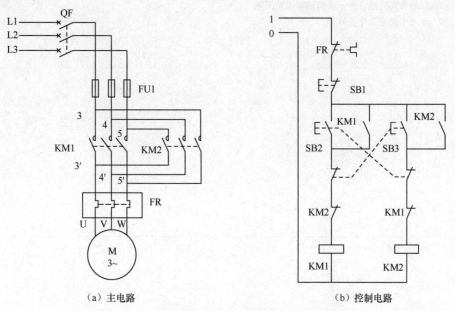

（a）主电路　　　　　（b）控制电路

图 2.12　三相电动机正/反转双重互锁控制电路

7. 通电调试

经指导老师检查无误后，用手拨转一下电动机的转子，观察转子有无堵转现象，在老师的监控下合上电源开关，按下正转启动按钮 SB2，让电动机正向转动起来，按下反转启动按钮 SB3，实现电动机的反向转动。如需停车，按下停止 SB1 按钮即可。

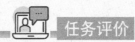 任务评价

完成三相异步电动机正 / 反转控制电路任务评价表 2.7。

表 2.7　三相异步电动机正 / 反转控制电路任务评价表

	评价项目及标准	配分	自评	互评	师评	总评
知识与技能	能正确分析电动机正 / 反转控制线路的组成及工作原理	10				
	能正确识别、检测本电路所用到的元器件	10				
	能正确、合理布置元器件	5				
	能按照电路安装的基本原则及工艺要求，根据电路原理图正确安装电路	25				
	根据任务要求自检互检，并调试电路成功运行	20				
实习过程	1. 按照 7S 要求，安全文明生产 2. 出勤情况 3. 积极参与完成任务，积极回答课堂问题 4. 学习中的正确率及效率	30				
	合计	100				

简要评述	

任务 2.4　三相异步电动机串电阻降压启动自动控制电路

在电动机的功率比较大或启动比较频繁时，如果采用直接接入三相电源的直接启动方法，启动电流将会很大，就有可能影响电网的供电质量，使电网电压降低而影响其他电器的正常运行。因此，对于较大容量电动机的启动必须采用降压启动的方式。所谓降压启动是指在电动机启动时给电动机绕组加上比较低的电压（低于额定电压）进行启动，待电动机启动运转后，再将电压恢复至额定值，使电动机进入正常运转状态。降压启动的目的在于减少启动电流，但是由于电动机的转矩与电压的平方成正比，降压启动时电动机转矩大大降低，因此这种启动方式仅适用于空载或轻载下的启动。

在电工基础中我们学过，"在串联电路中电阻具有分压的作用，电阻越大，分得的电压也就越大，反之则越小"。因此，我们要实现电动机的降压启动，可以在电动机控制主电路中串入适当电阻进行启动。这样电阻分得一部分电压而使电动机绕组两端电压降低，当启动结束后再将电阻从电路中切除，即可实现电动机的降压启动。

认知目标：

1. 能叙述什么是降压启动以及降压启动的应用条件。

2. 能读懂基本的电气原理控制图，掌握电动机串电阻降压启动的工作原理。

技能目标：

1. 能识别电动机串电阻降压启动所用元器件并检测。

2. 能设计电动机串电阻降压启动的安装布置图。

3. 能完成电动机串电阻降压启动控制的实际接线，并进行安装及调试。

任务准备

2.4.1　电动机串电阻降压启动的基础知识

电动机启动时在三相定子电路中串接电阻，使电动机定子绕组的电压降低，待启动结束后将电阻短接，电动机在额定电压下正常运行，这种启动方式称为电动机的串电阻降压启动。串电阻降压启动不受电动机接线形式的影响，设备简单，因而在中小型生产机械设备中应用较广。控制电路按时间原则实现控制，依靠时间继电器延时动作来控制各电器元件的先后顺序动作。三相电动机串电阻自动控制降压启动原理图如图 2.13 所示。

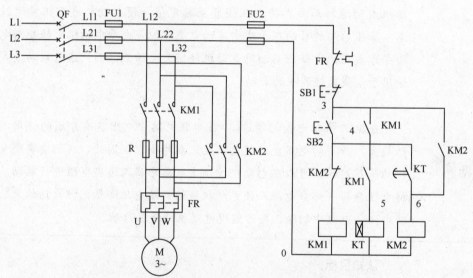

图 2.13　三相电动机串电阻自动控制降压启动原理图

2.4.2　电动机自动控制串电阻降压启动的工作原理

在主电路中，当 KM1 主触点闭合实现串电阻启动，当 KM2 主触点闭合时将电阻短接，实现全压运行。启动过程如下：合上空气开关 QF，按下启动按钮 SB2，接触器 KM1 线圈通电并自锁，KM1 主触点闭合，定子绕组串电阻降压启动，同时时间继电器 KT 开始计时（计时时间的长短根据现场负载大小及电动机功率等实际情况确定）。当时间继电器 KT 计时时间到，KT 通电延时常开触点吸合，接触器 KM2 线圈得电并自锁，KM2 主触头闭合，同时 KM2 辅助常闭触头断开 KM1 线圈回路，KM1、KT 线圈断电，电动机工作在全压运行状态，串电阻降压启动过程结束。停止时，按下停止按钮 SB1 即可使电动机停转。

 任务实施

2.4.3　三相电动机串电阻降压启动自动控制电路的安装和调试

1．工具的选用

钢丝钳、剥线钳、螺钉旋具、试电笔、尖嘴钳、斜口钳、万用表、兆欧表。

2．实训工具与器材的选用

各元器件的选用见表 2.8（自行选择元器件并填写其型号与规格）。

表 2.8　三相电动机串电阻降压启动控制电路元器件表

序号	电气符号	元器件名称	型号与规格	数量	作用
1	FU	熔断器		5	过流保护
2	KM	交流接触器		2	短接电阻和供电
3	FR	热继电器		1	过载保护
4	SB1	按钮		1	停止按钮
5	SB2	按钮		1	启动按钮
6	KT	时间继电器		1	延时通断
7	M	三相异步电动机		1	
8	QF	空气开关		1	电源引入开关
9		安装板		1	铺设元件
10	XT	接线端子		1组	保证布线美观，牢固
11		导线		若干	

3．元器件的布置及安装

画出元器件布置图，相互比较，得出最佳布置方案。要求绘制布置图时注意位置间隔合理，整齐美观。如图 2.14 所示为元器件布置图，如图 2.15 所示为实物接线图，仅供参考。按图 2.14 的位置要求在控制板上安装元器件，要求各元器件布置合理，便于拆卸（也可按自己设计的电气布置图进行实物安装）。

4．实物连接

按照图 2.16 所示，参照原理图 2.13 进行实物连接（请自行画出接线图）。

5．工艺要求及应注意的问题

安装三相电动机串电阻降压启动控制电路时，按照任务二实践操作中工艺要求连接实物。

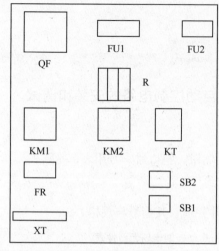

图 2.14　元器件布置图

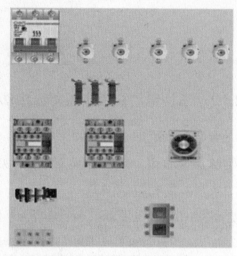

图 2.15　元器件实物接线图

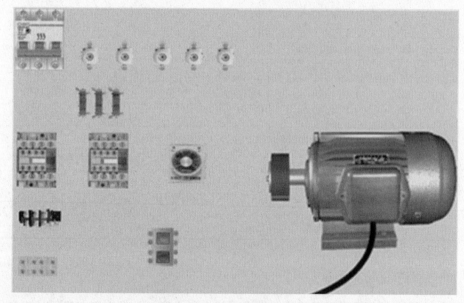

图 2.16　电动机定子串电阻自动控制降压启动实物连接图

6. 检测

1）完成接线后检查有无绝缘层压入接线端子，如有绝缘层压入接线端子，通电后，会使电路无法接通。

2）检查裸露的导线线芯是否符合规定。用手摇动、拉拔接线端子上的导线。检查所有导线与端子的接触情况，不允许有松脱。用万用表检查各元器件动作情况及接线是否正确。

3）用万用表 R×10 挡或 R×100 挡，将万用表表笔分别接触辅助控制电路 0、1 线端，读数应为"∞"，按下按钮 SB2 时，读数应为接触器 KM1 线圈的电阻值。此时按下接触器 KM1 的动衔铁时，显示值应为接触器 KM1 线圈和时间继电器 KT 线圈并联电阻值。

4）万用表表笔分别接触辅助控制电路 0、1 线端，使用万用表 R×10 挡或 R×100 挡进行测量时，按下接触器 KM2 的动衔铁则显示值应为接触器线圈 KM2 的电阻值。通过观察万用表显示的电阻值的变化来检测电路连接是否正确。

7．通电调试

经指导老师检查无误后，用手拨转一下电动机的转子，观察转子有无堵转现象，在老师的监控下合上电源开关，按下启动按钮 SB2，电动机实现降压启动（注意观察电动机的转速及电路的切换）。如需停车，按下停止按钮 SB1 即可。

任务评价

完成三相异步电动机串电阻降压启动自动控制电路任务评价表 2.9。

表 2.9　三相异步电动机串电阻降压启动自动控制电路任务评价表

	评价项目及标准	配分	自评	互评	师评	总评
知识与技能	能正确叙述什么是降压启动以及降压启动的应用条件	10				
	能正确分析电动机串电阻降压启动自动控制线路的组成及工作原理	10				
	能正确、合理布置元器件	5				
	能按照电路安装的基本原则及工艺要求，根据电路原理图正确安装电路	25				
	根据任务要求自检互检，并调试电路成功运行	20				
实习过程	1．按照 7S 要求，安全文明生产 2．出勤情况 3．积极参与完成任务，积极回答课堂问题 4．学习中的正确率及效率	30				
	合计	100				
简要评述						

任务 2.5　三相异步电动机 Y-△降压启动自动控制电路

三相电动机降压启动的方法比较多，其中 Y-△降压启动适用于正常工作时定子绕组作三角形连接的电动机。采用星形启动时，定子绕组上的启动电压只有三角形接法的 $1/\sqrt{3}$，启动电流为三角形接法的 1/3，启动转矩就只有三角形的 1/3。因此，采用 Y-△降压启动的方式可以大大降低启动电压、减少启动电流，适用于较大容量电动机的启动。

某厂区因生产需要，需安装离心通风机，通风机的输入功率为 11kW，现委托我们对通风机的电机采用 Y-△降压启动的方式，按操作规范完成电动机 Y-△降压启动自动控制电路的安装与调试。

在本任务中，我们要实现电动机自动控制的 Y-△降压启动，其中的关键在于电动机在启动过程中如何实现星形接法到三角形接法的转换。在此，我们利用时间继电器自动控制实现电动机绕组由星形向三角形接法的转换，达到自动控制 Y-△降压启动的目的。

认知目标：

1. 能识读电气原理控制图，正确分析三相电动机 Y-△降压启动工作原理。

2. 能掌握时间继电器的基本使用方法及其工作原理。

3. 能掌握电动机的 Y 型和△型两种不同的接法中绕组两端电压和电流的关系。

技能目标：

1. 能识别电动机 Y-△降压启动所用元器件并检测。

2. 能设计并画出电动机 Y-△减压启动的安装布置图。

3. 能完成电动机 Y-△减压启动控制电路的实际接线，并进行安装及调试。

任务准备

2.5.1　三相异步电动机 Y–△降压启动的基础知识

顾名思义，三相电动机有三相绕组，每相绕组有两个线端共有 6 个抽头，因此三相电动机外壳上就相对应有 6 个接线柱，分别都标着 U1、V1、W1（第一排）和 W2、U2、V2（第二排）。如图 2.17 所示为电动机三相绕组示意图。Y 型接法就是将三相绕组的首端（U1、V1、W1）连接在一起，末端（W2、U2、V2）分别接到三相电源上。△型接法就是将每一相绕组的首端与其相邻的一相绕组的尾端相连，形成首尾相连的接法。即 U1 接 V2，V1 接 W2，W1 接 U2（这种接法称为顺序的△接法）或 U1 接 W2，W1 接 V2，V1 接 U2（这种接法称为逆序的△接法）。

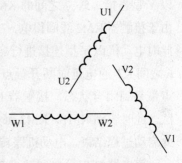

图 2.17　三相异步电动机的三相绕组示意图

三相电动机 Y–△降压启动是指在电动机启动时先将定子绕组接成星型接法，待转速上升接近额定转速时，再将定子绕组由星形换接为三角形接法，从而使电动机进入全压正常运行的状态。电动机 Y–△降压启动的特点是：采用星形接法时，启动电流仅为三角形接法时启动电流的 1/3，启动电压仅为三角形接法时启动电压的 $1/\sqrt{3}$。这样就保证了电动机在较低电压下启动，进入正常运行之后恢复为全压运行。时间继电器自动控制的 Y–△降压启动原理图如图 2.18 所示，其中当接触器 KM2 主触点闭合时电动机为星形接法，当接触器 KM3 主触头闭合时电动机为三角形接法。

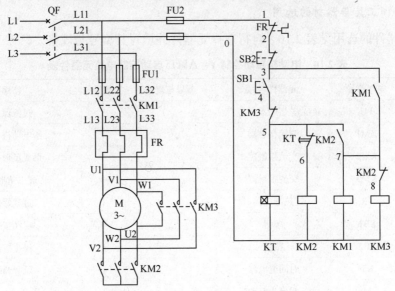

图 2.18　时间继电器自动控制的 Y–△降压启动原理图

2.5.2　三相电动机时间继电器自动控制的 Y–△降压启动电路工作原理

启动过程如下：合上空气开关 QF，按下启动按钮 SB1，有 3 个线圈同时工作，时间继电器 KT 通电并开始延时（计时时间的长短根据现场负载大小及电动机功率等实际情况确定），同时接触器 KM2 线圈也会得电，其常开主触点闭合，主电路中电动机以 Y 型连接，5、7 之间的 KM2 辅助常开触点闭合，KM1 线圈通电并形成自锁。此时，由于接触器 KM2 线圈得电，7、8 之间 KM2 常闭触点断开，接触器 KM3 线圈不能通电。此时电动机以 Y 型连接进行启动。当经过一段时间后，时间继电器 KT 延时时间到，5、6 之间 KT 通电延时断开触点断开，KM2、KT 线圈相继断电，7，8 之间 KM2 常闭触点恢复到闭合状态，接触器 KM3 线圈通电，KM3 主触点闭合，电动机处于三角形接法。此时线圈 KM1、KM3 都处于通电状态，电动机进入△形连接的全压运行状态，至此启动过程结束。电动机停转时，按下停止按钮 SB2 即可。

该电路结构简单，缺点是启动转矩也相应下降为三角形连接时的 1/3，转矩特性差。因而本电路适用于电网电压 380V、额定电压 660/380V、Y–△联结的电动机轻载启动的场合。

任务实施

2.5.3　三相电动机 Y–△降压启动自动控制电路的安装与调试

1．工具的选用

钢丝钳、剥线钳、螺钉旋具、试电笔、尖嘴钳、斜口钳、万用表、兆欧表。

2．实训工具与器材的选用

各元器件的选用见表 2.10（自行选择元器件并填写其型号与规格）。

表 2.10　电动机自动控制 Y–△降压启动控制电路元器件表

序号	电气符号	元器件名称	型号与规格	数量	作用
1	FU	熔断器		5	过流保护
2	KM1	交流接触器		1	给电动机供电
3	KM2	交流接触器		1	形成星形接法
4	KM3	交流接触器		1	形成三角形接法
5	FR	热继电器		1	过载保护
6	SB1	按钮		1	启动按钮
7	SB2	按钮		1	停止按钮
8	KT	时间继电器		1	延时通断
9	M	三相异步电动机		1	

续表

序号	电气符号	元器件名称	型号与规格	数量	作用
10	QF	空气开关		1	电源引入开关
11		安装板		1	铺设元器件
12	XT	接线端子		1组	保证布线美观，牢固
13		导线		若干	

3．元器件的布置及安装

画出电气元件布置图，相互比较，得出最佳布置方案。要求绘制布置图时注意位置间隔合理，整齐美观。布置图如图 2.19 所示，实物图如图 2.20 所示，仅供参考。按图 2.19 的位置要求在控制板上安装元器件，要求各元器件布置合理，便于拆卸。（可按自己设计的电气布置图进行实物安装）

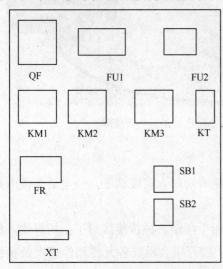 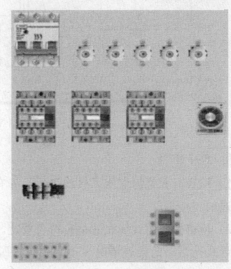

图 2.19　电动机 Y–△启动元器件布置图　　图 2.20　电动机 Y–△启动元器件实物安装图

4．实物连接

参照图 2.18 和图 2.20 进行实物安装和导线连接，要求横平竖直，安装牢固，排列整齐均匀，便于走线，并严禁损伤线芯和导线绝缘。如图 2.21 所示为实物连接示意图。

5．工艺要求及应注意的问题

安装电动机自动控制 Y–△降压启动控制电路时，按照任务二中工艺要求连接实物，注意接触器 KM2 和接触器 KM3 的触点与电动机接线柱之间的连接必须正确，保证星形连接和三角形连接的正确无误。在连接过程中，可灵活设计，以省线、方便、美观为佳。

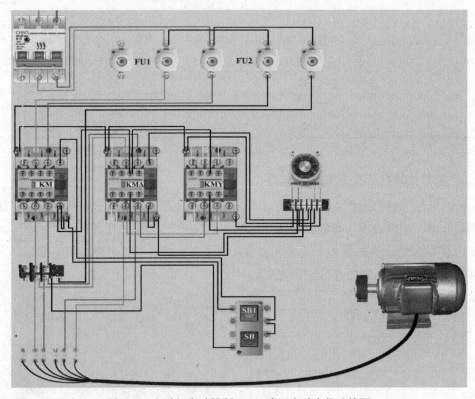

图 2.21　电动机自动控制 Y-△降压启动实物连接图

6．施工检测

1）检查有无绝缘层压入接线端子，如有绝缘层压入接线端子，通电后会使电路无法接通。

2）检查裸露的导线线芯是否符合规定。用手摇动、拉拔接线端子上的导线，检查所有导线与端子的接触情况，不允许有松脱。用万用表检查各元件动作情况及接线是否正确。

3）用万用表 R×10 挡或 R×100 挡，将万用表表笔分别接触 0、1 线端上，读数应为"∞"，按下按钮 SB1 时，读数应为接触器 KM2 和时间继电器 KT 线圈并联的电阻值。按照以上情况操作若电阻值读数分别是"∞"和接近 0 值，则说明 KM2 与 KT 线圈支路正常。

4）将万用表表笔分别接触 0、1 线端上，读数应为"∞"，按下接触器 KM1 动衔铁，读数应为接触器 KM1 和 KM3 线圈并联的阻值，若此时断开 8 号线时，以上测得的阻值增大（此时为接触器 KM1 线圈阻值），则说明 KM1、KM3 线圈支路正常。

7．通电调试

经指导老师检查无误后，用手拨转电动机的转子，观察转子有无堵转现象。在老师的监控下合上电源开关，按下启动按钮 SB1，观察主电路和控制电路的相应变化：

电动机 KM1、KM2 得电，常开触点闭合以星形连接进行启动，经过时间继电器延时一段时间后 KM2 断电，KM3 得电，常开触点闭合切换到三角形接法，电动机进入正常运行状态。需要电动机停止运转时，按下停止按钮 SB2 即可。

 任务评价

完成三相异步电动机 Y-△降压启动自动控制电路任务评价表 2.11。

表 2.11　三相异步电动机 Y-△降压启动自动控制电路任务评价表

	评价项目及标准	配分	自评	互评	师评	总评
知识与技能	能正确叙述三相异步电动机 Y-△降压启动的特点及应用场合	10				
	能识读三相异步电动机 Y-△降压启动自动控制电路的原理图，并分析其工作原理	10				
	能合理设计元器件布置图，能按照电路安装的基本原则及工艺要求，根据电路的原理图，正确安装电路	30				
	根据任务要求自检互检，并调试电路成功运行	20				
实习过程	1. 按照 7S 要求，安全文明生产 2. 出勤情况 3. 积极参与完成任务，积极回答课堂问题 4. 学习中的正确率及效率	30				
	合计	100				
简要评述						

任务 2.6　三相异步电动机单向反接制动控制电路

任务描述

当切除三相异步电动机的电源时，电动机由于惯性的原因不会马上停止，需要转动一段时间后才会完全停止运转，这种情况对于某些生产机械是不适宜的。因为许多生产机械，比如在机床加工零件或起重机的吊钩吊起货物时，要求定位准确，迅速停车，这就要求必须要有制动环节对电动机实行强制制动措施。

　　某企业现有几台老旧的桥式起重机，在使用过程中发现其制动控制

部分线路老化，电气控制的性能下降，不能实现快速制动功能，影响到了这些起重机的正常使用。现委托我们简化设计出起重机的制动控制线路，并进行电气控制线路的安装与调试。

对电动机采取的制动措施，就是要给电动机施加一个与转动方向相反的电磁转矩（制动转矩）使其迅速停转。制动的方法一般分为机械制动和电气制动。在本任务中，我们学习三相异步电动机制动方法之一：单向反接制动。

认知目标：

1．能读懂制动电气原理控制图，掌握电动机反接制动的工作原理。

2．能掌握电气控制系统中的基本保护环节，掌握速度继电器的作用。

技能目标：

1．能识别电动机单向反接制动所用元器件并检测。

2．能设计电动机单向反接制动电路控制的安装布置图。

3．能完成电动机单向反接制动控制的实际接线，并进行安装及调试。

任务准备

2.6.1　速度继电器

1．结构

速度继电器是依靠电磁感应原理实现触点动作的，主要由定子、转子和触点三部分组成。转子是一个圆柱形永久磁铁，定子是一个笼形空心圆环，由硅钢片叠成，并装有笼形绕组。图 2.22 为速度继电器外形、结构和原理示意图。

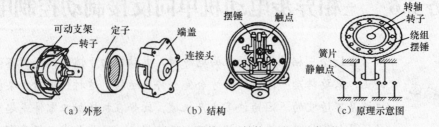

(a) 外形　　　　　(b) 结构　　　　　(c) 原理示意图

图 2.22　速度继电器外形、结构和原理示意图

2．作用

速度继电器主要用于三相笼型异步电动机的反接制动控制，所以也称反接制动继电器。

3．工作原理

速度继电器工作时，速度继电器转子的轴与被控电动机轴相连接，而定子空套在转子上。当电动机转动时，速度继电器的转子随之一起转动。这样，永久磁铁的静止磁场就成了旋转磁场。定子内的笼型导体因切割磁场而产生感应电动势，从而产生电流。此电流与旋转磁场相互作用产生电磁转矩，于是定子跟着转子相应偏转。转子转速越高，定子导体内产生的电流越大，电磁转矩也就越大。当定子偏转到一定角度时，装在定子轴上的摆锤推动簧片动作，使常闭触点打开而常开触点闭合。当电动机转速下降时，速度继电器的转子转速也随之下降，定子导体内产生的电流也相应减少，因而使电磁转矩也相应减小。当继电器转子的转速下降到一定数值时，定子产生的电磁转矩减小，触头在弹簧作用下复位。

> **小知识**
>
> 速度继电器的动作转速一般不低于 120r/min，复位转速约在 100r/min 以下，该数值可以调整，工作时，允许的转速为 1000～3600r/min。由速度继电器的正转和反转切换触点动作来反映电动机转向和速度变化，常用的速度继电器有 JY1 和 JFZ0 系列。

4．符号

速度继电器的电气图形符号和文字符号如图 2.23 所示。

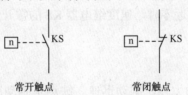

图 2.23　速度继电器的电气图形符号和文字符号

2.6.2　反接制动控制

1．反接制动的基本知识

反接制动是利用改变电动机电源相序，使定子绕组产生的旋转磁场与转子旋转方向相反，因而产生制动力矩的一种制动方法，从而使电动机转速迅速下降，达到制动的目的。应注意的是，当电动机转速接近零时，必须立即断开电源，否则电动机会反向旋转。另外，由于反接制动电流较大，制动时需在定子回路中串入电阻，以限制制动电流。

三相异步电动机单向反接制动控制电路图如图 2.24 所示。控制电路按速度原则实现控制，通常采用速度继电器。速度继电器与电动机同轴相连，在 120～3000r/min 范围内速度继电器触点动作，当转速低于 100r/min 时，其触点复位。

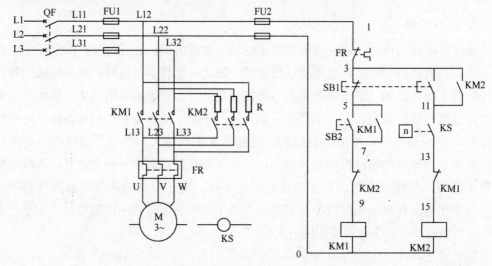

图 2.24　三相异步电动机单向反接制动控制电路图

2．反接制动的工作原理

1）合上空气开关 QF，按下启动按钮 SB2，接触器 KM1 通电且自锁，电动机 M1 启动运转，当转速升高后，速度继电器 KS 的常开触点闭合为反接制动做好准备。

2）停止时，按下停止复合按钮 SB1，KM1 线圈断电，同时 KM2 线圈通电且自锁，KM2 主触点闭合接通电动机逆序电源回路，回路中串入电阻，进入电动机的反接制动。当电动机转速降低到接近零时，速度继电器 KS 的常开触点断开，KM2 线圈断电，制动结束。

3．反接制动的优缺点

反接制动的优点是制动力强，制动迅速。缺点是制动准确性较差，制动的冲击力强烈，制动消耗的能量较大，不易频繁启动。因此，这种制动仅适用于制动要求迅速、系统惯性较大、制动不频繁的场合。比如铣床、镗床、中型车床的主轴的制动控制。

2.6.3　三相电动机的单向反接制动控制电路的安装与调试

1．工具的选用

钢丝钳、剥线钳、螺钉旋具、试电笔、尖嘴钳、斜口钳、万用表、兆欧表。

2．材料与元器件的选用

各元器件的选用见表 2.12（自行选择元器件并填写其型号与规格）。

表 2.12　电动机单向反接制动控制电路元器件表

序号	电气符号	元器件名称	型号与规格	数量	作用
1	FU	熔断器		5	主、辅电路短路保护
2	KM1	交流接触器		1	控制电动机单向启动
3	KM2	交流接触器		1	控制电动机反接制动
4	KS	速度继电器		1	控制反接制动的时间
5	FR	热保护器		1	过载保护
6	SB1	按钮		1	停止反接制动按钮
7	SB2	按钮		1	单向运转按钮
8	R	电阻		3	反接制动限流电阻
9	M	三相异步电动机		1	动力驱动设备
10	QF	空气开关		1	电源引入开关
11		安装板		1	铺设元器件
12	XT	接线端子		1 组	保证布线美观，牢固
13		导线		若干	

3．元器件的布置及安装

元器件布置图如图 2.25 所示，要求绘制布置图时注意位置间隔合理、整齐美观。实物安装图如图 2.26 所示，要求各元器件布置合理，便于拆卸。

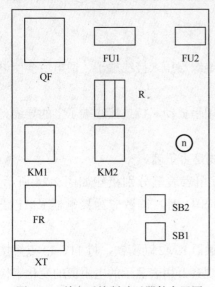

图 2.25　单向反接制动元器件布置图

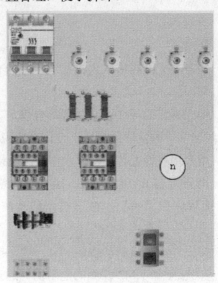

图 2.26　单向反接制动实物安装图

4．实物连接

参照图 2.24 和图 2.26 所示，进行电动机单向反接制动控制电路实物连接，连接示意如图 2.27 所示。

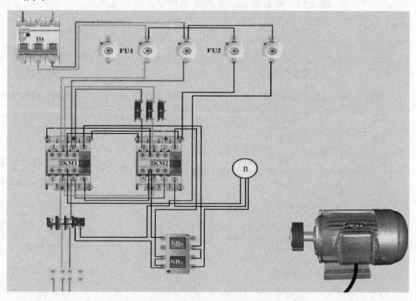

图 2.27　电动机单向反接制动实物连接图

5．工艺要求及应注意的问题

安装电动机反接制动控制电路时，按照任务二实践操作中工艺要求连接实物，特别注意主电路中 KM1、KM2 主触点回路互为逆序电源，辅助电路中接触器 KM1 和接触器 KM2 常闭触点要形成电气互锁，否则容易造成电路无法正常工作或者发生短路故障。

6．检测

1）检查有无绝缘层压入接线端子，如有绝缘层压入接线端子，通电后会使电路无法接通。

2）检查裸露的导线线芯是否符合规定。用手摇动、拉拔接线端子上的导线。检查所有导线与端子的接触情况，不允许有松脱。

3）用万用表检查各元器件动作情况及接线是否正确。

4）用万用表 R×10 挡或 R×100 挡，将万用表表笔分别接触如图 2.24 所示 0、1 线端，读数应为"∞"，按下按钮启动按钮 SB2 时，读数应为接触器 KM1 线圈的电阻值。

5）按下停止反接制动按钮 SB1，按下接触器 KM2 动衔铁，将 11、13 点短接，此时读数应为接触器 KM2 线圈的电阻值。通过观察万用表显示的电阻值的变化来检测电路连接是否正确。最后将 11、13 点短接线拆除。

7．通电调试

经指导老师检查无误后，用手拨转电动机的转子，观察转子有无堵转现象。在老师的监控下合上电源开关，按下按钮启动 SB2，观察接触器 KM1 是否吸合，电动机运行。按下停止反接制动按钮 SB1，接触器 KM1 断开，且接触器 KM2 吸合，进入反接制动阶段。直到电动机转速降到较低时，接触器 KM2 断开，反接制动过程结束。

　任务评价

完成三相异步电动机单向反接制动控制电路任务评价表 2.13。

表 2.13　三相异步电动机单向反接制动控制电路任务评价表

<table>
<tr><td colspan="2">评价项目及标准</td><td>配分</td><td>自评</td><td>互评</td><td>师评</td><td>总评</td></tr>
<tr><td rowspan="4">知识与技能</td><td>能正确叙述速度继电器的作用及工作原理</td><td>10</td><td></td><td></td><td></td><td></td></tr>
<tr><td>能识读电动机反接制动的电气原理图，并能分析其工作原理</td><td>10</td><td></td><td></td><td></td><td></td></tr>
<tr><td>能按照电路安装的基本原则及工艺要求，根据电动机反接制动的电气原理图，正确安装电路</td><td>25</td><td></td><td></td><td></td><td></td></tr>
<tr><td>根据任务要求自检互检，并将电路调试成功</td><td>25</td><td></td><td></td><td></td><td></td></tr>
<tr><td rowspan="2">实习过程</td><td>1．按照 7S 要求，安全文明生产
2．出勤情况
3．积极参与完成任务，积极回答课堂问题
4．学习中的正确率及效率</td><td>30</td><td></td><td></td><td></td><td></td></tr>
<tr><td>合计</td><td>100</td><td></td><td></td><td></td><td></td></tr>
<tr><td>简要评述</td><td></td><td></td><td></td><td></td><td></td><td></td></tr>
</table>

任务 2.7　三相异步电动机能耗制动控制电路

三相异步电动机停车制动有机械制动和电气制动两种方式，其中电气制动常用的方法有反接制动、能耗制动、电容制动、回馈制动等。前面学习的反接制动控制电路存在制动准确性较差、制动的冲击力较强、制动消耗的能量较大和不易频繁启动等缺点。比如磨床、立式铣床等控制线路中要求制动时制动准确、平稳，那就需要应用能耗制动的方法来克服反接制动的缺点。

当三相电动机进入能耗制动阶段，电动机迅速减速后，需要马上切断直流电源的供电，否则电动机中较大的直流电流就会烧坏定子绕组。如何切断直流电源是由能耗制动的控制方式决定的。能耗制动的控制方式分为时间原则控制（利用时间继电器控制）和速度原则控制（利用速度继电器控制）。在本任务中，我们学习三相异步电动机时间原则控制的能耗制动控制电路。

认知目标：

1. 能读懂能耗制动电气原理图，正确叙述电动机能耗制动的工作原理。

2. 能掌握电气控制系统中的基本保护环节，了解能耗制动控制方式的应用。

技能目标：

1. 能识别电动机能耗制动所用元器件并会检测元器件。

2. 能设计电动机能耗制动控制的安装布置图。

3. 能完成电动机能耗制动控制电路的实际接线，并进行安装及调试。

任务准备

2.7.1　能耗制动

能耗制动是一种应用较为广泛的制动方法。它是将运行中的电动机，从交流电源上切除并立即接通直流电源，当定子绕组接通直流电源时，直流电流会在定子内产生一个静止的直流磁场，转子因惯性在磁场内旋转，并在转子导体中产生感应电势并有感应电流流过，此时旋转的转子将受到这个感应电流产生的电磁力作用，该电磁力产生的电磁转矩方向正好和电动机的转向相反，因此对转子产生制动作用，使电动机迅速减速，最后停止转动。

在制动过程中，转子的动能转换成电能，而后变成热能消耗在转子电路中。这种制动方法就是在定子绕组中，通入直流电用来消耗转子的动能实现制动的，因此称为能耗制动。能耗制动控制电路分半波整流能耗制动和全波整流能耗制动两种。

2.7.2　全波整流能耗制动控制电路工作原理

全波整流能耗制动控制电路如图 2.28 所示。

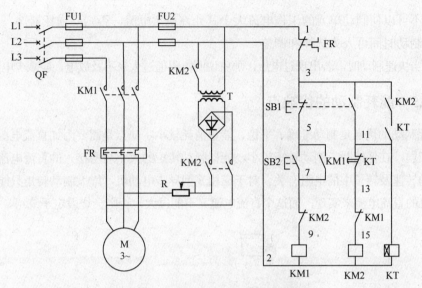

图 2.28   全波整流能耗制动控制电路

合上开关 QF，按下启动按钮 SB2，KM1 线圈得电并自锁，KM1 主触点闭合，电动机正常运行。当需要电动机停车时，按下停止能耗制动按钮 SB1，KM1 失电，电动机脱离三相电源。与此同时，KT、KM2 线圈得电并自锁，KM2 的主触头闭合接入电源（变压器原边），而定子线圈（变压器副边）接入全波直流电压，电动机进入能耗制动阶段。随着电动机转速的降低，KT 整定时间已到，KT 通电延时断开常闭触点断开，KM2、KT 线圈失电，能耗制动结束。

其中，KT 瞬动常开触点的作用为：如果 KT 线圈断线或机械卡住故障时，在按下停止按钮 SB1 后电动机能迅速制动，两相的定子绕组不致长期接入能耗制动的直流电流，防止烧毁电动机。

2.7.3   互锁环节

1）KM2 常闭触点与 KM1 线圈回路串联，KM1 常闭触点与 KM2 线圈回路串联，保证 KM1 与 KM2 线圈不可能同时通电，也就保证了在电动机没有脱离三相交流电源时，直流电源不可能接入定子绕组。

2）按钮 SB1 的常闭触点接入 KM1 线圈回路，SB1 的常开触点接入 KM2 线圈回路，形成按钮的机械互锁，保证 KM1、KM2 不可能同时通电。

2.7.4   能耗制动控制电路的说明

1）直流电源采用全波整流电路，电阻 R 用来调节制动电流大小，改变制动力的大小。

2）制动电阻值越小，制动力矩越大，流过制动单元的电流越大。

3）不可以使制动单元的工作电流大于其允许最大电流，否则要损坏器件。

4）制动时间可人为选择和调整。

5）当快速制动时，若出现过电压，那就说明电阻值过大来不及放电，应减少电阻值。

2.7.5 能耗制动的优缺点

能耗制动的优点是制动准确、平稳、能量消耗较小，缺点是需要附加直流电源装置，制动力较弱，在低速时，制动转矩较小。能耗制动转矩的大小与所接入的直流电流大小、电动机的转速及转子中的电阻有关。对于三相笼型异步电动机，增大制动转矩只能通过增大电动机的直流电流来实现，而这个直流电流又不能过大，否则会烧毁定子绕组。

任务实施

2.7.6 三相异步电动机能耗制动控制电路的安装与调试

1. 工具的选用

钢丝钳、剥线钳、螺钉旋具、试电笔、尖嘴钳、斜口钳、万用表、兆欧表。

2. 材料与元器件的选用

各元器件的选用见表 2.14（自行选择元器件并填写其型号与规格）。

表 2.14 三相异步电动机全波能耗制动控制电路元器件表

序号	电气符号	元器件名称	型号与规格	数量	作用
1	FU	熔断器		5	主、辅电路短路保护
2	KM1	交流接触器		1	接通电动机三相电源
3	KM2	交流接触器		1	接通能耗制动供电电源
4	T	电源变压器		1	变换出低电压
5	VD	二极管整流桥		1块	交流电整流为直流
6	KT	时间继电器		1	延时切断直流供电
7	FR	热保护器		1	过载保护
8	SB1	按钮		1	停止并能耗制动按钮
9	SB2	按钮		1	单向运转按钮
10	R	电阻		1	制动电流调节电阻
11	M	三相异步电动机		1	动力驱动设备
12	QF	空气开关		1	电源引入开关
13		安装板		1	铺设元器件
14	XT	接线端子		1组	保证布线美观, 牢固
15		导线		若干	

3. 元器件的布置及安装

元器件布置图如图 2.29 所示，要求绘制布置图时注意位置间隔合理、整齐美观。实物安装图如图 2.30 所示，要求各元器件布置合理，便于拆卸。

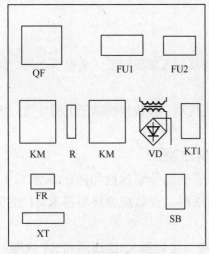

图 2.29　元器件布置图

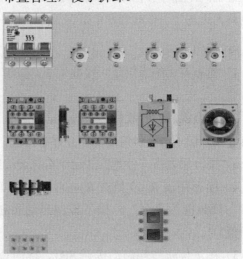

图 2.30　实物安装图

4. 实物连接

参照图 2.29，按照图 2.28 所示原理，三相异步电动机全波能耗制动控制电路接线图如图 2.31 所示。

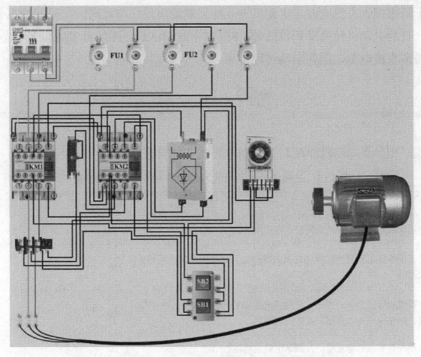

图 2.31　三相异步电动机全波能耗制动控制电路接线图

5．工艺要求及应注意的问题

安装电动机能耗制动控制电路时，按照任务二实践操作中工艺要求连接实物，特别注意辅助电路中接触器 KM1 和接触器 KM2 常闭触点要形成电气互锁，否则容易造成电路无法正常工作或者发生短路故障。

6．检测

1）检查有无绝缘层压入接线端子，如有绝缘层压入接线端子，通电后会使电路无法接通。

2）检查裸露的导线线芯是否符合规定。用手摇动、拉拔接线端子上的导线。检查所有导线与端子的接触情况，不允许有松脱。

3）用万用表检查各元器件动作情况及接线是否正确。

4）用万用表 R×l0 挡或 R×100 挡，将万用表表笔分别接触如图 2.28 所示 1、2 线端，读数应为"∞"，按下按钮启动按钮 SB2 时，读数应为接触器 KM1 线圈的电阻值。

5）按下停止能耗制动按钮 SB1，此时读数应为接触器 KM2 线圈和 KT 线圈阻值的并联电阻值。通过观察万用表显示的电阻值的变化来检测电路连接是否正确。

7．通电调试

合上空气开关 QF，按下按钮启动 SB2，观察接触器 KM1 是否吸合。按下停止能耗制动按钮 SB1，接触器 KM1 断开，电动机切除三相电源，且接触器 KM2 吸合，电动机定子绕组接入直流电源，电动机进入能耗制动阶段。与此同时，时间继电器 KT 延时开始，直到电动机转速降到较低时，KT 整定时间已到，接触器 KM2、KT 线圈断电，电动机脱离直流电源，能耗制动过程结束。

任务评价

完成三相异步电动机能耗制动控制电路任务评价表 2.15。

表 2.15　三相异步电动机能耗制动控制电路任务评价表

	评价项目及标准	配分	自评	互评	师评	总评
知识与技能	能正确叙述能耗制动的控制特点和应用场合	10				
	能正确识读电动机能耗制动控制电路的电气原理图，并分析其工作原理	10				
	能合理设计元器件布置图，能按照电路安装的基本原则及工艺要求，根据电路的原理图，正确安装电路	30				
	根据任务要求自检互检，并调试电路成功运行	20				

续表

	评价项目及标准	配分	自评	互评	师评	总评
实习过程	1. 按照 7S 要求，安全文明生产 2. 出勤情况 3. 积极参与完成任务，积极回答课堂问题 4. 学习中的正确率及效率	30				
	合计	100				
简要评述						

单元小结

1. 三相异步电动机全压启动控制电路包含点动控制电路、连续控制电路和顺序启动控制电路。在点动控制电路中加入接触器触点的自锁就可以实现对电动机的连续控制，而在顺序启动控制电路中利用时间继电器通电延时常开、常闭触点来实现顺序控制。

2. 三相异步电动机正 / 反转控制电路中，改变三相电源任意两相的相序，就可以实现电动机的正 / 反转，为了避免电源短路故障的发生，控制电路中加入电气联锁和互锁以及机械联锁措施。

3. 三相异步电动机降压启动控制电路主要学习串电阻降压启动、Y–△降压启动和自耦变压器降压启动三种。串电阻降压启动是利用串联电路中电阻分压原理来降低电动机定子绕组上的电压，实现降压启动；Y–△降压启动是通过改变电动机的接法从而临时改变定子绕组上电压的原理实现降压启动；自耦变压器降压启动则是利用了变压器的变压作用从而实现降压启动。

4. 三相异步电动机制动控制电路主要学习反接制动控制电路、机械制动控制电路、能耗制动控制电路。反接制动时施加反向制动力矩的原理实现电动机的停车；机械制动时应用了电磁抱闸原理实现电动机停车；能耗制动时为定子绕组加入直流电，迅速降低转速，最终实现电动机的停车。

5. 三相异步电动机控制电路的安装和检测都有工艺要求和相关的注意事项。必须在装接电路时遵循"先主后控、从上到下、从左到右"的原则；布线要横平竖直，变换走向应垂直、避免交叉，多线要实现集中和并拢，严禁损伤线芯和导线绝缘；根据电动机的规格检验选配使用的元器件和导线的型号、规格是否满足要求；电动机使用的电源电压和绕组的接法必须和电动机铭牌上的标注相同。电动机和按钮的金属外壳必须可靠接地，使用兆欧表依次测量电动机绕组与外壳间及各绕组间的绝缘电阻值，检查绝缘电阻值是否符合要求；导线与接线端子或线桩连接时，应不压绝缘层、不反圈及不露头过长；接线时必须先接负载端，后接电源端，先接接地线，后接三相电源线；实训中要文明操作，注意用电安全。

　　注：有关电动机顺序启动控制电路、串电阻降压启动控制电路、自耦变压器降压启动控制电路、电磁机械制动控制电路和能耗制动控制电路的相关内容，请在知识拓展内容（配套课件）中进行学习。

思考与练习

一、选择题

1. 由接触器、按钮等构成的电动机直接启动控制回路中，如漏接自锁环节，则（　　）。

　　A. 电动机无法启动　　　　　　　　B. 电动机只能点动

　　C. 电动机启动正常，但无法停机　　D. 电机无法停止

2. 采用交流接触器、按钮等构成的鼠笼式异步电动机直接启动控制电路，在合上电源开关后，电动机启动、停止控制都正常，但电动机和预设的转向相反运行，原因是（　　）。

　　A. 接触器线圈反相　　　　　　　　B. 控制回路自锁触头有问题

　　C. 引入电动机的电源相序错误　　　D. 电动机接法不符合铭牌

3. 用两只交流接触器控制电动机的正、反转控制电路，为防止电源短路，必须实现（　　）控制。

　　A. 自锁　　　　B. 互锁　　　　C. 顺序　　　　D. 时间

4. 对于同一台交流电动机采用星形接法时的转速比采用三角形接法时的转速（　　）。

　　A. 高　　　　　B. 低　　　　　C. 相同　　　　D. 无法确定

5. 在电动机反接制动过程中，当电动机转速降至很低时，应立即切断电源，防止（　　）。

　　A. 损坏电机　　B. 电动机反转　　C. 电动机堵转　　D. 电机失控

二、简答题

1. 在绘制电器控制原理图时，应遵循哪些原则？

2. 三相笼型异步电动机在什么条件下可以直接启动？

3. 列举实例说明什么是自锁、什么是互锁。

4. 在接触器正反转控制电路中，若正、反向控制的接触器同时通电，会发生什么现象？

5. 解释并说明常用的电动机降压启动的控制方法。

6．解释说明什么是电动机 Y–△降压启动及 Y–△降压启动的特点。

7．常见的电动机制动方式有哪些？画出电气原理图并解释其工作原理。

三、设计题

现有三台电动机 M1、M2 和 M3，要求：按下启动按钮后，电动机 M1 先启动，5s 后电动机 M2 启动，再 5s 后电动机 M3 启动，按下停止按钮后，三台电动机同时停止。请设计相应的电气原理图并解释其工作原理。

单元 3

初步认识可编程逻辑控制器

单元向导

　　低压电器的继电控制系统采用弱电信号控制强电系统的控制方法，虽然它的使用已有近百年的历史，但是在复杂的继电控制系统中，存在设备体积大、可靠性低、故障的查找和排除困难、维护不方便等明显的缺点，严重影响工业生产；特别是当生产工艺或控制对象发生改变时，由于其通用性和灵活性较差，必须花费较多时间改变复杂的接线，严重影响生产进度。随着工业生产工艺不断变化的需要，1969 年美国数字设备公司（DEC）研制成功了世界上第一台可编程逻辑控制器，其克服了继电器控制中接线复杂、可靠性低、功耗高、通用性和灵活性差的缺点，充分利用微处理器的优点，并将控制器和被控对象方便地联系起来。因此，可编程逻辑控制器得到了迅速的发展和广泛应用。本单元将介绍可编程逻辑控制器的由来、发展、特点、组成及其分类等内容，同时重点阐明可编程逻辑控制器常见的编程语言、工作原理及其性能指标。

认知目标

1. 能简单叙述 PLC 发展的历程及概况。
2. 能正确说出 PLC 的硬件及软件组成。
3. 能正确分析 PLC 的工作原理。
4. 能正确安装并使用 GX Works2 软件。

技能目标

1. 能根据任务要求正确进行 PLC 的接线。
2. 能正确安装并使用 GX Works2 软件进行编程和仿真。

任务 3.1　可编程逻辑控制器的简介

可编程逻辑控制器（programmable logic controller，简称 PLC），是一种数字运算操作的电子系统，专门在工业环境下应用而设计。它采用可以编制程序的存储器，用来执行和存储逻辑运算、顺序控制、定时、计数和算术运算等操作的指令，并通过数字或模拟的输入（I）和输出（O）接口，控制各种类型的机械设备或生产过程。可编程逻辑控制器是在电器控制技术和计算机技术的基础上开发出来的，并逐渐发展成为以微处理器为核心，把自动化技术、计算机技术、通信技术融为一体的新型工业控制装置。PLC 已被广泛应用于各种生产机械和生产过程的自动控制中，成为一种最重要、最普及、应用场合最多的工业控制装置，被公认为现代工业自动化的三大支柱（PLC、工业机器人、CAD/CAM）之一。

可编程逻辑控制器的出现，极大地提高了工业生产的自动化水平。学习可编程逻辑控制器，首先就要了解可编程逻辑控制器的由来、特点及其发展历程，清楚可编程逻辑控制器的组成、分类，熟悉常见的可编程逻辑控制器的外形和接线方式等。

通过本任务的学习，了解可编程逻辑控制器的发展历程，熟悉可编程逻辑控制器的定义、特点及其基本组成、分类等相关知识，为后续任务的学习奠定基础。

认知目标：

1. 能正确叙述可编程逻辑控制器的特点、分类与发展。
2. 能正确说出可编程逻辑控制器的基本组成及各部分的作用。
3. 能根据接线要求，画出 PLC 的外部接线图。

技能目标：

能根据任务要求，按照接线图进行 PLC 的外部接线。

任务准备

3.1.1　可编程逻辑控制器的由来

在可编程逻辑控制器出现以前，工业控制领域中继电器控制占主导地位，应用极其广泛。但是由于继电控制系统存在体积大、耗电多、可靠性差、寿命短、接线复杂、通用性和灵活性差等缺点，严重束缚了工业生产的发展。随着计算机控制技术的不断发展，1968 年美国通用汽车公司（GM 公司）提出了研制一种新型工业控制器的要求，并从用户角度提出新一代控制器应具备以下十大条件（GM 十条）。

1）编程简单，可在现场修改和调试程序。

2）价格便宜，性价比高于继电控制系统。

3）可靠性高于继电控制系统。

4）体积小于继电器控制柜的体积。

5）可将数据直接送入管理计算机。

6）输入可以是交流 115V（即用美国的电网电压）。

7）输出为交流 115V、2A 以上，能直接驱动电磁阀等。

8）在扩展时，原有系统只需要很小的变更。

9）维护方便，最好是插件式的。

10）程序存储器容量至少扩展到 4KB 以上。

1969 年美国数字设备公司（DEC）根据上述要求，研制出了世界上第一台可编程逻辑控制器，型号为 PDP—14，并在 GM 公司的汽车自动装配线上试用成功。这种可编程逻辑控制器具备了执行逻辑判断、计时、计数等顺序功能，大大提高了生产率。

3.1.2　PLC 的定义及特点

1. PLC 的定义

1987 年 2 月国际电工委员会（IEC）颁发了可编程逻辑控制器标准草案第三稿。对可编程逻辑控制器定义如下：可编程逻辑控制器是一种数字运算操作的电子系统，专为在工业环境下应用而设计。它采用了可编程序的存储器，用来在其内部存储和执行逻辑运算、顺序控制、定时、计数和算术运算等操作指令，并通过数字式和模拟式的输入和输出，控制各种类型的机械或生产过程。可编程逻辑控制器及其有关外围设备，都按易于与工业系统联成一个整体、易于扩充其功能的原则设计。如今，PLC 已经成为应用广泛、功能强大、使用方便的通用工业控制装置。

2. PLC 的特点

1）可靠性高、抗干扰能力强。可靠性是指 PLC 的平均无故障工作时间（mean time between failures，简称 MTBF）。可靠性高、抗干扰能力强是 PLC 最重要的特点之一，其 MTBF 可达几十万小时，可以直接用于有强烈干扰的工业生产现场，PLC 是最可靠的工业控制设备之一。

2）编程简单、使用方便。梯形图是 PLC 使用最多的编程语言，它是面向生产、面向用户的编程语言，与继电器控制环节线路相似；梯形图形象、直观、简单、易学，易于广大工程技术人员学习掌握。当生产流程需要改变时，可以现场更改程序解决问题，因此使用方便、灵活。同时，PLC 编程器的操作和使用也很简单、方便，这成为 PLC 获得普及和推广的原因之一。

3）功能完善、通用性强。如今，PLC 不仅具有逻辑运算、定时、计数、顺序控制等功能，而且还具有 A/D 和 D/A 转换、数值运算、数据处理、PID 控制、通信联网等许多功能。随着 PLC 产品的系列化、模块化的发展和品种齐全的硬件装置的不断更新换代，PLC 几乎可以组成满足各种需要的控制系统。

4）设计安装简单、维护方便。由于 PLC 用软件代替了传统的电气控制的硬件，使控制柜的设计、安装、接线工作量大为减少，缩短了施工周期。PLC 的用户程序大部分可在实验室模拟调试，调试之后再将用户程序在 PLC 控制系统的生产现场安装、接线、调试，发现问题可以通过修改程序及时加以解决。由于 PLC 的故障率极低，维修工作量很小；而且 PLC 具有很强的自诊断功能，可以根据 PLC 上的故障指示或编程器上的故障信息，迅速查明原因、排除故障，因此维修极为方便。

5）体积小、重量轻、能耗低。由于 PLC 采用了集成电路，其结构紧凑、体积小、能耗低，是机电一体化的理想设备。

3. 可编程逻辑控制器 PLC 与个人计算机（PC）之间的主要差异

1）PLC 的工作环境要求比 PC 低，PLC 的抗干扰能力强。

2）PLC 编程比 PC 简单易学。

3）PLC 设计调试周期短。

4）PLC 应用领域与 PC 不同。

5）PLC 的输入 / 输出响应速度慢（一般为 ms 级），而 PC 的响应速度快（为 μs 级）。

6）PLC 的维护比 PC 容易。

4. PLC 与继电控制系统之间的区别

1）组成器件不同。PLC 是"软"继电器、"软"接点和"软"线连接；继电器控制主要采用"硬"器件、"硬"接点和"硬"接线。

2）触点数量不同。PLC 编程中无触点数的限制；控制用的继电器触点数一般只有 4～8 对。

3）实施控制的方法不同。PLC 主要由软件程序控制，而继电控制系统依靠硬件连线完成。

4）体积大小不同。PLC 控制系统结构紧凑、体积小、连线少；继电控制系统体积大、连线多。

3.1.3　PLC 的发展历程

1. PLC 的发展过程

PLC 的发展与计算机技术、微电子技术、自动控制技术、数字通信技术、网络技术等密切相关。这些高新技术的发展推动了 PLC 的发展，而 PLC 的发展又对这些高新技术提出了更高的要求，促进了它们的发展。虽然 PLC 的应用时间不长，但是随着微处理器的出现，大规模和超大规模集成电路技术的迅速发展和数字通信技术的不断进步，PLC 也取得了迅速的发展。其发展过程大致可分三个阶段。

（1）第一阶段（20 世纪 60 年代末～ 70 年代中期）

早期的 PLC 作为继电控制系统的替代物，其主要功能只是执行原先由继电器完成的顺序控制和定时 / 计数控制等任务。此时的可编程逻辑控制器仅有逻辑运算、定时、计数等顺序控制功能，只是用来取代传统的继电控制系统，通常称为可编程逻辑控制器。PLC 在硬件上以准计算机的形式出现，在 I/O（input/output）接口电路上做了改进，以适应工业控制现场的要求。装置中的器件主要采用分立元件和中小规模集成电路，存储器采用磁芯存储器。另外还采取了一些措施，以提高其抗干扰的能力。PLC 在软件上吸取了广大电气工程技术人员所熟悉的继电器控制线路的特点，形成了特有的编程语言——梯形图（ladder diagram），并一直沿用至今。其优点是简单易懂、便于安装、体积小、能耗低、有故障指示、能重复使用等。

（2）第二阶段（20 世纪 70 年代中期～ 80 年代后期）

20 世纪 70 年代，微处理器的出现使 PLC 发生了巨大的变化。各个 PLC 厂商先后开始采用微处理器作为 PLC 的中央处理单元（central processing unit，简称 CPU），使 PLC 的功能大大增强。在软件方面，除了原有功能外，还增加了算术运算、数据传送和处理、通信、自诊断等功能。在硬件方面，除了原有的开关量 I/O 以外，还增加了模拟量 I/O、远程 I/O 和各种特殊功能模块，如高速计数模块、PID 模块、定位控制模块和通信模块等。同时扩大了存储器容量和各类继电器的数量，并提供一定数量的数据寄存器，进一步增强了 PLC 的功能。

（3）第三阶段（20 世纪 80 年代后期至今）

20 世纪 80 年代后期，随着超大规模集成电路技术的迅速发展，微处理器的价格大幅度下降，各种 PLC 采用的微处理器的性能普遍提高。这时的 PLC 已不仅仅具有逻辑判断功能，而且具有通信和联网、数据处理和图像显示等功能，可靠性进一步提高，功耗、体积减小，成本降低，编程和故障检测更加灵活方便，使 PLC 真正成为具有逻辑控制、过程控制、运动控制、数据处理、联网通信等功能的多功能控制器。为了进一步提高 PLC 的处理速度，各制造厂家还开发了专用芯片，PLC 的软件和硬件功能发生了巨大变化，体积更小，成本更低，I/O 模块更丰富，处理速度更快，指令功能更强。即使是小型 PLC，其功能也大大增强，在有些方面甚至超过了早期大型 PLC 的功能。

2. 国外 PLC 发展的情况

自从美国研制出第一台 PLC 以后，日本、德国、法国等也相继开始研制 PLC，并得到迅速发展。目前，世界上有 200 多家 PLC 厂商，400 多种 PLC 产品，按地域可分成美国、欧洲和日本三个流派。各流派各具特色，比如日本主要发展中小型的 PLC，其小型 PLC 性能先进、结构紧凑、价格便宜，在世界市场上占有重要地位。世界著名的生产厂家有美国的 A-B（Allen-Bradley）公司和 GE（General Electric）公司、德国的 AEG 公司和西门子（Siemens）公司、日本的三菱电机（Mitsubishi Electric）公司和欧姆龙（OMRON）公司、法国的 TE（Telemecanique）公司等。

3. 国内 PLC 发展的情况

我国 PLC 研制、生产和应用的发展较快，尤其在应用方面更为突出。在 20 世纪 70 年代末和 80 年代初，我国在传统设备改造和新设备设计中，不断拓展 PLC 的应用领域，PLC 的广泛应用对我国的工业自动化水平的提高起到了巨大的作用。目前，如辽宁无线电二厂、无锡华光电子公司、上海香岛机电制造公司、厦门 A-B 公司等这些我国的科研单位和工厂也正在研制和生产自己的 PLC 产品。

4. PLC 的发展方向

随着相关技术特别是超大规模集成电路技术的迅速发展及其在 PLC 中的广泛应用，PLC 中采用更高性能的微处理器作为 CPU，功能进一步增强，逐步缩小了与工业控制计算机之间的差距。同时 I/O 模块更丰富，网络功能进一步增强，以满足工业控制的实际需要。编程语言除了梯形图外，还可采用指令表、顺序功能图（sequential function charter，SFC）及高级语言（如 BASIC 和 C 语言）等。另外还普遍采用表面安装技术，不仅降低成本，减小体积，而且进一步提高了系统性能。

现代 PLC 的发展有两个主要趋势：其一是向体积更小、速度更快、功能更强和价格更低的微小型方面发展，主要表现在为了减小体积、降低成本、向高性能的整体型发展，在提高系统可靠性的基础上产品的体积越来越小、功能越来越强；其二是向大型网络化、高可靠性、良好的兼容性和多功能方面发展，趋向于当前工业控制计算机（工控机）的性能，主要表现在大中型 PLC 向高功能、大容量、智能化、网络化发展，使之能与计算机组成集成控制系统，以便对大规模的复杂系统进行综合的自动控制。另外，PLC 在软件方面也有较大的发展，系统的开放使得第三方软件能方便地在符合开放系统标准的 PLC 上得到移植。

总之，高功能、高速度、高集成度、容量大、体积小、成本低、通信联网功能强，成为 PLC 发展的总趋势。

3.1.4　PLC 的基本组成

PLC 主要由微处理器（CPU）、存储器、输入 / 输出（I/O）接口、I/O 扩展接口、外部设备接口、电源、编程器等组成。如图 3.1 所示为三菱 FX2N-16MR 型 PLC 外形及其面板。

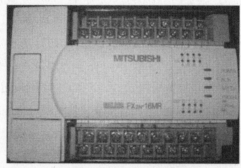

（a）FX2N-16MR型PLC的外形

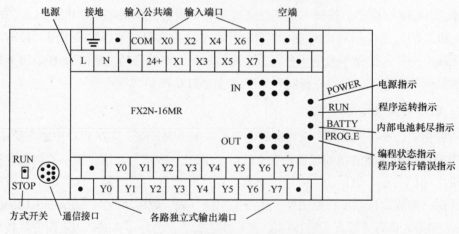

（b）FX2N-16MR型PLC的面板示意图

图 3.1　FX2N-16MR 型 PLC

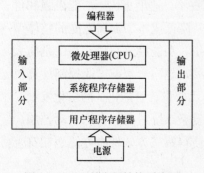

图 3.2　PLC 的主要结构示意图

PLC 的结构多种多样，但其组成的一般原理基本相同，都是以 CPU 为核心的结构，如图 3.2 所示。编程装置将用户程序送入可编程逻辑控制器，在可编程逻辑控制器运行状态下，输入单元接收到外部元件发出的输入信号，可编程逻辑控制器执行程序，并根据程序运行后的结果，由输出单元驱动外部设备。

1．微处理器（CPU）

CPU 是 PLC 的核心部分，它负责指挥与协调 PLC 的工作。PLC 是中央控制单元，一般由控制器、运算器、寄存器组成，并把它们制作在集成芯片上。CPU 的主要功能如下：

1）处理与运行用户程序。

2）连续监控 PLC 工作。

3）逻辑判断输入、输出的全部信号状态。

4）按控制的需要使各个状态的变化决定输出部分。

2．存储器

存储器是具有记忆功能的半导体电路，用来存储系统程序和用户程序等。

1）系统存储器，用于存储系统和监控程序。由生产厂家提供，用户只能读出信息，而不能写入信息。其中的监控程序用于管理 PLC 的运行，编译程序用于将用户程序翻译成机器语言，诊断程序用于确定 PLC 的故障内容。

2）用户存储器。用来存放编程器（PRG）或磁带输入的程序，即用户编制的程序。

3．输入 / 输出（I/O）接口电路

输入 / 输出单元是 PLC 与现场外围设备相连接的组件。用户送入 PLC 的各种开关量、模拟量信号，通过输入单元的光电隔离器件，将各种信号转换成微处理器的电平信号。输出单元将微处理器送出的信号转换成现场需要的信号，最后驱动继电器、接触器、电磁阀等执行元件。编程控制器的输入和输出信号类型可以是模拟量、数字量和状态量。

4．I/O 扩展接口

PLC 利用 I/O 扩展接口使 I/O 扩展单元与 PLC 的基本单元实现连接，当基本 I/O 单元的输入或输出的点数不够使用时，可以用 I/O 扩展单元来扩充开关量 I/O 的点数和增加模拟量的 I/O 端子。

5．外部设备接口

外设接口电路用于连接简易编程器或其他图形编程器、文本显示器，并能通过外设接口组成 PLC 的控制网络。PLC 通过 PC/PPI 电缆或使用 MPI 卡通过 RS-485 接口与计算机连接，可以实现编程、监控、联网等功能。

6．电源

电源单元是将工业交流电（220V）转换成直流电，供 PLC 各单元工作。一般均使用开关电源。外部连接的电源，通过 PLC 内部配有的一个专用开关式稳压电源，将交流 / 直流供电电源转化为 PLC 内部电路需要的工作电源（直流 5V、±12V、24V），并为外部输入元件（如接近开关）提供 24V 的直流电源（仅供输入端子使用），而驱动 PLC 负载的电源由用户提供。

7. 编程器

编程器（handy programming panel，简称 HPP）主要由键盘、显示屏、外存储器接插口等部件组成。如图 3.3 所示为 MELSEC FX-20P 型简易编程器。编程器主要用于用户程序的编制、编辑、修改、调试和监视。用户程序通过它才能输入 PLC，实现人机的对话。

图 3.3 MELSEC FX-20P 型简易编程器

3.1.5 PLC 的分类

通常各类 PLC 产品可按结构型式、I/O 点数及具备的功能三方面进行分类。

1. 按结构型式分类：可分为整体式和模块式

1）整体式 PLC 是将电源、CPU、I/O 部件都集中在一个机箱内，具有结构紧凑、体积小、价格低的特点。一般小型的 PLC 采用这种结构，整体式 PLC 由不同 I/O 点数的基本单元和扩展单元组成。

2）模块式 PLC 是把各个组成部分做成若干个独立的模块，如 CPU 模块、I/O 模块、电源模块以及各种功能模块等。模块式 PLC 由框架和各种模块组成。这种结构的特点是配置灵活，装配和维修方便，易于扩展。一般大中型的 PLC 都采用这种结构。

2. 按 I/O 的点数分类：可分为小型、中型和大型三类

1）小型 PLC 的 I/O 点数在 256 以下，其中小于 64 为超小型或微型 PLC。

2）中型 PLC 的 I/O 点数在 256 ~ 2048 点之间。

3）大型 PLC 的 I/O 点数在 2048 以上，其中 I/O 点数超过 8192 为超大型。

3. 按功能分类：可分为低档机、中档机、高档机三类

1）低档机具有逻辑运算、定时、计数、移位以及自诊断、监控等基本功能，还可以增设少量模拟量输入 / 输出、算术运算、远程 I/O、通信等功能。

2）中档机除具有低档机的功能外，还具有较强的模拟量输入 / 输出、算术运算、数据传送和比较、远程 I/O、通信等功能。

3）高档机除具有中档机的功能外，还有符号算术运算、位逻辑运算、矩阵运算、二次方根运算及其他特殊功能的函数运算、表格功能等。高档机具有更强的通信联网功能，可用于大规模过程控制系统。

任务实施

3.1.6　三菱 FX 系列 PLC 的外形认识及接线方式初探

1. PLC 的外形介绍

（1）三菱 FX 系列 PLC 的命名方式

FX 系列 PLC 是三菱公司后期的产品。三菱公司的可编程逻辑控制器分别为 F、F1、F2、FX0、FX1N、FX2N、FX3U 等几个系列，其中 F 系列是早期产品。

FX 系列的 PLC 基本单元和扩展单元的型号由字母和数字组成，其型号格式为 FX □—□□□□□，如图 3.4 所示。

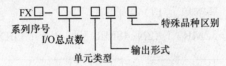

图 3.4　FX 系列的 PLC 基本单元和扩展单元的型号

其中方框的含义从左到右依次是：

1）系列序号。有 0、1、2、0N、2C，如 FX2、FX0、FX0N、FX2N 等。

2）I/O 总点数。I/O 点数范围是 14 ～ 256。

3）单元类型。M—该模块为基本单元；E—输入 / 输出混合扩展单元或扩展项目；EX—输入扩展项目；EY—输出扩展项目。

4）输出形式。R—继电器输出；S—晶闸管输出；T—晶体管输出。

5）特殊品种区别。D—输入滤波器，直流输入；A—交流电源，交流输入或交流输入项目；S—独立端子（无公共端）扩展项目；H—大电流输出扩展项目；V—立式端子排的扩展项目；F—输入滤波器 lms 的扩展项目；L—TTL 输入型扩展项目；C—接插口输入 / 输出方式。

若无特殊品种区别，通常为 AC 电源，DC 输入，横式端子排，继电器输出为 2A/点，晶体管输出为 0.5A/ 点，晶闸管输出为 0.3A/ 点。

比如：FX2N-32MR 表示为 FX2N 系列，I/O 总点数为 32 点，该模块为基本单元，采用继电器输出。

（2）FX2N-32MR 可编程逻辑控制器外部结构

可编程逻辑控制器的种类和型号有很多，外部的结构也各有特点，但不管哪种类型的 PLC 外部结构基本包括输入输出端口（用于连接外围输入 / 输出设备）、PLC 与编程器连接口、PLC 执行方式开关、LED 指示灯（包括输入 / 输出指示灯、电源指示灯、PLC 运行指示灯、PLC 程序自检错误指示灯）以及 PLC 通信连接与扩展接口等，如图 3.5

所示为 FX2N-32MR 可编程逻辑控制器外部结构。

1—输入 X 端口；2—X 端口标识；3—LED 指示灯；

4—Y 端口标识；5—输出 Y 端口；6—编程器接口；7—方式开关。

图 3.5　FX2N-32MR 可编程逻辑控制器外部结构

（3）FX2N 系列 PLC 基本单元 I/O 端子的排列

FX2N-16MR、FX2N-32MR、FX2N-48MR 三种 PLC 的 I/O 端子排列如图 3.6 所示。

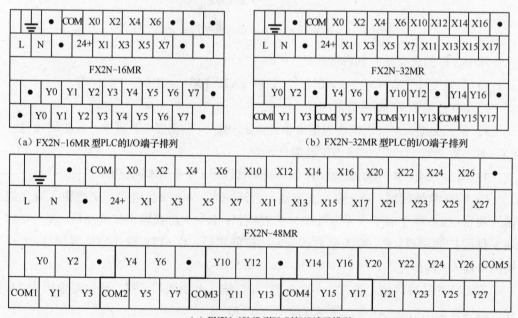

（a）FX2N-16MR 型PLC的I/O端子排列　　　　（b）FX2N-32MR 型PLC的I/O端子排列

（c）FX2N-48MR型PLC的I/O端子排列

图 3.6　三种 FX2N 系列 PLC 的 I/O 端子排列

2．接线方式

PLC 通过 PC/PPI 电缆或使用 MPI 卡通过 RS-485 接口与计算机连接，可以实现编程、监控、联网等功能。注意，不同类型、不同型号的 PLC 和计算机相连接使用的电缆也有所不同。在进行程序设计时，首先进行控制系统的分析，安排好 I/O 地址分配，画出 PLC 系统的 I/O 接线图。所谓 I/O 接线图就是在图纸上画出 PLC 控制系统中需要用到的输入设备与输入继电器的对应关系，输出设备与输出继电器的对应关系，同时还要画出输入设备、输出设备和 PLC 机箱的连接方法。一般输入设备画在左侧，输出设备画在右侧，如图 3.7 所示。

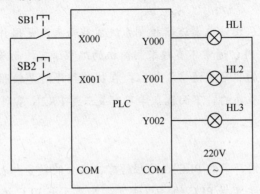

图 3.7 PLC 系统 I/O 接线图

 任务评价

完成可编程逻辑控制器的简介任务评价表 3.1。

表 3.1 可编程逻辑控制器的简介任务评价表

	评价项目及标准	配分	自评	互评	师评	总评
知识与技能	能正确叙述可编程逻辑控制器的特点、分类与发展	15				
	能正确说出可编程逻辑控制器的基本组成及各部分的作用	15				
	能根据接线要求，画出 PLC 的外部接线图	20				
	能根据任务要求，按照接线图进行 PLC 的外部接线	20				
实习过程	1. 按照 7S 要求，安全文明生产 2. 出勤情况 3. 积极参与完成任务，积极回答课堂问题 4. 学习中的正确率及效率	30				
合计		100				
简要评述						

任务 3.2　可编程逻辑控制器编程语言及其工作原理

PLC 由继电器逻辑控制系统发展而来，是用作数字控制的专用计算机。但 PLC 通常不直接采用微机的编程语言，而采用面向控制过程、面向问题的"自然语言"编程；在执行程序时是按照一定的循环扫描方式来执行程序的。下面就来学习有关三菱 FX2N 系列 PLC 的编程语言及其工作原理。

不同厂家的 PLC 在编程语言、指令的数量和表达方式上都有很大的区别，要掌握 PLC 的编程语言，就要了解 PLC 编程语言的特点及其编制程序的标准，要实现对程序的分析和编写，必须对 PLC 的工作原理有所了解。

知识目标：

1．能正确说出 PLC 编程语言的特点。

2．能正确描述 PLC 编程语言的种类及各自的特点。

3．能熟练进行梯形图和指令表的转换。

4．能正确分析 PLC 的工作原理。

任务准备

PLC 的编程语言与一般计算机语言相比具有明显的特点，既不同于高级语言，也不同于一般的汇编语言，它既要易于编写，又要满足易于调试的要求。目前没有一种编程语言能够兼容各厂家产品，但其编程语言都具有共同的特点。

3.2.1　编程语言的特点

1．图形式指令结构

程序由图形方式表达，指令由不同的图形符号组成，易于理解和记忆。系统的软件开发者已把工业控制中所需的独立运算功能编制成象征性图形，用户根据自己的需要把这些图形进行组合，并填入适当的参数。在逻辑运算部分，几乎所有的厂家都采用类似于继电器控制电路的梯形图，很容易接受。

2．明确的变量常数

图形符相当于操作码，被规定好了相应的运算功能。操作数由用户填入，如 X400、C460、T55O 等。PLC 中的变量和常数以及其取值范围有明确的规定，可查阅产品使用手册获取。

3．简化的程序结构

PLC 的程序结构通常很简单，典型的为块式结构，不同的块完成不同的功能，使程序的调试者对整个程序的控制功能和控制顺序有着清晰的脉络。

4．简化应用软件生成过程

使用汇编语言和高级语言编写程序，需要完成编辑、编译和连接三个过程。而使用编程语言，只需要编辑一个过程，其余工作由系统软件自动完成，整个编辑过程都是在人机对话下进行的，不要求用户有高深的软件设计能力。

5．强化调试手段

无论是汇编程序还是高级语言程序调试，都是令编程人员头疼的事，而 PLC 的程序调试提供了完备的条件，使用编程器上的按键、显示和内部编辑、调试、监控功能等，自我诊断和仿真调试操作都很简单。

总之，PLC 的编程语言是面向用户的，不要求使用者具备高深的知识，也不需要长时间的专门训练。

3.2.2 PLC 的工作原理及主要技术指标

1．PLC 的工作原理

PLC 控制任务的完成是建立在硬件的支持下，通过执行反映控制要求的用户程序来实现，其工作原理与计算机控制系统基本相同，PLC 的内部等效电路如图 3.8 所示。

PLC 的等效电路可分为三部分：输入部分、逻辑部分、输出部分。输入部分收集来自现场的各种开关量信号（如SB、SQ、SA……）或数字信号（数字）；逻辑部分对输入信息进行逻辑运算处理，判断需要输出哪些信号，并将结果输送给输出继电器；输出部

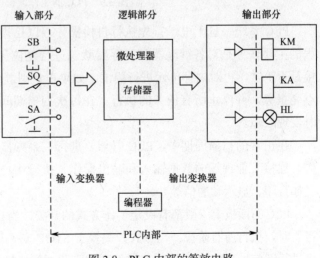

图 3.8 PLC 内部的等效电路

分将微处理器的内部电路信号转换为输出继电器上常开触点的通断或功率器件的驱动信号。

2. PLC 的工作过程

在 PLC 中，用户程序是按先后顺序存放的，在没有中断或跳转指令时，PLC 从第一条指令开始顺序执行，直到程序结束符后又返回到第一条指令，如此周而复始地不断循环执行程序。PLC 的工作采用循环扫描的工作方式。顺序扫描工作方式简单直观，程序设计简化，并为 PLC 的可靠运行提供保证。有些情况下需要插入中断方式，允许中断正在扫描运行的程序，以处理紧急任务。

PLC 扫描工作的第一步是采样阶段，通过输入接口把所有输入端的信号状态读入缓冲区，即刷新输入信号的原有状态。第二步是扫描用户程序阶段，根据本周期输入信号的状态和上周期输出信号的状态，对用户程序逐条进行运算处理，将结果送到输出缓冲区。第三步是进行输出刷新阶段，将输出缓冲区各输出点的状态通过输出接口电路全部送到 PLC 的输出端子。

PLC 周期性地循环执行采样、扫描用户程序、输出刷新三个步骤，这种工作方式称为循环扫描的工作方式。每一次循环的时间称为一个扫描周期。一个扫描周期中除了执行指令外，还有 I/O 刷新、故障诊断和通信等操作，如图 3.9 所示。扫描周期是 PLC 的重要参数之一，它反映 PLC 对输入信号的灵敏度或滞后程度。通常工业控制要求 PLC 的扫描周期在 6 ~ 30ms 范围内。

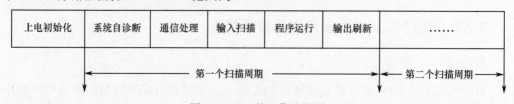

图 3.9　PLC 的工作流程图

PLC 系统一旦上电，首先执行自检操作，以检查系统硬件是否存在问题。自检过程的主要任务是对各继电器和寄存器状态进行复位和初始化处理，检查 I/O 模块的连接是否正常，再对内存单元进行测试。如果正常则继续扫描，否则出错指示灯 ERROR 点亮报警，并停止所有任务的执行。在每次扫描期间，PLC 都进行系统诊断，以便及时发现故障。

在正常的扫描周期中，PLC 内部要进行一系列操作，一般包括故障诊断及处理操作、连接工业现场的数据输入和输出操作、执行用户程序和响应外部设备的任务请求（如打印、显示和通信等）。

PLC 的面板上一般都有设定工作方式的开关。当 PLC 的工作方式开关置于 RUN（运行）时，执行所有阶段；当方式开关置于 STOP（停止）时，不执行后三个阶段。此时可进行通信处理，比如对 PLC 进行离线编程或联机操作。

（1）故障诊断及处理操作

这是在每一次扫描程序前对 PLC 系统作一次自检。若发现异常，除了出错指示灯（ERROR）亮之外，还判断故障的性质。如果属于一般性故障，则只报警不停机，等待处理；对于严重故障，PLC 就停止用户程序的执行，切断一切外部联系。

（2）数据输入和输出操作

数据输入和输出操作即为 I/O 状态刷新操作。输入扫描就是对 PLC 的输入进行一次读取，将输入端各变量的状态重新读入 PLC 中，存入输入缓冲器（也称输入映像寄存器）。输出刷新就是将新的运算结果从输出缓冲区（也称输出映像寄存器）送到 PLC 的输出端。PLC 的输入和输出过程如图 3.10 所示。

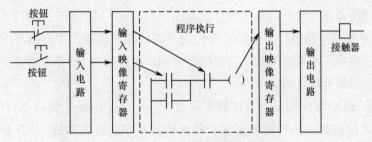

图 3.10　PLC 的输入和输出过程

PLC 的存储器中有一个专门存放 I/O 数据的区域。对应输入端的数据区称为输入缓冲区，对应输出端的数据区称为输出缓冲区。PLC 在采样时，输入信号进入缓冲区，即数据输入的状态刷新。PLC 在输出时，将输出缓冲区的内容输出到输出寄存器，即数据输出的状态刷新。I/O 缓冲区中的内容构成了当前的 I/O 状态表。

通常把 PLC 内部的各种存储器称为"软继电器"。所谓"软继电器"实际上是存储器中的一位触发器，其 1、0 对应继电器线圈的通与断。在传统的继电控制系统中，输出是由物理器件加导线连接而成的电路来实现的。而在 PLC 中，却是用微处理器和存储器来代替继电器控制线路，通过用户程序来控制这种"继电器"的断与通，所以将这种继电器称为"软继电器"。

输入操作实际是采样输入信号，刷新输入缓冲区的内容；输出操作则是送出处理结果，按输出缓冲区的内容刷新输出信号。PLC 在每次扫描中都将保存在输入和输出缓冲区的内容进行一次更新。

从输入和输出操作的过程中可以看出，在刷新期间，如果输入信号发生变化，则在本次扫描期间，PLC 的输出端会相应地发生变化，也就是说输出对输入立刻产生了响应。如果在一次 I/O 刷新之后输入变量才发生变化，则在本次扫描期间输入缓冲器的状态保持不变，PLC 相应的输出也保持不变，而要到下一次扫描期间输出才对输入产生响应。即只有在采样（刷新）时刻，输入缓冲区中的内容才与输入信号（不考虑电路固有惯性和滞后影响）一致，其他时间范围内输入信号的变化不会影响输入缓冲区的内容。PLC 根据用户程序要求及当前的输入状态进行处理，结果存放在输出缓冲区中。在程序执行结束（或下次扫描用户程序前）PLC 才将输出缓冲区的内容通过锁存器输出到输出端子上，刷新后的输出状态一直保持到下次的输出刷新。这种循环扫描的工作方式存在一种信号滞后的现象，但 PLC 的扫描速度很高，一般不会影响系统的响应速度。

（3）执行用户程序

用户程序的执行一般包括程序的具体执行与监视两部分操作。

1）执行用户程序。用户程序存放在用户程序存储器中。PLC 在循环扫描时，每一个扫描周期都按顺序从用户程序的第一条指令开始，逐条（跳转指令除外）解释和执行，直到执行到 END 指令才结束对用户程序的本次扫描。

用户程序处理的依据是输入/输出状态表。其中输入状态在采样时刷新，输出状态则根据用户程序而逐个更新。每一次计算都以当前的 I/O 状态表中的内容为依据，结果送到相应的输出缓冲器中，上面的结果作为下面计算的依据，中间结果不能作为输出的依据。对于整个控制系统来说，只有执行完用户程序后的 I/O 状态才是该系统的确定状态，作为输出锁存的依据。

2）监视。PLC 中一般设置有监视定时器（watchdog timer，简称 WDT），即"看门狗"，用来监视程序执行是否正常。每次执行程序前复位 WDT 并开始计时。正常时，扫描执行一遍用户程序所需时间不会超过某一定值。当程序执行过程中因某种干扰使扫描失控或进入死循环，则 WDT 会发出超时复位信号，使程序重新开始执行。此时，如果是偶然因素造成超时，系统便转入正常运行，如果由于不可恢复的确定性的故障，则系统会在故障诊断及处理操作中发现这种故障，并发出故障报警信号，停止用户程序的执行，切断一切外界联系，等待处理。

（4）响应外设的服务请求

外设命令是可选操作，它给操作人员提供了交互机会，也可与其他系统进行通信，不会影响系统的正常工作，而且会更有利于系统的控制和管理。

PLC 每次执行完用户程序后，如果有外设命令，就进入外设命令服务的操作，操作完成后就结束本次扫描周期，开始下一个扫描周期。

（5）几点说明

1）PLC 以循环扫描的方式工作，输入/输出的逻辑关系上存在滞后现象。扫描周期越长，滞后现象就越严重。但 PLC 的扫描周期一般只有几十毫秒或更少，两次采样之间的时间很短，对于一般输入量来说可以忽略。可以认为输入信号一旦变化，就能立即传送到对应的输入缓冲器。同样，对于变化较慢的控制过程来说，由于滞后的时间不超过一个扫描周期，因此可以认为输出信号是及时的。

在实际应用中，这种滞后现象可起到滤波的作用。对慢速控制系统来说，滞后现象反而增加了系统的抗干扰能力。但对控制时间要求较严格、响应速度要求较快的系统，就必须考虑滞后对系统性能的影响，在设计中尽量缩短扫描周期，或者采用中断的方式处理高速的任务请求。

2）除了执行用户程序所占用的时间外，扫描周期还包括系统管理操作所占用的时间。前者与程序的长短及所使用的指令有关，而后者基本不变。如果考虑到 I/O 硬件电路的延时，PLC 的响应滞后就更大一些。

另外，在程序设计中一定要注意，输入 / 输出响应的滞后不仅与扫描方式和硬件电路的延时有关，还与程序设计的指令安排有关。

3. PLC 的主要技术指标

PLC 的种类很多，用户可以根据控制系统的具体要求选择不同技术性能指标的 PLC。PLC 的主要性能指标主要有以下几点。

（1）存储容量

PLC 的存储器由系统程序存储器、用户程序存储器和数据存储器三部分组成。PLC 的存储容量通常指用户程序存储器和数据存储器容量之和，表征系统提供给用户的可用资源，是系统性能的重要技术指标。

（2）输入 / 输出（I/O）点数

PLC 的 I/O 点数指外部输入、输出端子数量的总和，是衡量 PLC 性能的一个重要参数。I/O 点数越多，外部可接的输入设备和输出设备就越多，控制规模就越大。

（3）扫描速度

扫描速度是指 PLC 执行用户程序的速度，一般以扫描 1KB 的用户程序所需时间来表示，通常以 ms/KB 为单位。PLC 用户手册一般给出执行各条指令所用的时间，可以通过比较各种 PLC 执行相同的操作所用的时间，来衡量扫描速度的快慢。影响扫描速度的主要因素有用户程序的长度和 PLC 产品的类型。CPU 的类型、机器字长等直接影响 PLC 运算精度和运行速度。

（4）指令系统

指令系统是指 PLC 所有指令的总和。PLC 具有基本指令和功能指令。指令的种类、数量也是衡量 PLC 性能的重要指标。PLC 的编程指令越多，软件功能越强，PLC 的处理能力和控制能力也越强，用户的编程越简单、方便，越容易完成复杂的控制任务。

（5）通信功能

通信分 PLC 之间的通信和 PLC 与其他设备之间的通信两类。通信主要涉及通信模块、通信接口、通信协议和通信指令等内容。PLC 的组网和通信能力也是 PLC 产品水平的重要衡量指标之一。

（6）内部元件的种类和数量

在编制 PLC 程序时，需要用到大量的内部元件来存放变量、中间结果、保持数据、定时计数、模块设置和各种标志位等信息，这些元件的种类与数量越多，表示 PLC 的存储和处理各种信息的能力越强。

（7）特殊功能单元

特殊功能单元种类的多少与功能的强弱是衡量 PLC 产品的一个重要指标。近年来各 PLC 厂商非常重视特殊功能单元的开发，特殊功能单元种类日益增多，功能日益增强，控制功能日益扩大。

（8）可扩展能力

PLC 的可扩展能力包括 I/O 点数的扩展、存储容量的扩展、联网功能的扩展、各种功能模块的扩展等，在选择 PLC 时，经常需要考虑 PLC 的可扩展能力。

厂家的产品手册上还提供 PLC 的负载能力、外形尺寸、重量、保护等级、适用的安装和使用环境（如温度、湿度等的性能指标）等参数，供用户参考。

任务实施

3.2.3 常用的编程语言梯形图和语句表的认知

国际电工委员会（IEC）于 1994 年 5 月公布了 PLC 标准（IEC61131），其第三部分是 PLC 的编程语言标准。目前已有越来越多的 PLC 厂家提供符合 IEC61131—3 标准的产品。IEC61131—3 标准中定义了 5 种 PLC 编程语言的表达方式：

① 梯形图 LAD（ladder diagram）；

② 语句表 STL（statement list）；

③ 功能块图 FBD（functional block diagram）；

④ 结构文本 ST（structured text）；

⑤ 顺序功能图 SFC（sequential function chart）。

其中，梯形图和功能块图为图形语言，是最常用的两种语言；语句表和结构文本为文字语言；顺序功能图是一种结构块控制程序流程图。

1. 梯形图

（1）梯形图简述

梯形图在形式上类似于继电器控制电路。它由常开触点、常闭触点、继电器线圈、并联、串联等图形符号连接而成，如图 3.11 所示。

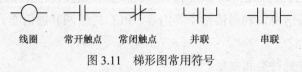

图 3.11 梯形图常用符号

触点：代表逻辑输入条件，如外部开关、按钮和内部条件等。

线圈：代表逻辑输出结果，用来控制外部的负载或内部的输出条件。

不同的 PLC 只是在使用的符号和表达方式上有一定的区别，直观易懂，特别适用于数字量控制，因此是应用最多的一种编程语言。

如图 3.12 所示为某继电器控制电路原理图与三菱 PLC 梯形图的比较实例。

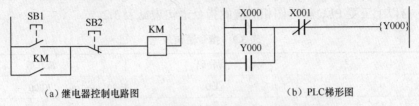

（a）继电器控制电路图　　　　　　　（b）PLC 梯形图

图 3.12　继电器控制电路图与梯形图的比较

（2）梯形图的特点

1）梯形图按自上而下、从左到右的顺序排列，每一个继电器线圈为一个逻辑行，称为一个网络（梯级或阶梯）。每一个逻辑行起始于左母线，然后是触点的各种连接，最后是线圈与右母线相连，整个图形呈阶梯形。

2）梯形图中的继电器不是继电器控制线路中的物理继电器，它实质上是变量存储器中的位触发器，称为"软继电器"。如果相对应的某位触发器为"1"态，表示该继电器线圈通电，常开触点闭合，常闭触点打开。

梯形图中的继电器线圈是广义的，除输出继电器、内部继电器线圈外还包括定时器、计数器、移位寄存器及各种比较运算的结果。

3）梯形图中，除有跳转指令和步进指令等程序段外，某个编号的继电器线圈只能出现一次，而继电器触点可无限次使用。

4）梯形图是 PLC 形象化的编程方式，左右两侧母线不接任何电源；梯形图中各支路也没有真实的电流流过。为了方便，常用"有电流""得电"等术语来形象地描述用户程序运算中满足输出线圈的动作条件。所以，仅仅是概念上的"电流"，或叫作"能流"，认为它只能由左向右流动，层次的改变也只能是先上后下。

5）输入继电器的触点表示相应的外部输入信号的状态。输入继电器用于接收 PLC 的外部输入信号，而不能由内部其他继电器的触点驱动。因此，梯形图中只能出现输入继电器的触点，而不能出现输入继电器的线圈。

6）输出继电器为 PLC 做输出控制，但它只是输出状态寄存表的相应位，不能直接驱动现场执行部件，必须通过开关量输出模块相应的功率开关去驱动。当梯形图中的输出继电器得电接通，则相应的模块上的功率开关闭合。

7）PLC 的内部继电器不能做输出控制用，它们只是用于一些逻辑运算所使用的中间存储单元状态，其触点可供 PLC 内部使用。

8）PLC 在运算用户逻辑时就是按照梯形图从上到下、从左到右的先后顺序逐行运行处理，即按扫描的方式顺序执行程序。因此，不存在几条并列支路的同时动作，这有利于在设计梯形图时减少许多有约束关系的联锁电路，从而使电路设计大大简化。

2．指令语句表

PLC 的指令又叫语句，是一种与微机的汇编语言指令相似的助记符表达式。若干条指令组成的程序叫作指令语句表程序。每条语句表给 CPU 一条指令，规定 CPU 如何操作。与以上三菱 PLC 梯形图相对应的指令语句表见表 3.2。

表 3.2   指令语句表

序号	操作码	操作数
0	LD	X000
1	OR	Y000
2	ANI	X001
3	OUT	Y000

可以看出，指令由操作码和操作数两部分组成。操作码表明 CPU 要完成的操作功能，操作数包括为执行某种操作所必需的信息。语句表比较适合熟悉 PLC 和程序设计经验丰富的程序员使用，实现某些不能用梯形图或功能块图实现的功能。

3．功能块图

功能块图是类似于数字逻辑门电路的编程语言，有数字电路基础就很容易掌握。该语言用类似"与门""或门"的方框来表示逻辑运算关系，方框的左侧为逻辑运算的输入变量，右侧为输出变量。输入、输出端的小圆圈表示"非"运算，方框由"导线"连接在一起，信号自左向右流动。如图 3.13 所示为图 3.12 中梯形图相对应的功能块图。

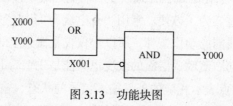

图 3.13   功能块图

4．顺序功能图

顺序功能图也叫作状态转移图，它是描述控制系统的控制过程、功能和特性的一种图形，用来编制顺序控制程序。顺序功能图提供了一种组织程序的图形方法，主要由步、转换条件和动作组成。详细内容见单元 5。

5．结构文本

结构文本是为 IEC61131—3 标准创建的一种专用的高级编程语言，能实现复杂的数学运算，编写的程序非常简洁和紧凑。

完成可编程逻辑控制器编程语言及其工作原理任务评价表 3.3。

表 3.3　可编程逻辑控制器编程语言及其工作原理任务评价表

	评价项目及标准	配分	自评	互评	师评	总评
知识与技能	能正确说出 PLC 编程语言的特点	15				
	能正确描述 PLC 编程语言的种类及各自的特点	15				
	能熟练进行梯形图和指令表的转换	20				
	能正确分析 PLC 的工作原理	20				
实习过程	1. 按照 7S 要求，安全文明生产 2. 出勤情况 3. 积极参与完成任务，积极回答课堂问题 4. 学习中的正确率及效率	30				
	合计	100				
简要评述						

任务 3.3　三菱 FX2N 系列 PLC 编程软件的应用

可编程逻辑控制器编程是一种面向生产控制过程的语言。主要利用计算机软件进行编程，再用匹配的通信电缆将计算机和 PLC 相连接，这样不仅可以进行程序的编写、读出、修改、调试、仿真等功能，还能对 PLC 的工作状态进行监控。

GX Works2 是一款由三菱公司开发的 PLC 编程软件，是专门用于 PLC 设计、调试、仿真维护的编程工具，与传统的 GX Developer 软件相比，功能及操作性能增强，提高了工作效率。

适用于三菱 FX2N 系列 PLC 的 GX Works2 软件，功能十分强大，可以完成项目管理、程序键入、编译链接、模拟仿真和程序调试等操作，为我们编写程序、测试仿真程序提供了极大地便利，是学习三菱 FX2N 系列 PLC 编程操作的好助手。我们将从软件安装和实际应用两个方面进行学习和探究。

知识目标：

1. 能正确说出 GX Works2 软件的用途。

2. 能简要说明软件安装的配置要求和安装要领及方法。

3. 能熟练掌握软件使用的方法。

技能目标：

1. 能正确安装 GX Works2 软件。

2. 能熟练使用 GX Works2 软件进行 PLC 编程、调试、仿真等操作。

3.3.1　三菱软件简介

三菱 PLC 的应用非常广泛，也是很多初学者入门的首选。随着时代的进步，三菱 PLC 早期使用的 GX Developer 软件渐渐淡出应用。现在，三菱 PLC 基本上应用 GX Works2 和 GX Works3 两款软件。至今，三菱软件发展历程如图 3.14 所示。

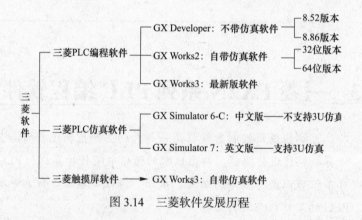

图 3.14　三菱软件发展历程

1. GX Works2 编程软件的主要功能

GX Works2 的功能十分强大，集成了项目管理、程序键入、编译链接、模拟仿真和程序调试等功能，其主要功能如下：

1）GX Works2 三菱电机新一代 PLC 软件，具有简单工程（simple project）和结构化工程（structured project）两种编程方式。

2）支持梯形图、SFC、ST 及结构化梯形图等编程语言。

3）可实现程序编辑，参数设定，网络设定，程序监控、调试及在线更改，智能功能模块设置等功能。

4）GX Works2 支持 FX2N，FX3U，FX3G，FX1S 等以及三菱的大型 Q 系列、A 系列 PLC 的编程。不支持 FX0N 以下版本的 PLC 以及 A 系列 PLC 的编程，并且不支持语句表编程。

5）GX Works2 自带仿真软件，适用于 Q、QnU、L、FX 等系列可编程逻辑控制器，兼容 GX Developer 软件。

6）支持三菱电机工控产品 iQ Platform 综合管理软件 iQ Works。

7）GX Works2 具有系统标签功能，可实现 PLC 数据与 HMI、运动控制器的数据共享。

2．计算机硬件配置要求

安装使用 GX Works2 软件，对计算机硬件有以下要求。

（1）计算机

要求操作系统为 Windows XP 以上；

建议 CPU 为 Intel8 CoreTM 2 Duo Processor 2GHz 以上；

建议必要内存 1GB 以上；

显示器分辨率至少为 1024×768 点；

安装 GX Works2 要求硬盘的可用空间 1GB 以上；

GX Works2 运行时，要求虚拟内存的可用空间在 512MB 以上。

（2）通信接口（直接连接 CPU 时）

RS-232 端口；USB 端口；以太网端口。

☀ 小知识

GX Works3 软件简介

1）GX Works3 是三菱最新的 PLC 软件，支持 FX5U 和 R 系列 PLC，也就是 iQ-F 和 iQ-R 系列。它支持结构化工程，也就是取消了简单工程和结构化工程的选项。

2）GX Works3 是用于对 MELSEC iQ-R 系列与 MELSEC iQ-F 系列的可编程逻辑控制器进行设置、编程、调试以及维护的工程工具。与 GX Works2 相比，GX Works3 提升了功能与操作性，更易于使用。

3）在 GX Works3 中，以工程为单位对每个 CPU 模块进行程序及参数的管理，主要有程序创建功能、参数设置功能、CPU 模块的写入 / 读取功能、监视 / 调试功能、诊断功能。

3.3.2 软件安装和工程文件管理

1. GX Works2 编程软件的安装

1）打开 GX Works2 编程软件的安装目录，首先安装 disk1\SETUP.EXE，为 GX Works2 软件安装配置好符合本程序执行条件的环境。再返回主目录，安装 GX Works2 编程软件。

2）鼠标双击 disk1\SETUP.EXE，进入如图 3.15 所示的安装界面。

图 3.15　GX Works2 安装初始信息

3）稍后自动出现"欢迎"界面，如图 3.16 所示。

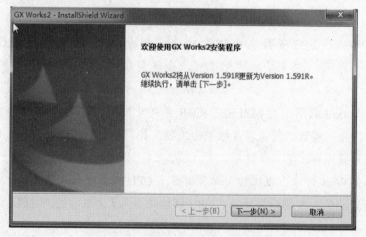

图 3.16　GX Works2 安装"欢迎"界面

4）单击"下一步"按钮，出现"用户信息"对话框，在"姓名""公司名"下的空白框中填入相关信息，并在"产品 ID"中填入该软件的产品序列号，如图 3.17 所示。

图 3.17   "用户信息"对话框

5）单击"下一步"按钮，出现"选择安装目标"对话框，单击"更改"按钮可选择所要安装的文件夹，如图 3.18 所示。

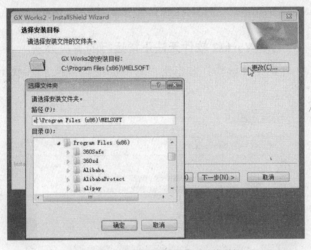

图 3.18   "选择安装目标"对话框

6）选择安装路径后，单击"下一步"按钮，软件进入"安装状态"界面，如图 3.19 所示。

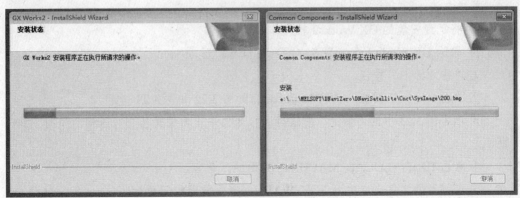

图 3.19   "安装状态"界面

7）软件安装结束时，出现"完成 InstallShield 向导"对话框，如图 3.20 所示。单击"完成"按钮，完成 GX Works2 编程软件的安装任务。

图 3.20 "完成 InstallShield 向导"对话框

☀ 小知识

GX Works2 软件无法正常运行的解决办法

安装软件完毕，首次启动软件时出现"存储器空间或桌面堆栈不足"提示信息，如图 3.21 所示。

图 3.21 GX Works2 启动错误信息界面

解决办法：

1）将已经安装的 GX Works2 软件卸载干净。

2）删除 GX Works2 在注册表中的残留信息。

①单击"开始"按钮。

②单击"运行"按钮，再输入 regedit。如图 3.22 和图 3.23 所示。

③单击图 3.23 中的"确定"按钮后，打开"注册表编辑器"对话框，如图 3.24 所示。

④单击 HKEY_LOCAL_MACHINE 前面的三角标。

⑤在打开的文件夹中找到 SOFTWARE，单击前面的三角标。

图 3.22　单击"运行"按钮

图 3.23　"运行"对话框

图 3.24　"注册表编辑器"对话框

⑥ 找到 MITSUBISHI，并右击选择"删除"命令，将该文件夹删除。

⑦ 如果删除了该文件夹还无法启动，那么再打开 HKEY_CURRENT_UESR 里面的 SOFTWARE，再次删除 MITSUBISHI 文件夹，如图 3.25 所示。

3）重新安装 GX Works2 软件，建议安装到另一个目录。

4）如果还是无法解决问题，建议重装系统。

图 3.25　"MITSUBISHI"文件夹

2．GX Works2 编程软件的应用

（1）GX Works2 编程软件的界面简介

使用鼠标双击桌面上的"GX Works2"图标，即可启动 GX Works2 软件，其窗口界面如图 3.26 所示。GX Works2 的窗口由标题栏、菜单栏、快捷工具栏、编辑窗口、管理窗口等部分组成。其中仿真工具按钮 也出现在 GX Works2 窗口的工具栏中。

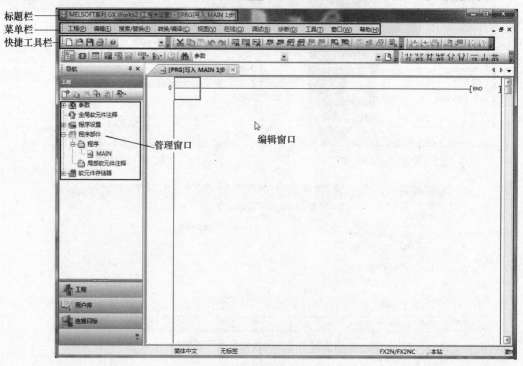

图 3.26　GX Works2 窗口界面

1）菜单栏。GX Works2 共有 11 个下拉菜单，每个菜单又有若干个菜单项。菜单项的使用方法和目前 Microsoft Office 编辑软件的菜单项的使用方法基本相同。常用的菜单项都有相应的快捷按钮。

2）快捷工具栏。GX Works2 共有 13 个快捷工具栏，即标准、程序通用、切换折叠窗口 / 工程数据、智能功能模块、GX Works2 帮助、ST、标签、软元件存储器、校验结果、采样跟踪、梯形图、SFC、结构化梯形图 /FBD。单击"视图"菜单下的"工具栏"命令，即可打开"工具栏"菜单，如图 3.27 所示。

图 3.27　"工具栏"菜单

3）编辑窗口。PLC 程序需要在编辑窗口进行输入和编辑，其使用方法和其他的编辑软件相似。在 GX Works2 中常用编辑键用途见表 3.4。

表 3.4　在 GX Works2 中常用编辑键的用途

键名字	用途	键名字	用途
PAGE UP	梯形图 / 列表等的显示页面向上翻页	CTRL+HOME	在梯形图模式的情况下，光标移动到 0 步
PAGE DOWN	梯形图 / 列表等的显示页面向下翻页	CTRL+END	在梯形图模式的情况下，光标移动到 End 指令处
INSERT	在光标位置插入空格	SCROLL LOCK	禁止向上、向下滚动
DELETE	删除光标位置的字符	NUM LOCK	将数字键部分作为专业数字键使用
HOME	光标移动到原来的位置	← ↑ → ↓	光标的移动、梯形图 / 列表等显示行的滚动

4）管理窗口。管理窗口用于实现项目管理、修改等功能。

（2）工程文件的创建和管理

1）系统的启动与退出。

① 启动。在"开始→所有程序"菜单项中，单击"GX Works2"菜单项，或者双击桌面上的"GX Works2"图标，就可以启动 GX Works2 软件。

② 退出。单击"工程"菜单下的"关闭"命令，即可退出 GX Works2 系统。

2）文件的管理。

① 创建新工程。单击"工程→创建新工程"命令，或者按 Ctrl+N 组合键，出现"新建"对话框，如图 3.28 所示。在"系列"下拉列表中选择"FXCPU"；在"机型"下拉列表中选择 FX2N/FX2NC；在"工程类型"下拉列表中选择"简单工程"；在"程序语言"下拉列表中选择"梯形图"。最后单击"确定"按钮，即可新建一个工程文件。

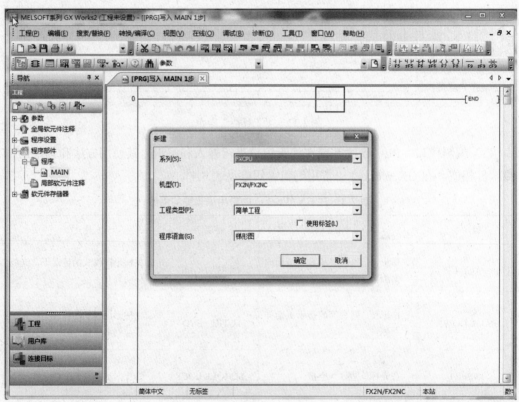

图 3.28 "新建"对话框

② 打开工程。打开一个已有工程，单击"工程→打开工程"命令或按 Ctrl+O 组合键，出现"打开工程"对话框，如图 3.29 所示。在其中选择已有工程，单击"打开"按钮，即可打开对应的工程文件。

③ 文件的保存和关闭。单击"工程→保存工程"命令或使用 Ctrl+S 组合键，即可保存当前 PLC 程序、注释数据以及其他在同一文件名下的数据。关闭打开的 PLC 程

序，单击"工程→关闭工程"命令即可。

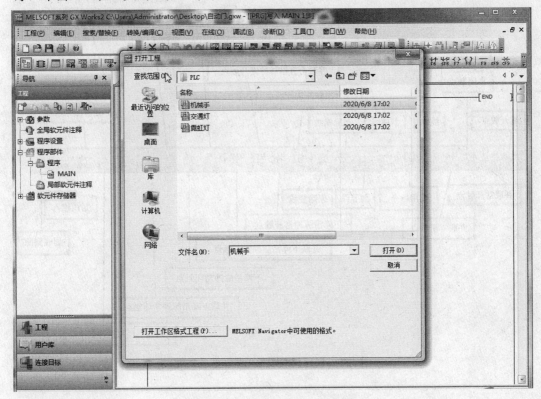

图 3.29   "打开工程"对话框

3.3.3 三菱 FX2N（C）系列梯形图工程文件的编辑

1. 创建梯形图

（1）创建梯形图各工具按钮的功能

在创建 PLC 程序的梯形图时，GX Works2 界面中用于创建梯形图的各工具按钮的功能如图 3.30 所示。

（2）触点输入

1）单击"工程→创建新工程"命令，创建一个新工程文件。将光标移动到工程文件编辑窗口中的触点输入位置。

2）可以使用以下四种方法输入触点。

① 通过指令列表输入。光标置于编辑窗口中，直接通过键盘输入"LD X1"，出现如图 3.31 所示对话框。单击其中的"确定"按钮即可输入常开触点 X1。

② 通过工具按钮输入。单击 工具按钮，出现如图 3.32 所示对话框。在"指令输入栏"中输入"X1"，常开触点 X1 即可输入完毕。

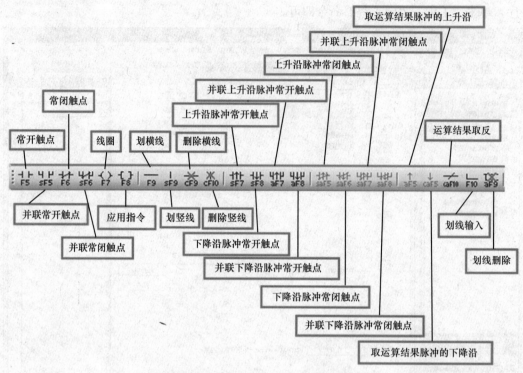

图 3.30 创建梯形图各工具按钮的功能

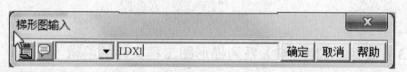

图 3.31 "梯形图输入"对话框 1

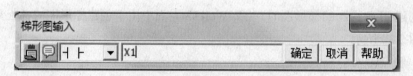

图 3.32 "梯形图输入"对话框 2

③ 通过功能键输入。按下 F5 键，出现如图 3.32 所示对话框。在"指令输入栏"中输入"X1"，常开触点 X1 即可输入完毕。

④ 通过菜单输入。单击"编辑→梯形图符号→常开触点"命令，如图 3.33 所示。在"指令输入栏"中输入"X1"，常开触点 X1 即可输入完毕。

3）通过单击回车键或单击"确定"按钮，即可将触点写入编辑区中，如图 3.34 所示。

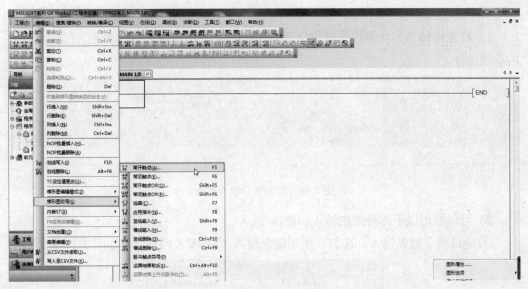

图 3.33　通过菜单输入常开触点

图 3.34　梯形图触点写入编辑区中

🔆 小知识

1）常闭触点 ⊣╱├、上升沿脉冲触点 ⊣↑├、下降沿脉冲触点 ⊣↓├ 的输入、线圈 (Y) 和常开触点 ⊣├ 的输入方法相同。

2）串并联触点的输入：输入串联触点时，将光标移动到编辑位置上，利用输入常开触点 X1 的方法输入所需的常闭触点、上升沿脉冲触点、下降沿脉冲触点等即可。输入并联触点时，将光标移动到需要并联的触点正下方，利用输入常开触点 X1 的方法输入所需的并联常开触点、并联常闭触点、并联上升沿脉冲触点、并联下降沿脉冲触点等即可实现触点的并联。串并联触点展示画面如图 3.35 所示。

图 3.35　串并联触点展示画面

（3）功能指令输入

1）将光标移动到功能指令输入位置。在如图 3.36 所示的光标位置上可以输入所需的功能指令。

图 3.36　功能指令输入界面

2）可以使用以下四种方法输入功能指令。

① 通过指令列表输入。比如，使用键盘输入"MOV K1 D1"，如图 3.37 所示。

图 3.37　使用键盘直接输入指令

② 通过工具按钮输入。单击工具按钮，出现如图 3.38 所示对话框。在"指令输入栏"中输入"MOV K1 D1"即可。

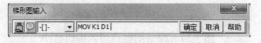

图 3.38　使用工具按钮输入指令

③ 通过功能键 F8 输入。按下 F8 键，在如图 3.39 所示的对话框中，在"指令输入栏"中输入"MOV K1 D1"即可。

④ 通过菜单输入。单击"编辑→梯形图符号→应用指令"命令，在如图 3.39 所示的对话框中，输入"MOV K1 D1"即可。

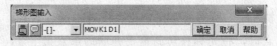

图 3.39　使用功能键和菜单输入指令

3）通过单击回车键或单击"确定"按钮，将功能指令写入编辑区中，如图 3.40 所示。

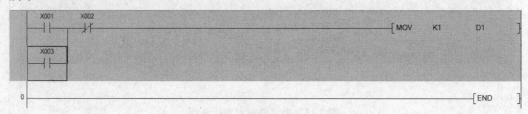

图 3.40　功能指令写入编辑区界面

小知识

1）其他功能指令的输入和上例中的功能指令输入方法相同。

2）如图 3.41 所示，单击连续输入选择按钮圖后，按钮将变为圖。此时，将实现在不关闭梯形图输入窗口的情况下连续输入梯形图触点。

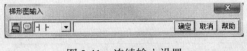

图 3.41　连续输入设置

（4）划线写入（由竖线变为横线）

1）将光标定位到要写入划线的位置。划线写入的基准是以光标的左侧为始点。

2）常用以下两种方法写入划线。

① 通过工具按钮圙写入划线。单击该按钮，通过拖拽光标写入划线，如图 3.42 所示。

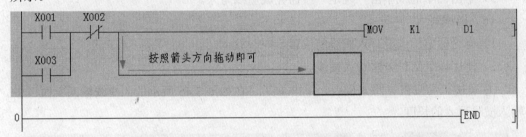

图 3.42　拖拽写入划线演示画面

② 通过功能键 F10 写入划线。按下 F10 键后，再按下 Shift+ 箭头键写入划线，如图 3.43 所示。

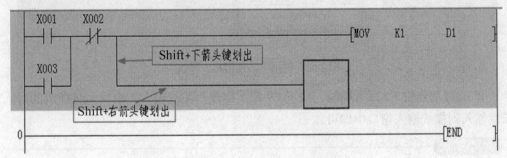

图 3.43　使用功能键写入划线

小知识

划线划出后，在图 3.43 所示的当前光标位置上，就可以输入所需的触点或功能指令。

（5）竖线写入

1）将光标定位到要写入竖线的位置。

2）使用以下两种方法写入竖线。

① 通过工具按钮 $_{sF9}$ 写入竖线。单击 $_{sF9}$ 后，在如图 3.44 所示的"竖线输入"窗口中输入竖线写入的长度。

图 3.44　使用工具按钮写入竖线

② 通过功能键 Shift+F9 写入竖线。按下 Shift+F9 键后，出现"竖线输入"窗口，将竖线的写入长度输入到竖线输入窗口中即可。

3）单击回车键或单击"确定"按钮完成竖线写入。

（6）横线写入

1）将光标定位到要写入横线的位置。

2）使用以下两种方法写入横线。

① 通过工具按钮 $_{F9}$ 写入横线。单击 $_{F9}$ 后，在如图 3.45 所示的"横线输入"窗口中输入横线写入的长度。

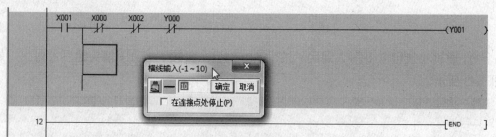

图 3.45　使用工具按钮写入横线

② 通过功能键 F9 写入横线。按下 F9 键，出现"横线输入"窗口，将横线的写入长度输入到横线输入窗口中即可。

⚙ 小知识

当写入划线的空间不足时，可以单击 Shift+Insert 组合键插入空行，以扩大编辑空间。

3）单击回车键或单击"确定"按钮完成横线写入。

（7）梯形图的转换及保存

编辑完成的程序，需要通过单击"转换/编译→转换"命令或按 F4 键转换后，才能保存，如图 3.46 所示。在转换过程中，将会显示梯形图转换的信息，梯形图区域将由灰色变为白色，说明编写的程序没有异常问题。如果在没有完成转换的情况下关闭梯形图窗口，那么新创建的梯形图将不会被保存。

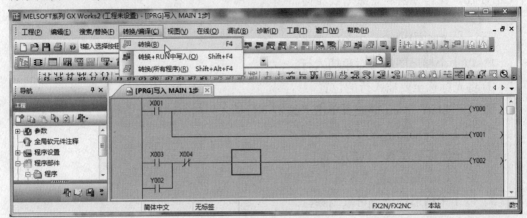

图 3.46　梯形图的转换

　　在梯形图中无法转换的程序将显示为黄色，这表示梯形图块中存在错误。可以通过单击"工具→程序检查"命令，查出有错的内容并修正程序。

2. 梯形图的编辑修改

（1）删除触点 / 功能指令

1）将光标移至要删除的触点、功能应用指令上。

2）按下 Delete 键进行删除。

　　删除所创建的全部程序，首先将光标移动到程序的起始左母线的外面，然后拖拽鼠标光标至 END 指令行的上一行选中所有程序，按下 Delete 键将删除整个程序。

（2）删除划线

1）将光标移至要删除的划线处。

2）使用以下两种方法删除划线。

① 通过工具按钮 🔲 删除划线。单击 🔲 后，在需要删除的划线上使用鼠标拖拽，即可删除。

② 通过功能键 Alt+F9 删除划线。按下 Alt+F9 键后，再按着 Shift+ 箭头方向键，在需要删除的划线上进行移动，即可删除。

☼ 小知识

　　删除横线或竖线时，分别使用工具按钮 、 ，对应的功能键分别是 Ctrl+F9、Ctrl+F10，操作方法和删除划线相同。

　　（3）在梯形图块中进行插入 / 删除

　　1）以 1 个梯形图块为对象插入行。

　　① 将光标移至要插入行的位置。

　　② 按下 Shift+Insert 键或者单击"编辑→行插入"命令，插入空行。

　　2）以 1 个梯形图块为对象插入列。

　　① 将光标移至要插入列的位置。

　　② 按下 Ctrl+Insert 键或者单击"编辑→列插入"命令，插入空列。

　　3）以 1 个梯形图块为对象删除行。

　　① 将光标移至要删除行的位置。

　　② 按下 Shift+Delete 键或者单击"编辑→行删除"命令，删除多余行。

　　4）以 1 个梯形图块为对象删除列。

　　① 将光标移至要删除列的位置。

　　② 按下 Ctrl+Delete 键或者单击"编辑→列删除"命令，删除多余列。

　　（4）批量插入 / 删除 NOP

　　1）批量插入 NOP，目的是便于在程序中预留调试用的空间。操作步骤是：将光标移动到所要插入行的位置（任意位置），单击"编辑→ NOP 批量插入"命令，弹出如图 3.47 所示的"NOP 批量插入"对话框。

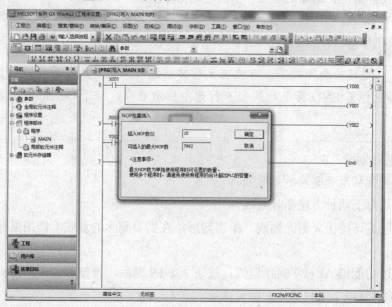

图 3.47　"NOP 批量插入"对话框

在 "插入 NOP 数" 后的空白框中填入 "10"，将插入 10 条 NOP 指令。

2）批量删除 NOP。将光标移至所要删除行的位置（任意位置），单击 "编辑→NOP 批量删除" 命令，单击确认对话框的 "是" 按钮，将批量删除从 0 步开始至 END 指令为止的所有 NOP 指令。

> **小知识**
>
> NOP 指令为空操作指令。当可编程逻辑控制器中的用户程序全部清除后，用户程序存储器中的指令会全部变成 NOP 指令。在调试程序时，如果要观察某些指令的影响，而又不想改变指令的步序号时，可以把这些指令改写成 NOP 指令。但是，NOP 指令占用一定的系统扫描时间，如果程序中有较大数量的 NOP 指令，程序执行的速度会受到一定影响。

（5）剪切 / 复制 / 粘贴梯形图

对指定范围的梯形图进行剪切 / 复制 / 粘贴操作时，首先需要将工程文件的当前状态设置为写入模式。单击 "编辑→梯形图编辑模式→写入模式" 命令或者单击工具栏中的 "写入模式" 工具按钮，即可完成 "写入模式" 设置，如图 3.48 所示。

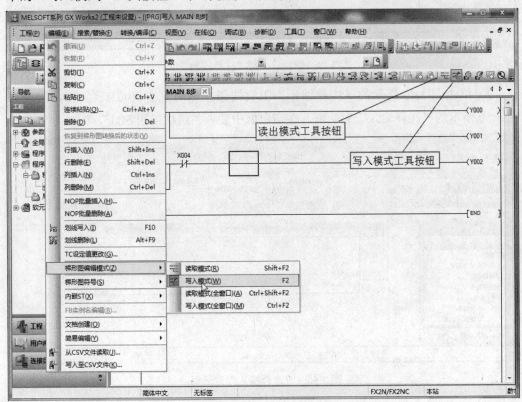

图 3.48   设置写入模式

1）按住鼠标左键进行拖拽，对需要剪切 / 复制的梯形图范围进行指定，此时选中的部分将高亮显示。

2）剪切时，单击"编辑→剪切"命令或单击 Ctrl+X 实现；复制时，单击"编辑→复制"命令或单击 Ctrl+C 实现；粘贴时，将光标移至要粘贴的位置，单击"编辑→粘贴"命令或单击 Ctrl+V 实现，粘贴完毕之后，粘贴的部分将变为灰色显示。

（6）创建软元件注释

在梯形图中，通过对软元件创建注释，可以使程序易于阅读。具体设置步骤如下。

1）将光标移动到创建软元件注释的位置，比如 X001，如图 3.49 所示。

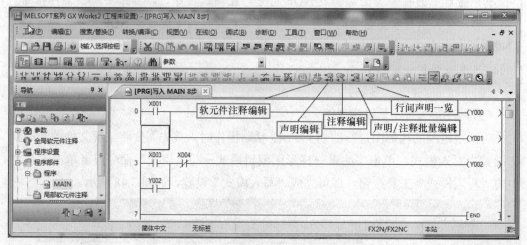

图 3.49　创建软元件"注释编辑"

2）单击图 3.49 所示的"注释编辑"工具按钮，然后双击 X001 软元件，出现如图 3.50 所示的"注释输入"对话框，在空白框中输入"启动按钮 SB1"。

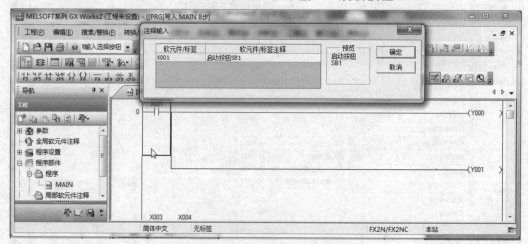

图 3.50　"注释输入"对话框

3）单击图 3.50 中的"确定"按钮，出现如图 3.51 所示的 X001 软元件注释信息。至此，软元件的注释信息创建完毕。

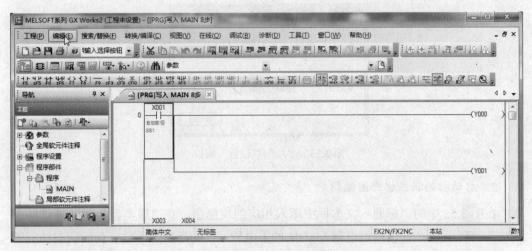

图 3.51　注释信息创建完毕界面

3.3.4　三菱 FX2N（C）系列 SFC 工程文件的编辑

1．创建新 SFC 工程

启动 GX Works2 编程软件，单击"工程"菜单下的"创建新工程"命令或单击新建工程按钮 □，弹出"新建"对话框如图 3.52 所示。在"工程类型"下拉列表中选择"简单工程"，"系列"下拉列表中选择"FXCPU"，"机型"下拉列表中选择"FX2N/FX2NC"，"程序语言"下拉列表中选择"SFC"。

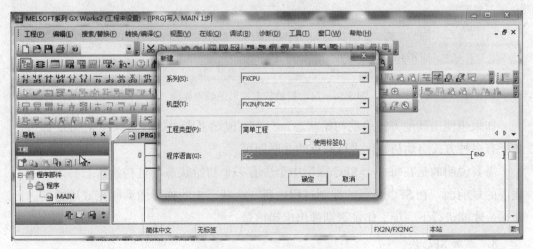

图 3.52　"新建"对话框

选择完毕后，单击"确定"按钮，弹出如图 3.53 所示的"块信息设置"窗口，0 块号一般作为初始程序块，在"块类型"中选择"梯形图块"，选择完毕后单击"执行"按钮。

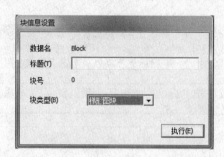

图 3.53 "块信息设置"窗口

2. 启动初始状态梯形图编辑

在图 3.53 中的"标题"文本框中填入相应的块标题，在"块类型"中选择"梯形图块"，利用 PLC 的辅助继电器 M8002 的上电脉冲使初始状态生效。初始状态梯形图编程界面如图 3.54 所示，输入完成后单击"转换 / 编译→转换"命令或按 F4 快捷键，完成梯形图的转换。

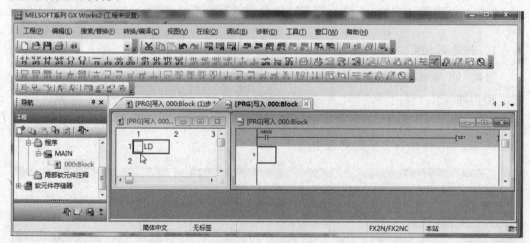

图 3.54 启动初始状态梯形图编程界面

如果想使用其他方式启动初始状态，只需要改动上图中的启动脉冲 M8002 即可，如果有多种方式启动初始化进行触点的并联即可。

需要说明的是在每一个 SFC 程序中至少有一个初始状态，且初始状态必须在 SFC 程序的最前面。在 SFC 程序的编制过程中每一个状态中的梯形图编制完成后必须进行转换，才能进行下一步工作，否则弹出出错信息。

3. 添加 SFC 块

编辑 1 块号 SFC 程序，右击工程数据列表窗口中的"程序"\"MAIN"选择"新建数据"，弹出"新建数据"对话框，如图 3.55 所示。

单击"确定"按钮，弹出图 3.56 所示"块信息设置"对话框。在"块类型"下拉列表中选择"SFC 块"。

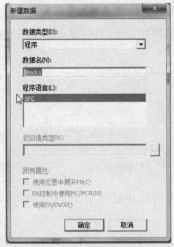

图 3.55   "新建数据"对话框   图 3.56   "块信息设置"对话框

单击"执行"按钮，进入 1 块号 SFC 编程界面，如图 3.57 所示。

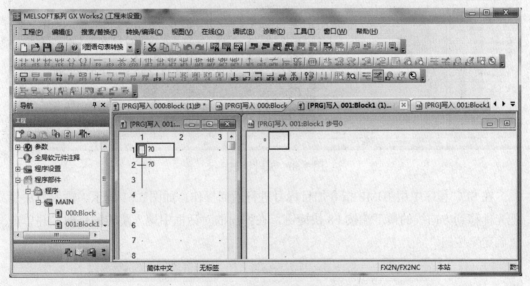

图 3.57   SFC 编程界面

4. 编辑 SFC 块

在对应的状态处双击，即可弹出如图 3.58 所示"SFC 符号输入"对话框，输入对应的数字，单击"确定"按钮，即完成了顺序流程图中该步的添加，光标自动下移。

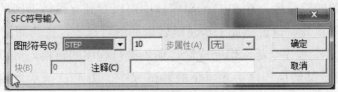

图 3.58   "SFC 符号输入"对话框 1

在对应的转移条件处双击，即可弹出如图 3.59 所示的"SFC 符号输入"对话框，输入对应的数字，单击"确定"按钮，即完成了顺序流程图中该条件的添加，光标自动下移。

图 3.59 "SFC 符号输入"对话框 2

新添加的步图标号前面有一个问号，这表示对此步还没有进行梯形图编辑，编辑状态显示如图 3.60 所示。

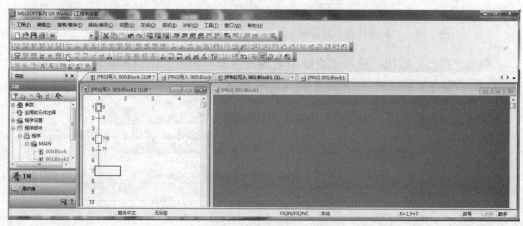

图 3.60 编辑状态显示

在 SFC 程序中用 JUMP 指令加目标号进行返回操作，如图 3.61 所示。输入方法是把光标移到方向线的最下端按 F8 快捷键，在弹出的对话框中填入跳转的目标号并单击"确定"按钮。

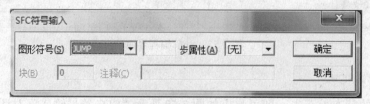

图 3.61 跳转符号输入

当输入完跳转符号后，在 SFC 编辑窗口中可以看到有跳转返回的步符号的方框中多了一个小黑点儿，这说明此工步是跳转返回的目标步，这为阅读 SFC 程序也提供了方便。当 SFC 程序全部编辑完成后，需先进行程序的转换，可以用菜单选择或按 F4 键，只有全部转换程序后才可下载调试程序。图 3.62 所示为编辑完成的 SFC 程序。

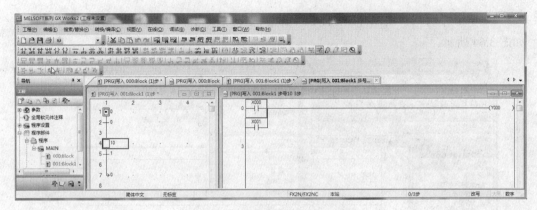

图 3.62　编辑完成的 SFC 程序

3.3.5　PLC 程序文件的模拟仿真

在计算机没有和 PLC 相连接的情况下，如何使用计算机测试 PLC 程序呢？我们可以利用 GX Works2 进行仿真测试。启动仿真后，程序开始在计算机上模拟 PLC 写入过程，并且可以通过软元件测试来强制一些输入元件状态为 ON 或 OFF。

1. 梯形图显示模式下的逻辑测试方法

1) 对于新建的 PLC 梯形图文件，首先要将其转换后再进行仿真，如图 3.63 所示。对于已经存在的 PLC 梯形图文件，可以直接进入仿真。

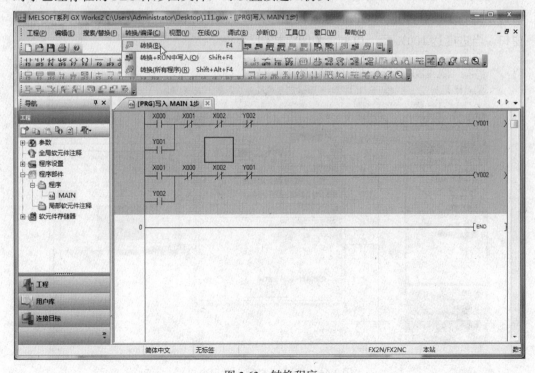

图 3.63　转换程序

2）单击"调试→模拟开始 / 停止"命令或工具按钮，就开始进入模拟仿真过程。如图 3.64 所示。

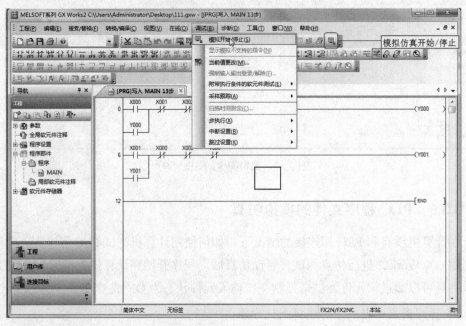

图 3.64　仿真操作选择

3）单击"模拟开始 / 停止"命令或工具按钮后，会弹出两个窗口，如图 3.65 所示。右边是运行 RUN/ 停止 STOP 信号监视窗口；左边是模拟程序下载到 PLC 的进度显示窗口。当进度达 100% 后，单击"关闭"按钮。

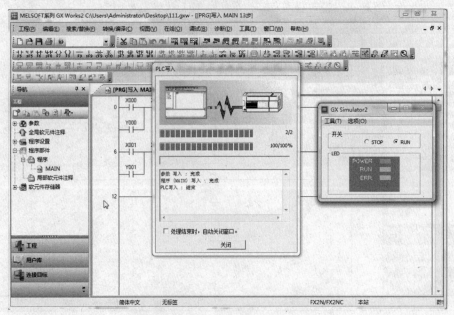

图 3.65　模拟 PLC 写入过程窗口

4）模拟 PLC 写入过程结束后，梯形图中的常闭触点由 ┤┤ 变为 ┤┤，表示已经进入监视状态且 PLC 运行状态变为"RUN"。监视状态界面如图 3.66 所示。

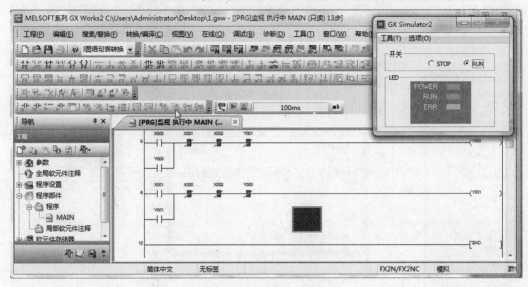

图 3.66　监视状态界面

5）单击"调试→当前值更改"命令，如图 3.67 所示。

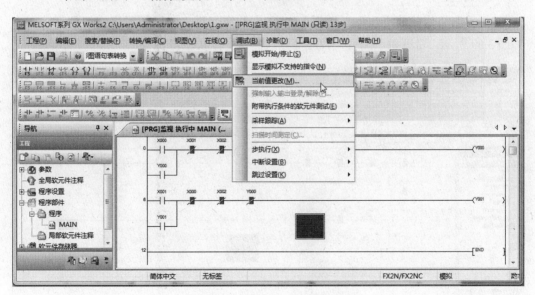

图 3.67　"软元件测试"菜单

6）在弹出的"当前值更改"对话框的"软元件/标签"下拉列表中选择 X0，如图 3.68 所示。

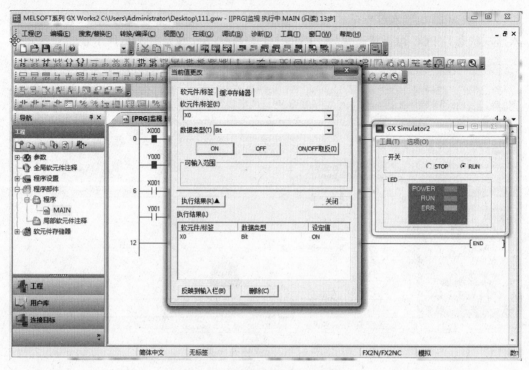

图 3.68 "当前值更改"对话框

7）单击"当前值更改"对话框中"ON"按钮，进入梯形图程序模拟仿真状态，如图 3.69 所示。常开触点闭合，线圈等进入监视工作状态。

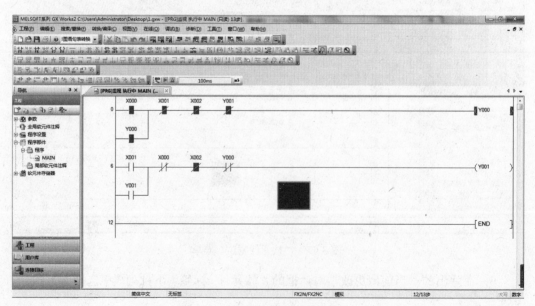

图 3.69 梯形图程序模拟仿真状态

8）单击工具按钮，再单击对话框中的"确定"按钮结束梯形图程序模拟仿真。

☀ 小知识

1）对梯形图监视画面的触点实现强制性 ON/OFF 状态的切换，选中触点后使用 Shift+ 双击回车键也可以实现。

2）在梯形图显示模式下，各元件监视 ON/OFF 状态如图 3.70 所示。

OFF	─┤├─	─┤╱├─	（ ）	［ ］
ON	─█─	─█╱─	▊▏	─█▊█─

图 3.70　各元件监视状态

2．软件仿真无法与 PLC 通信的解决办法

GX Works2 模拟仿真时提示无法与 PLC 通信的错误，代码为 <ES：01808201>。错误提示界面如图 3.71 所示。

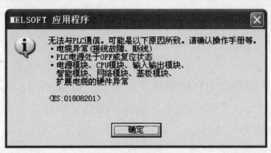

图 3.71　GX Works2 模拟仿真错误提示界面

解决办法：

1）模拟仿真用的是标准 TCP/IP 通信协议，如果无法启动模拟仿真，可能 TCP/IP 被高优先级的软件所影响。将使用 TCP/IP 的其他软件优先级进行降级。

2）目前会影响 GX Works2 仿真无法使用的软件有迅雷、风行、PPS、游戏软件等，关闭影响软件的网络加速器。

3）软件卸载完成之后，进入网络连接里将残留的一个隐藏连接 GAME VPN 进行删除。

4）如果无法解决问题，建议重装 OS 系统。

3.3.6　联机编程方式下编辑操作 PLC 程序

将计算机和可编程逻辑控制器 FX2N–32MR 相连接，进入 PLC 程序的编辑操作过程。

1．可编程逻辑控制器 CPU 的检查

在 GX Works2 软件中，单击"诊断→ PLC 诊断"命令，对可编程逻辑控制器 CPU 的状态进行检查诊断，如图 3.72 所示。

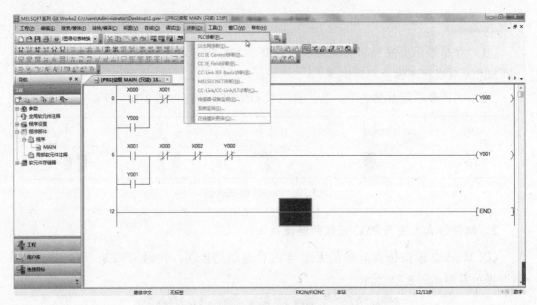

图 3.72　PLC 诊断

2. 程序的写入

将可编程逻辑控制器置于 STOP 模式下，单击"在线→ PLC 写入"命令，如图 3.73 所示。在出现的"PLC 写入"对话框中，选择"参数＋程序"，再单击"执行"按钮，计算机中的 PLC 程序将写入 PLC。

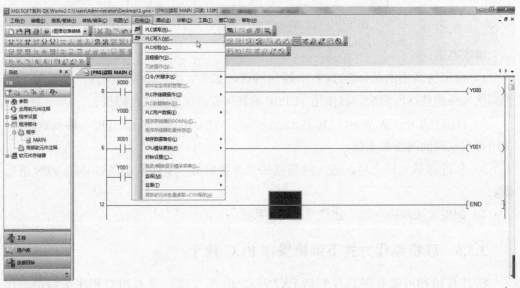

图 3.73　PLC 写入

3. 程序的读取

将 PLC 置于 STOP 模式下，单击"在线→ PLC 读取"命令，如图 3.74 所示。PLC 中的程序将被读出并发送到计算机中。

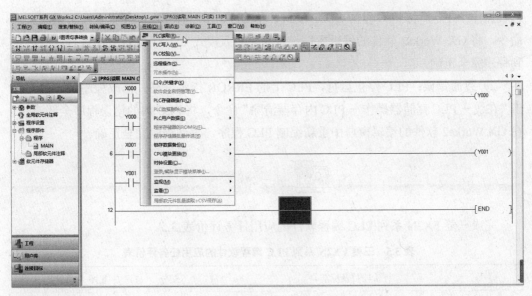

图 3.74　PLC 读取

> **小知识**
>
> 　　计算机和可编程逻辑控制器之间传送程序时，应注意以下问题：
>
> 　　1）计算机的 RS-232C 端口及选用的 PLC 之间必须用指定的通信电缆及转换器连接。
>
> 　　2）PLC 必须在 STOP 模式下，才能执行程序传送。
>
> 　　3）执行完"PLC 写入"后，PLC 中原有的程序将丢失，刚刚读入的程序替代原有的程序。
>
> 　　4）在"PLC 读取"时，程序必须在 RAM 或 EE-PROM 内存保护关断的情况下读取。

4. **程序的运行及监控**

1）运行：单击"在线→远程操作"命令，将 PLC 置于 RUN 模式，PLC 程序开始运行。

2）监控：PLC 程序运行后，单击"在线→监视"命令，可对 PLC 的运行过程和 PLC 的 CPU 运算状态进行监控。结合 PLC 控制程序，改变有关输入信号，就可以观察到输出状态的变化。

5. **程序的调试修改**

在程序调试过程中，能够查出 PLC 程序的错误。一般来说，出现的错误分为一般错误和致命错误两种。

1）一般错误：运行的结果与设计的要求不一致。修改程序时，首先单击"在线→

远程操作"命令，将 PLC 设为 STOP 模式，单击"编辑→梯形图编辑模式→写入模式"命令，将 GX Works2 软件的编辑窗口设置为"写入模式"，对 PLC 程序进行修改，直到程序完全正确。

2）致命错误：PLC 停止运行，PLC 上的 ERROR 指示灯亮。修改程序时，首先单击"在线→ PLC 存储器操作→ PLC 内存器清除"命令，将 PLC 内的错误程序全部清除。在 GX Works2 软件的编辑窗口中重新编制 PLC 程序，直到程序完全正确。

 任务评价

完成三菱 FX2N 系列 PLC 编程软件的应用任务评价表 3.5。

表 3.5　三菱 FX2N 系列 PLC 编程软件的应用任务评价表

	评价项目及标准	配分	自评	互评	师评	总评
知识与技能	能正确说出 GX Works2 软件的用途	15				
	能简要说明软件安装的配置要求和安装要领及方法	15				
	能正确安装 GX Works2 软件	20				
	能熟练使用 GX Works2 软件进行 PLC 编程、调试、仿真等操作	20				
实习过程	1. 按照 7S 要求，安全文明生产 2. 出勤情况 3. 积极参与完成任务，积极回答课堂问题 4. 学习中的正确率及效率	30				
	合计	100				
简要评述						

单 元 小 结

1. 可编程逻辑控制器的硬件主要包括：微处理器（CPU）、存储器、输入/输出（I/O）接口、编程器、I/O 扩展接口、外部设备接口、电源等。

2. PLC 的特点有：可靠性高、抗干扰能力强；编程简单、使用方便；功能完善、通用性强；设计安装简单、维护方便；体积小、重量轻、能耗低。

3. PLC 采用"顺序扫描，不断循环"的方式周期性地进行工作，每个周期分为输入采样、程序执行、输出刷新三个阶段。

4. PLC 的主要技术指标有：存储容量、输入 / 输出（I/O）点数、扫描速度、指令系统、通信功能、可扩展能力等几个方面。

5. PLC 编程语言的特点有：图形式指令结构、明确的变量常数、简化的程序结构、简化应用软件生成过程、强化调试手段等。

6. PLC 常用的编程语言有：梯形图、语句表、功能块图、结构文本 ST、顺序功能图。

7. GX Works2 软件功能强大，集成了项目管理、程序键入、编译链接、模拟仿真和程序调试等功能，PLC 程序的编制、监控、测试、程序传送操作十分方便。其主要功能如下：

① 在 GX Works2 中，可通过线路符号、指令表语言及 SFC 符号来创建 PLC 程序，并可以建立注释数据及设置寄存器数据。

② 可以将创建的 PLC 程序存储为文件，并可以使用打印机打印出来。

③ 创建的 PLC 程序可在串行系统中与 PLC 进行通信，实现文件传送、操作监控和各项测试功能，还具有对可编程逻辑控制器 CPU 的写入 / 读出功能。

④ 使用新开发的 GX Works2 软件可以使 PLC 程序脱离 PLC，使用计算机实现仿真调试，验证创建的 PLC 程序能否正常运转。

思考与练习

一、填空题

1. 可编程逻辑控制器的输入和输出信号类型可以是_____量、_____量和_____量。

2. 国际电工委员会 IEC 对可编程逻辑控制器作了如下规定：可编程逻辑控制器是一种_____的电子系统，专为_____下应用而设计。它采用可编程的存储器，用来在其内部存储执行_____、_____、_____、_____和_____等操作的指令，并通过数字式模块式的_____，控制各种类型的机构或生产过程。

3. PLC 最常用的两种语言是_____、_____。

4. 可编程逻辑控制器主要由_____、_____、_____、_____、_____、_____组成。

二、选择题

1. 可编程逻辑控制器 PLC 产生于 1969 年，最初只具备逻辑控制、定时、计数等功能，主要是用来取代（   ）。

    A. 手动控制   B. 自动控制

    C. 传统继电器控制   D. 交直流控制

2. PLC 的主要技术性能指标包括（　　）。

    A. 指令系统
                B. 梯形图

    C. 逻辑符号图
           D. 编程语言

3. 下列不属于 PLC 硬件组成的是（　　）。

    A. 用户程序
                B. 输入/输出接口

    C. 中央处理单元
        D. 通信接口

4. PLC 的工作方式是（　　）。

    A. 等待工作方式
          B. 中断工作方式

    C. 扫描工作方式
        D. 循环扫描工作方式

三、简答题

1. PLC 有哪些主要特点？简述 PLC 的工作过程。

2. PLC 与继电器控制的主要区别是什么？

3. PLC 的硬件由哪几部分组成？各部分的作用是什么？

4. 常用的 PLC 编程语言有哪几种？

5. 整体式结构与模块式结构 PLC 各有什么特点？

6. 简述 GX Works2 软件的安装过程及注意事项。

7. 简述使用 GX Works2 软件编写程序、修改程序、传送程序、监控测试的具体操作步骤。

8. 使用 GX Works2 软件实现 PLC 程序仿真过程是怎样操作的？

三菱 FX2N 系列 PLC 基本指令的应用

单元向导

　　可编程逻辑控制器以微处理器为基础，综合了计算机技术、自动控制技术和通信技术，是自动控制系统中的一种先进控制设备，在工业控制中应用广泛。目前三菱公司生产的 FX 系列 PLC 是应用比较广泛的 PLC 系列之一，它包括 FXIS、FXIN、FX2N、FX2NC 四种型号。其中的 FX2N 系列 PLC 是在 1991 年推出的产品，它采用整体式和模块式相结合的叠装式结构，其具有一个 16 位微处理器和一个专用逻辑处理器，执行程序的速度为 0.48μs/ 步，是目前运行速度最快的小型 PLC 之一。

　　本单元重点介绍 PLC 程序设计中必不可少的软元件——输入继电器、输出继电器、辅助继电器、定时器和计数器等，重点阐明 FX2N 系列 PLC 基本指令的含义及使用方法。

认知目标

1. 能掌握 FX2N 系列基本指令和软元件的功能。
2. 能掌握 PLC 程序设计的基本方法。

技能目标

1. 能掌握梯形图编程方法及其相关电路的工作原理。
2. 能完成 I/O 地址分配及 PLC 接线图的设计方法。
3. 能读懂指令语句表。
4. 按照 7S 标准要求，安全文明生产。

任务 4.1   三相异步电动机单向运转 PLC 控制电路设计

某企业要改造一批水泵控制电路，把传统继电器控制的抽水电路改造为 PLC 控制电路，具体要求如下：按下水泵启动按钮水泵开始抽水，按下停止按钮水泵停止抽水，并且水泵电动机有过载保护，按照控制要求完成 PLC 接线和程序设计。

本任务要求利用 PLC 控制实现水泵电动机的单向运转。就其控制思路、逻辑关系而言，传统的继电器控制与 PLC 控制基本是相同的，只是表示方法不同而已。因此要想完成本任务，首先需要学习 PLC 中相关的控制元件，然后参照电动机单向运转电气控制原理图中控制电路部分，以相同的思路、类似的逻辑关系进行设计即可。需要注意的是，在 PLC 控制电路中仍然需要相应的低压电器元件用于主电路的连接，可根据控制电路中使用的 PLC 型号设计出 I/O 接线图。

认知目标：

1．能掌握与本任务相关的软元件的含义与使用方法。

2．能掌握与本任务相关的基本指令的含义与使用方法。

3．能掌握梯形图的逻辑关系和工作原理。

技能目标：

1．能设计 PLC 的外部 I/O 接线图。

2．能设计编写 PLC 梯形图。

3．能完成 PLC 控制单向运转控制电路的接线与调试。

任务准备

4.1.1   软元件

三菱 FX 系列产品内部的编程元件，称为软元件。按通俗叫法称为继电器、定时器、计数器等，但软元件与低压电器元件有很大的差别，一般也称为"软继电器"。它们不是真实的物理继电器，而是一些存储单元（软继电器），每一软继电器与 PLC

存储器中映像寄存器的一个存储单元相对应。一般情况下，X 代表输入继电器，Y 代表输出继电器，M 代表辅助继电器，M8XXX 代表特殊辅助继电器，T 代表定时器，C 代表计数器，S 代表状态继电器，D 代表数据寄存器等。

1. 输入继电器（X）

输入继电器与 PLC 的输入端相连，是 PLC 从外部开关接收信号的窗口。输入继电器 X 与输入端子连接，是一种采用光电隔离措施的电子继电器，其编号与接线端子编号一致（按八进制输入），线圈的吸合或释放取决于 PLC 外部触点的状态。内部有常开 / 常闭两种触点供编程时使用，且使用次数不受限制。输入继电器的常开、常闭触点表示方法如图 4.1 所示。

常开触点　　常闭触点

图 4.1　输入继电器的表示方法

✎ 小提示

　　输入继电器必须要由外部信号来驱动，不能用程序驱动。一般情况下，输入继电器的状态可由外部的按钮、开关（行程开关，液位开关等）或热继电器的触点来控制。输入电路的时间常数一般小于 10ms。

2. 输出继电器（Y）

PLC 的输出端子是向外部负载输出信号的窗口。输出继电器的线圈由程序控制，其外部输出主触点接到 PLC 的输出端子上供外部负载使用，其余常开 / 常闭触点供内部程序使用。输出继电器的常开 / 常闭触点使用次数不限。输出继电器的线圈与常开、常闭触点的表示方法如图 4.2 所示。

线圈　　　　常开触点　　　常闭触点

图 4.2　输出继电器的表示方法

✎ 小提示

　　输出继电器的线圈并不表示某一个继电器的实际线圈，它是为了编程需要而设置的，它有通电和不通电两种状态，可以外接任何负载。在 PLC 程序中，线圈可以表示为 —◯— 或 —（ Y ）—。

4.1.2　FX2N 系列 PLC 的基本指令

PLC 编程语言最常用的有梯形图和指令语句表，两者可以相互转换。基本逻辑指令是 PLC 中最基本的编程语言，掌握了它也就初步掌握了 PLC 的使用方法，各种型号 PLC 的基本逻辑指令大同小异，现在我们针对 FX2N 系列，逐条学习其指令的功能和使用方法。每条指令及其应用实例都以梯形图和语句表两种编程语言对照说明。

1．输入 / 输出指令（LD/LDI/OUT）

下面把 LD/LDI/OUT 三条指令的符号、功能、梯形图表示、操作元件以列表的形式加以说明，见表 4.1。

表 4.1　输入 / 输出指令介绍

符号（名称）	功能	梯形图表示	操作元件
LD（取）	常开触点与母线相连	⊣├	X，Y，M，T，C，S
LDI（取反）	常闭触点与母线相连	⊣╱├	X，Y，M，T，C，S
OUT（输出）	线圈驱动	○	Y，M，T，C，S，F

LD 与 LDI 指令用于与母线相连的接点，此外还可用于分支电路的起点。

OUT 指令是线圈的驱动指令，可用于输出继电器、辅助继电器、定时器、计数器、状态寄存器等，但不能用于输入继电器。输出指令用于并行输出，能连续使用多次，如图 4.3 所示。

序号	操作码	操作数
0	LD	X000
1	OUT	Y000

（a）梯形图　　　　　　　　　　（b）指令语句表

图 4.3　输入 / 输出指令的使用

2．触点串联指令（AND/ANI）、并联指令（OR/ORI）

触点串联、并联指令的符号、功能、梯形图表示及操作元件见表 4.2。

表 4.2　触点串联、并联指令介绍

符号（名称）	功能	梯形图表示	操作元件
AND（与）	常开触点串联连接	⊣├⊣├	X，Y，M，T，C，S
ANI（与非）	常闭触点串联连接	⊣├⊣╱├	X，Y，M，T，C，S
OR（或）	常开触点并联连接		X，Y，M，T，C，S
ORI（或非）	常闭触点并联连接		X，Y，M，T，C，S

AND、ANI 指令用于一个触点的串联，但串联触点的数量不限，这两个指令可连续使用。OR、ORI 是用于一个触点的并联连接指令，如图 4.4 所示。

序号	操作码	操作数
0	LD	X000
1	AND	X001
2	OR	X002
3	OUT	Y000

（a）梯形图　　　　　　　　　　　　（b）指令语句表

图 4.4　触点串联、并联指令的使用

4.1.3　GX Works2 语句表的导出、导入

GX Works2 软件不支持语句表编写程序的方式，但是可以利用软件将梯形图导出为电子表格模式的语句表，也可以将电子表格模式的语句表导入软件中，以梯形图形式体现。

1. 梯形图导出为语句表

本书中采用 GX Works2 软件进行程序编写，同学们在使用软件的过程中，可以用以下方法将梯形图转换为语句表的形式。

1）打开 GX Works2 编程软件，如图 4.5 所示。

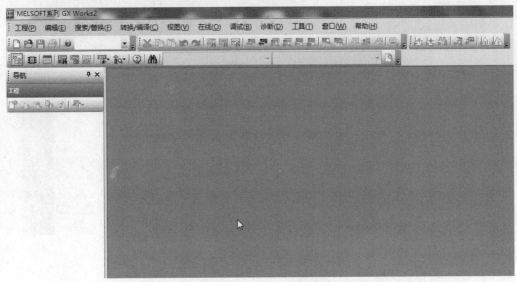

图 4.5　GX Works2 编程软件界面

2）单击"工程→打开"命令，如图 4.6 所示。

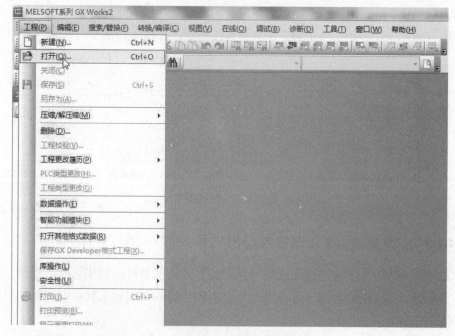

图 4.6 单面"工程→打开"命令

3）选择要导出语句表的程序，如图 4.7 所示。

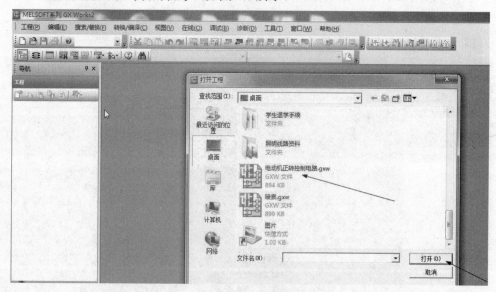

图 4.7 选择程序

4）打开程序后的界面如图 4.8 所示。

5）单击左侧工具栏中"程序部件"前的"+"号，在展开的列表中单击"程序"命令，选择"MAIN"主程序，右击选择"写入至 CSV 文件"选项，在弹出的对话框中单击"是"命令，操作过程如图 4.9 和图 4.10 所示。

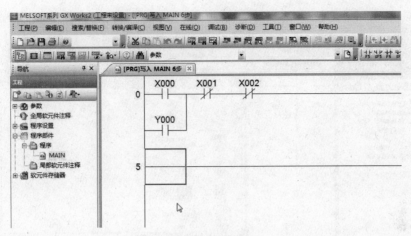

图 4.8 打开程序

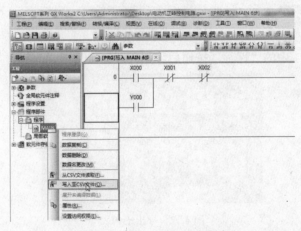

图 4.9 选择"MAIN"主程序

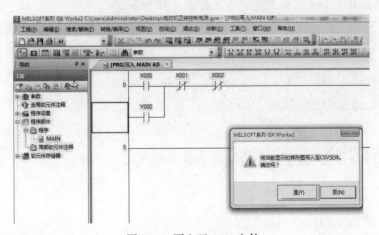

图 4.10 写入至 CSV 文件

6）在"写入至 CSV 文件"对话框中，可以对导出文件进行重新命名和保存，如图 4.11 所示。

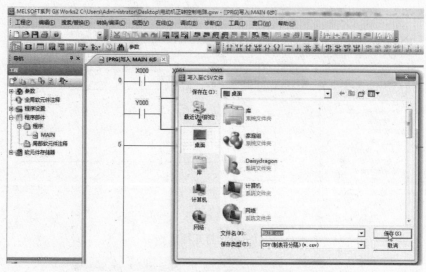

图 4.11　重新命名和保存

7）单击图 4.11 中的"保存"按钮后，语句表导出为电子表格，如图 4.12 所示。

图 4.12　导出语句表

8）双击打开电子表格模式语句表，如图 4.13 所示。

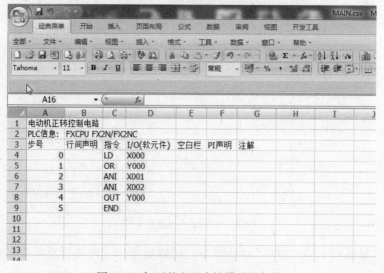

图 4.13　打开的电子表格模式语句表

2. 电子表格模式语句表导入为梯形图

1）单击"工程→新建"命令新建空白工程，如图 4.14 所示。"新建"对话框中的设置如图 4.15 所示。

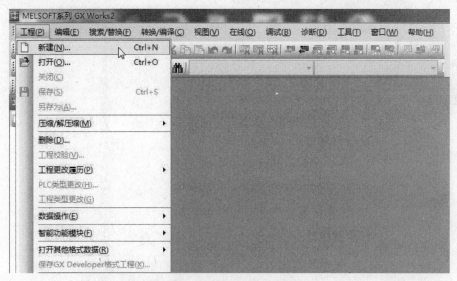

图 4.14　单击"新建"命令

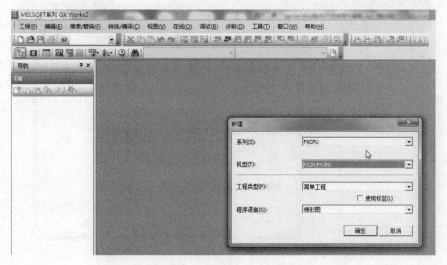

图 4.15　"新建"对话框设置

2）如图 4.16 所示导入 CSV 文件，在右侧工具栏中单击"程序部件→程序"，右击"MAIN"，在弹出的下拉菜单中单击"从 CSV 文件读取"命令。

3）在弹出的"从 CSV 文件读取"对话框中选择要导入的 CSV 文件，如图 4.17 所示。

4）选择好文件后，会有相应提示对话框，选择"是"选项即可，如图 4.18 所示。

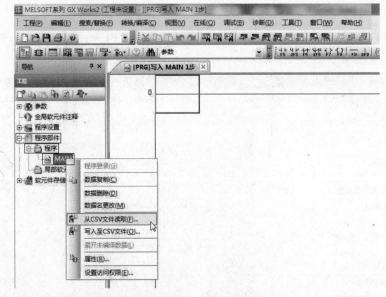

图 4.16 单击"从 CSV 文件读取"命令

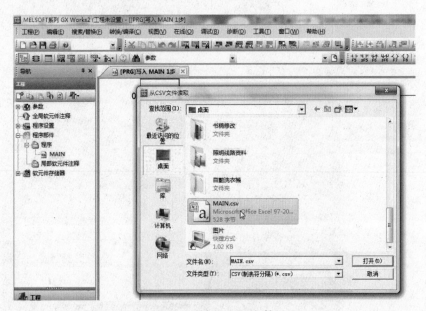

图 4.17 导入 CSV 文件

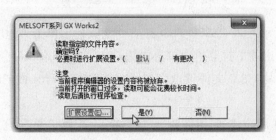

图 4.18 选择"是"选项

5）导入电子表格模式语句表，转换为梯形图后的界面如图 4.19 所示。

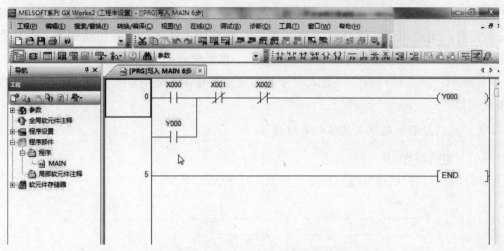

图 4.19 转换后的梯形图

6）如果出现异常，在扩展设置中选择"转化为指令代码异常"选项后，再重新操作即可成功转换为梯形图，如图 4.20 所示。

图 4.20 选择"转化为指令代码异常"选项

任务实施

4.1.4 三相异步电动机单向运转 PLC 控制电路设计

电动机的单向运转分为点动控制和连续控制两种电路。三相异步电动机点动控制

就是当按下按钮时，电动机单向启动运转；当松开按钮时，电动机停止。三相异步电动机单向连续运转控制就是当按下启动按钮时，电动机启动连续运转；当按下停止按钮时，电动机停止运行。电动机 PLC 控制单向运转电路设计思路如下：先列写出电动机点动控制和连续控制的电气原理图，根据输入和输出情况来确定 I/O 分配和 I/O 接线图，最后设计程序，导入程序，再根据原理图准备好相应的工具，进行实物连接。

1．PLC 控制电动机点动运行电路设计

（1）电气原理图

电动机点动控制的电气原理图，如图 4.21 所示。

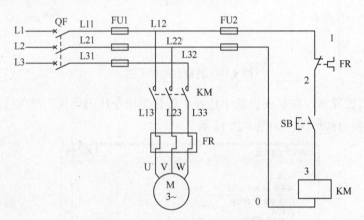

图 4.21　电动机点动控制电气原理图

（2）PLC 的 I/O 地址分配

PLC 的 I/O 地址分配见表 4.3。由表可知，有 2 个输入点和 1 个输出点，我们选用 FX2N-32MRD 型 PLC 进行练习。（若无特殊说明，本书选用的 PLC 型号均为 FX2N-32MRD 型。）

表 4.3　PLC 的 I/O 地址分配

输入信号		输出信号	
元件名称	输入点	元件名称	输出点
按钮 SB	X000	接触器 KM	Y000
热继电器 FR	X001		

（3）接线图

主电路与 PLC 点动控制电路接线图，如图 4.22 和图 4.23 所示。

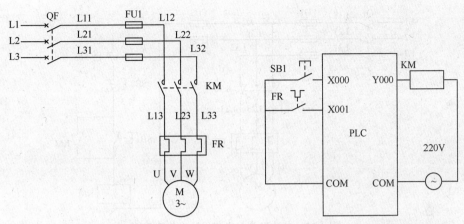

图 4.22 主电路接线图   图 4.23 PLC 点动控制电路接线图

（4）PLC 程序设计

PLC 的基本逻辑控制功能是基于继电—接触器控制系统而设计的，而控制功能的实现是由应用程序来完成的，应用程序是由使用者根据 PLC 生产厂家所提供的编程语言并结合所要实现的控制任务而设计的。梯形图便是诸多编程语言中较常用的一种，它是以图形符号及图形符号在图中的相互关系表示控制关系的一种编程语言，是从继电器控制电路图演变而来。两者表示符号对应关系见表 4.4，梯形图和指令语句表如图 4.24 所示。

表 4.4 继电器与梯形图符号对应关系

符号名称	继电器电路符号	梯形图符号
常开触点	╱	╟
常闭触点	╱	╫
线圈	□	○

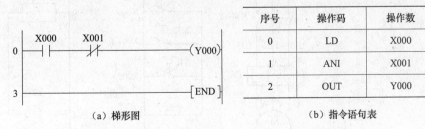

（a）梯形图   （b）指令语句表

序号	操作码	操作数
0	LD	X000
1	ANI	X001
2	OUT	Y000

图 4.24 电动机点动控制 PLC 程序梯形图和指令语句表

2．PLC 控制电动机单向连续运转电路设计

（1）电路原理图

电动机单向连续运转电气原理图，如图 4.25 所示。

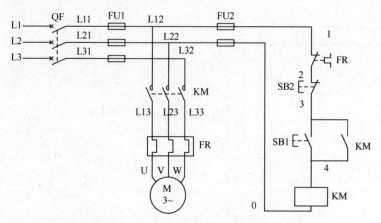

图 4.25　电动机单向连续运转电气原理图

（2）PLC 的 I/O 地址分配

PLC 的 I/O 地址分配，见表 4.5。

表 4.5　PLC 的 I/O 地址分配

输入信号		输出信号	
元件名称	输入点	元件名称	输出点
启动按钮 SB1	X000	接触器 KM	Y000
停止按钮 SB2	X001		
热继电器 FR	X002		

（3）接线图

主电路与 PLC 控制电路接线图，如图 4.26 和图 4.27 所示。

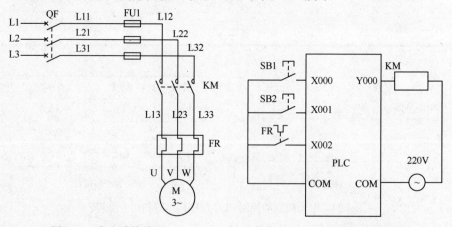

图 4.26　主电路接线图　　　　图 4.27　PLC 控制电路接线图

（4）PLC 程序设计

电动机单向连续运转的梯形图和指令语句表如图 4.28 所示。

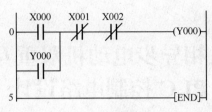

（a）梯形图

序号	操作码	操作数	序号	操作码	操作数
0	LD	X000	3	ANI	X002
1	OR	Y000	4	OUT	Y000
2	ANI	X001			

（b）指令语句表

图 4.28　梯形图和指令语句表

　任务评价

完成三相异步电动机单向运转 PLC 控制电路设计任务评价表 4.6。

表 4.6　三相异步电动机单向运转 PLC 控制电路设计任务评价表

评价项目及标准		配分	自评	互评	师评	总评
知识与技能	能掌握梯形图的逻辑关系和工作原理	10				
	能设计 PLC 的外部 I/O 接线图	10				
	能设计编写 PLC 梯形图	5				
	能完成 PLC 控制单向运转控制电路的接线与调试	25				
	根据任务要求，自检互检，并调试电路	20				
实习过程	1. 按照 7S 要求，安全文明生产 2. 出勤情况 3. 积极参与完成任务，积极回答课堂问题 4. 学习中的正确率及效率	30				
合计		100				
简要评述						

任务 4.2 三相异步电动机双重互锁正 / 反转 PLC 控制电路设计

某企业要改造一批升降机控制电路，具体要求如下：按下上升按钮，升降机上升，按下停止按钮升降机停止；按下下降按钮升降机下降，按下停止按钮升降机停止，并且带有过载保护。依照以上控制要求完成 PLC 接线和程序设计。

本任务要求实现利用 PLC 来控制升降机的上升、下降。其实际控制思路与前述的继电器控制电动机正反转的思路类似，这里仍然可以对照着进行设计。设计电动机正转为控制升降机上升，电动机反转为控制升降机下降，相同的思路可以设计出不同的程序，本任务我们就针对正反转这一控制要求设计出多个程序，以供思考、分析。

认知目标：

1. 能掌握与本任务相关的软元件的含义与使用方法。
2. 能掌握与本任务相关的基本指令的含义与使用方法。
3. 能掌握梯形图的逻辑关系和工作原理。

技能目标：

1. 能设计 PLC 的外部 I/O 接线图。
2. 能设计 PLC 梯形图。
3. 能完成 PLC 控制电动机正反转电路的接线与调试。
4. 按照 7S 标准要求，安全文明生产。

任务准备

4.2.1 软元件——辅助继电器（M）

PLC 内有很多辅助继电器，其线圈与输出继电器一样，由 PLC 内各软元件的触点驱动。辅助继电器也称中间继电器，它没有向外的任何联系，只供内部编程使用。它的常开、常闭触点使用次数不受限制。但是，这些触点不能直接驱动外部负载，外部负载的驱动必须通过输出继电器来实现。在逻辑运算中经常需要一些中间继电器作为辅助运算用。这些元件不直接对外输入、输出，但经常用作状态暂存、移位运算等。它的数量比软元件 X、Y 多。内部辅助继电器中还有一类特殊辅助继电器，它有各种特殊功能，如定时时钟、进 / 借位标志、启动 / 停止、单步运行、通信状态、出错标志等。FX2N 系列 PLC 的辅助继电器按照其功能分成以下三类。

1. 通用辅助继电器

通用辅助继电器 M0 ～ M499（500 点）。通用辅助继电器元件是按十进制进行编号的，FX2N 系列 PLC 有 500 点，其编号为 M0 ～ M499。

2. 断电保持辅助继电器

断电保持辅助继电器 M500 ～ M1023（524 点）。PLC 在运行中发生停电，输出继电器和通用辅助继电器全部成断开状态。再运行时，除去 PLC 运行时就接通的继电器以外，其他都处于断开状态。但是，有些控制对象需要保持停电前的状态，并能在再次运行时再现停电前的状态情形。断电保持辅助继电器就可以完成此功能，停电保持由 PLC 内的后备电池供电支持。

3. 特殊辅助继电器

特殊辅助继电器 M8000 ～ M8255（256 点）。这些特殊辅助继电器各自具有特殊的功能，一般分成两大类：一类是只能利用其触点，其线圈由 PLC 自动驱动（触点型，如 M8000、M8001、M8002、M8012、M8013、M8014 等）；另一类是可驱动线圈型的特殊辅助继电器，用户驱动其线圈后，PLC 做特定的动作（线圈型，如 M8033、M8034、M8039 等）。

（1）M8000 运行监视继电器

当 PLC 运行时，M8000 自动处于接通状态；当 PLC 停止运行时，M8000 处于断开状态。因此可以利用 M8000 的触点经输出继电器 Y，在外部显示程序是否运行，达到运行监视的作用。M8000 是常开触点，M8001 同样是运行监视继电器，所不同的是 M8001 是常闭触点。

（2）M8002 初始化脉冲继电器

当 PLC 一开始运行时，M8002 就接通，自动发出宽度为一个扫描周期的单窄脉冲信号。M8002 是常开触点，常用作计数器和保持继电器的初始化信号。在后面的步进指令中我们还会用到 M8002 对程序进行初始化，从而使一些参数复位。M8003 是初始化脉冲继电器的常闭触点。

（3）时钟脉冲继电器

M8011、M8012、M8013 和 M8014 分别是产生 10ms、100ms 、1s 和 1min 时钟脉冲的特殊辅助继电器。

（4）M8034 禁止全部输出继电器

在执行程序时，一旦 M8034 接通，则所有输出继电器的输出自动断开，PLC 则没有输出，但这并不影响 PLC 程序的执行。所以 M8034 常用于系统在发生故障时切断输出，而保留 PLC 程序的正常执行，有利于系统故障的检查和排除。

线圈　　　　常开触点　　　　常闭触点

图 4.29　辅助继电器的表示方法

此外，常用的特殊辅助继电器还有 M8033（寄存器数据保持停止继电器），M8050 ～ M8059（中断继电器）等。辅助继电器线圈与常开、常闭触点的表示方法如图 4.29 所示。

小提示

辅助继电器是介于输入继电器和输出继电器之间的一种继电器，其作用与电气控制系统中的中间继电器相似。由于有时有了输入信号后并不能得出相应的输出信号，此时就有必要通过辅助继电器在两者之间进行"传递"，但这些继电器不能用于输出，只能做内部触点用。

4.2.2　FX2N 系列 PLC 的基本指令

1. 程序结束指令（END）

在程序结束处写上 END 指令，PLC 只执行第一步至 END 之间的程序，并立即输出处理。若不写 END 指令，PLC 将从用户存储器的第一步执行到最后一步。因此，使用 END 指令可缩短扫描周期。另外，在调试程序时，可以将 END 指令插在各程序段之后，分段检查各程序段的动作，确认无误后，再依次删去插入的 END 指令，END 是一个无操作数的指令。在梯形图中以 -[END]- 表示。

2. 空操作指令（NOP）

NOP 是一条无动作、无操作数的程序步。NOP 指令的作用有两个：一是在 PLC 的执行程序全部清除后，用 NOP 显示；二是用于修改程序，一般在编程时预先将 NOP 指令插入到程序中，便于程序修改时序号更改减少到最少。

3. 栈指令

在 PLC 的程序梯形图中，如果有多个并列输出元件时，在改写为指令语句表时往往无从下手，这时就必须要用到栈指令。栈指令是用于多输出电路的专用指令。所完成的功能是将多输出电路中连接点的状态先存储，再用于连接后面的电路。

栈指令分为 MPS 指令、MRD 指令和 MPP 指令。MPS 为进栈指令，记忆到 MPS 指令为止的状态；MRD 为读栈指令，读出用 MPS 指令记忆的状态；MPP 为出栈指令，读出 MPS 指令记忆的状态并清除这些状态。

FX2N 系列的 PLC 有 11 个栈存储器，用来存放运算中间结果的存储区域称为堆栈存储器。使用一次 MPS 就将此刻的运算结果送入堆栈的第一层，而将原来的第一层存储的数据移到堆栈的下一层。MRD 只用来读出堆栈最上层的最新数据，此时堆栈内的数据不移动。使用 MPP 指令，最上层的数据被读出，同时这个数据就从堆栈中清除，其他数据向上各移动一层。在使用栈指令时，应注意以下几点：

1）MPS、MRD、MPP 无操作数；

2）MPS、MPP 指令可以重复使用，但是连续使用不能超过 11 次，且两者必须成对使用缺一不可，MRD 指令有时可以不用；

3）最终输出电路以 MPP 代替 MRD 指令，读出存储并复位清零。

图 4.30、图 4.31 和图 4.32 为栈指令应用的例子，以供对照学习。

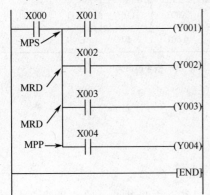

序号	操作码	操作数	序号	操作码	操作数
0	LD	X000	7	MRD	
1	MPS		8	AND	X003
2	AND	X001	9	OUT	Y003
3	OUT	Y001	10	MPP	
4	MRD		11	AND	X004
5	AND	X002	12	OUT	Y004
6	OUT	Y002	13	END	

（a）梯形图　　　　　　　　　　　　（b）指令语句表

图 4.30　栈指令的应用（一）

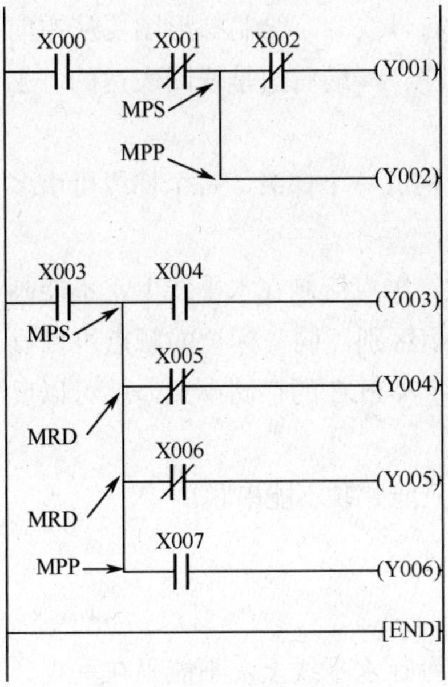

序号	操作码	操作数	序号	操作码	操作数
0	LD	X000	11	MRD	
1	ANI	X001	12	ANI	X005
2	MPS		13	OUT	Y004
3	ANI	X002	14	MRD	
4	OUT	Y001	15	ANI	X006
5	MPP		16	OUT	Y005
6	OUT	Y002	17	MPP	
7	LD	X003	18	AND	X007
8	MPS		19	OUT	Y006
9	AND	X004	20	END	
10	OUT	Y003			

（a）梯形图　　　　　　　　　　　　（b）指令语句表

图 4.31　栈指令的应用（二）

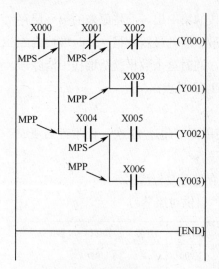

序号	操作码	操作数	序号	操作码	操作数
0	LD	X000	9	MPP	
1	MPS		10	AND	X004
2	ANI	X001	11	MPS	
3	MPS		12	AND	X005
4	ANI	X002	13	OUT	Y002
5	OUT	Y000	14	MPP	
6	MPP		15	AND	X006
7	AND	X003	16	OUT	Y003
8	OUT	Y001	17	END	

　　　　（a）梯形图　　　　　　　　　　　　　　　　（b）指令语句表

图 4.32　栈指令的应用（三）

4.2.3　绘制梯形图的规则

1．绘制梯形图要遵循的规则

1）梯形图中左、右两边的垂直线分别称为起始母线（左母线）、终止母线（右母线）。每一逻辑行必须从左母线开始画起，右母线可以省略。

2）梯形图按行从上至下编写，每一行按从左至右顺序编写。即梯形图的各种符号，要以左母线为起点，右母线为终点（可允许省略右母线）。绘制梯形图要从左向右分行绘出。每一行的开始是触点群组成的"工作条件"，最右边是线圈表达的"工作结果"。自上而下分行依次绘制。

3）每个梯形图由多个梯级组成，每个输出元素可构成一个梯级，每个梯级可由多个支路组成，每个梯级必须有一个输出元件。

4）梯形图的触点有两种，即常开触点和常闭触点。触点应画在水平线上，不能画在垂直分支线上。每一触点都有自己的特殊标记，以示区别。同一标记的触点可以反复使用，次数不限。这是因为每一触点的状态一旦被存入 PLC 的存储单元，就可以反复读写。

5）梯形图的触点可以任意串、并联，而输出线圈只能并联不能串联。

6）一个完整的梯形图程序必须用"END"结束。

2．梯形图编程注意事项及技巧

1）线圈与右母线之间不能有任何触点，触点只能画在水平线上，不能画在垂直分支上，如图 4.33 所示。

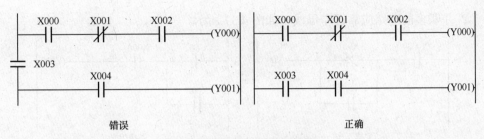

图 4.33　梯形图设计规则说明 1

2）同一编号的输出元件在一个程序中使用两次，即形成双线圈输出，这样容易引起误操作，应该尽量避免，但不同编号的输出元件可以并行输出，如图 4.34 所示。其中特例是：同一程序的两个绝不会同时执行的程序段中，可以有相同的输出线圈。

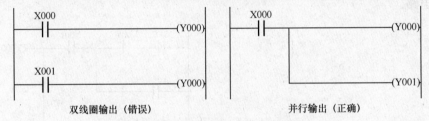

图 4.34　梯形图设计规则说明 2

3）梯形图的左母线与线圈之间一定要有触点，即线圈不能直接与左母线相连。如果需要，可以通过一个没有使用元件的常闭触点或特殊辅助继电器 M8000（常 ON）来连接，如图 4.35 所示。

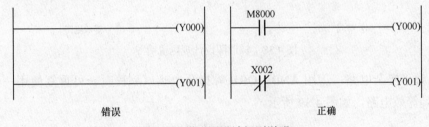

图 4.35　梯形图设计规则说明 3

4）适当安排编程顺序，以减小程序步数。

① 串联多的电路应尽量放在上部，如图 4.36 所示。

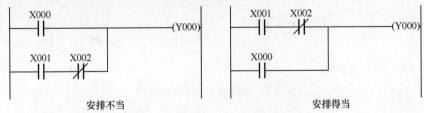

图 4.36　梯形图设计规则说明 4

② 并联多的电路应靠近左母线，如图 4.37 所示。

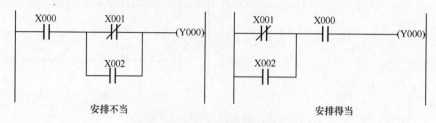

安排不当　　　　　　　　　　　　　　安排得当

图 4.37　梯形图设计规则说明 5

5）不能编程的电路应进行等效变换后再编程。

① 桥式电路应进行变换后编程。如图 4.38 所示（a）桥式电路应变换成（b）所示的等效电路。

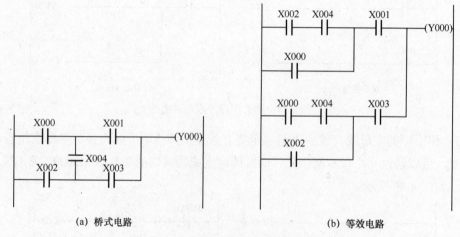

（a）桥式电路　　　　　　　　　　　　　（b）等效电路

图 4.38　梯形图设计规则说明 6

② 对于复杂电路，运用 ANB、ORB 等指令也难以编程时，可重复使用一些触点变换为其等效电路，如图 4.39 所示。

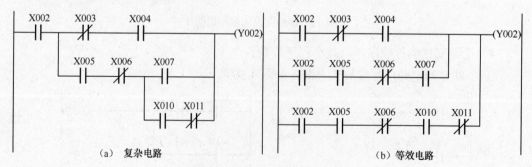

（a）复杂电路　　　　　　　　　　　　　（b）等效电路

图 4.39　梯形图设计规则说明 7

4.2.4　PLC 控制三相异步电动机双重互锁正 / 反转电路设计

所谓双重互锁，就是正 / 反转启动按钮的常闭触点互相串接在对方的控制回路中，而正 / 反转接触器的常闭触点也互相串接在对方的控制回路中，从而起到了按钮和接触器双重互锁的作用。应用双重互锁后，按下正转按钮时，电动机开始正转，反转控制电路断开；按下反转按钮时，电动机开始反转，正转控制电路断开。按下停止按钮时，不论电动机是处于正转状态还是反转状态，都会立即停止。

PLC 控制的双重互锁正 / 反转电路设计学习思路如下：先列写出电动机双重互锁正反转的电气原理图，根据输入和输出的个数确定 PLC 的型号和 I/O 接线图，再设计程序（设计程序时可参照电气原理图的控制思想设计出梯形图），导入程序，最后根据原理图准备好相应的工具，进行实物连接。

1. 电气原理图

正 / 反转控制的电气原理图如图 4.40 所示。

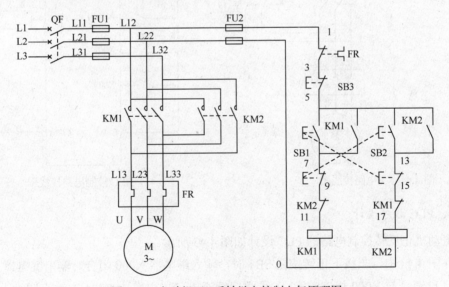

图 4.40　电动机正 / 反转继电控制电气原理图

2. PLC 的 I/O 地址分配

PLC 的 I/O 地址分配见表 4.7。由表可知，正 / 反转控制系统有 4 个输入点、2 个输出点。

表 4.7　PLC 的 I/O 地址分配

输入信号		输出信号	
元件名称	输入点	元件名称	输出点
正转按钮 SB1	X000	正转接触器 KM1	Y000
反转按钮 SB2	X001	反转接触器 KM2	Y001
停止按钮 SB3	X002		
热继电器 FR	X003		

3. 接线图

主电路与 PLC 控制电路接线图如图 4.41 和图 4.42 所示。

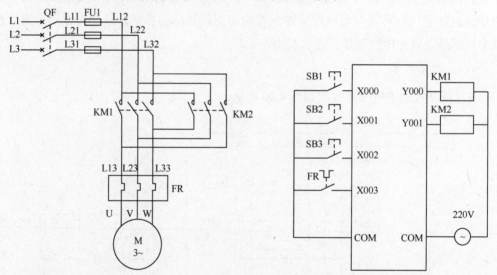

图 4.41　主电路接线图　　　　图 4.42　PLC 控制电路接线图

4. PLC 程序设计

电动机正反转控制电路的 PLC 设计如图 4.43 所示。

在图 4.43 中，当按下正转按钮 SB1 时，输入继电器 X000 闭合，输出继电器 Y000 得电且自锁，与 Y000 相连的 KM1 线圈持续通电，主电路中 KM1 主触点闭合，电动机正转；当按下反转按钮 SB2 时，输入继电器 X001 闭合，输出继电器 Y001 得电且自锁，与 Y001 相连的 KM2 线圈持续通电，主电路中 KM2 主触点闭合，电动机反转。当按下停止按钮 SB3，输入继电器 X002 断开，输出继电器 Y000 和 Y001 都断电，与之相连的接触器线圈 KM1 和 KM2 断电，电动机停止运转。当电动机过载时，输入继电器 X003 断开，Y000 和 Y001 断电，电动机停止运转。

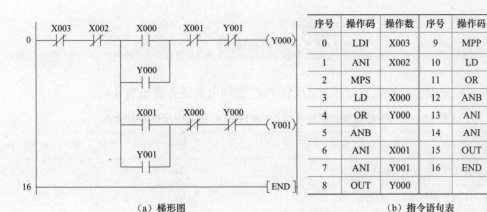

序号	操作码	操作数	序号	操作码	操作数
0	LDI	X003	9	MPP	
1	ANI	X002	10	LD	X001
2	MPS		11	OR	Y001
3	LD	X000	12	ANB	
4	OR	Y000	13	ANI	X000
5	ANB		14	ANI	Y000
6	ANI	X001	15	OUT	Y001
7	ANI	Y001	16	END	
8	OUT	Y000			

（a）梯形图　　　　　　　　（b）指令语句表

图 4.43　电动机正反转电路的 PLC 设计 1

可以将图 4.43 所示梯形图进行变换简化，免去堆栈指令的应用，如图 4.44 所示。

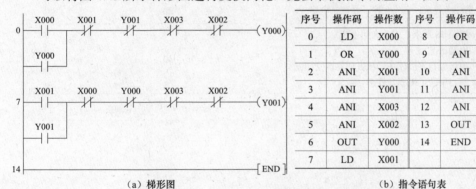

序号	操作码	操作数	序号	操作码	操作数
0	LD	X000	8	OR	Y001
1	OR	Y000	9	ANI	X000
2	ANI	X001	10	ANI	Y000
3	ANI	Y001	11	ANI	X003
4	ANI	X003	12	ANI	X002
5	ANI	X002	13	OUT	Y001
6	OUT	Y000	14	END	
7	LD	X001			

（a）梯形图　　　　　　　　（b）指令语句表

图 4.44　电动机正反转电路的 PLC 设计 2

图 4.44 所示梯形图能不能进一步简化呢？请参照图 4.45 所示的梯形图和指令表，自行分析。

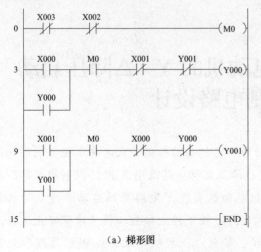

序号	操作码	操作数	序号	操作码	操作数
0	LDI	X003	8	OUT	Y000
1	ANI	X002	9	LD	X001
2	OUT	M0	10	OR	Y001
3	LD	X000	11	AND	M0
4	OR	Y000	12	ANI	X000
5	AND	M0	13	ANI	Y000
6	ANI	X001	14	OUT	Y001
7	ANI	Y001	15	END	

（a）梯形图　　　　　　　　（b）指令语句表

图 4.45　电动机正反转电路的 PLC 设计 3

任务评价

完成三相异步电动机双重互锁正 / 反转 PLC 控制电路任务评价表 4.8。

表 4.8　三相异步电动机双重互锁正 / 反转 PLC 控制电路任务评价表

评价项目及标准		配分	自评	互评	师评	总评
知识与技能	能掌握梯形图的逻辑关系和工作原理	10				
	能设计 PLC 的外部 I/O 接线图	10				
	能设计编写 PLC 梯形图	5				
	能完成 PLC 控制电动机双重互锁正反转电路的接线与调试	25				
	根据任务要求，自检互检，并调试电路	20				
实习过程	1. 按照 7S 要求，安全文明生产 2. 出勤情况 3. 积极参与完成任务，积极回答课堂问题 4. 学习中的正确率及效率	30				
合计		100				

简要评述

任务 4.3　三相异步电动机的 Y− △降压启动 PLC 控制电路设计

某企业要改造一批物料传输电机启动控制方式，要求把传统继电器控制的三相异步电动机 Y- △降压启动电路改造成 PLC 控制的电路，具体要求如下：按下启动按钮电动机实现 Y 电路降压启动，待电动机启动后转换为△接法全压持续运行，按下停止按钮物料传输带停止运行，并且要求有电动机过载保护。按照以上控制要求完成 PLC 接线和程序设计。

由继电控制电动机降压启动的知识可知，Y-△降压启动就是当电动机刚刚启动时利用继电器控制绕组为 Y 形接法，当电动机启动之后迅速转换为△形接法，以降低启动电流，增大电动机的转矩。在本任务中，将解决如何应用 PLC 控制实现 Y 形接法向△形接法的转换，其中 PLC 的定时器（T）将替代前述的时间继电器，其控制思路与逻辑关系和接触器—继电器控制系统相同。

认知目标：

1．能掌握定时器的含义与使用方法。

2．能掌握与本任务相关的基本指令的含义与使用方法。

3．能掌握梯形图的逻辑关系和工作原理。

技能目标：

1．能设计 PLC 的外部 I/O 接线图。

2．能设计 PLC 梯形图。

3．能完成 PLC 控制电动机 Y-△降压启动电路的接线与调试。

4．按照 7S 标准要求，安全文明生产。

　任务准备

4.3.1　软元件——定时器（T）

定时器在 PLC 中相当于继电器控制中的一个时间继电器。在 PLC 控制中，使用定时器可以获得一个延时的效果，而且能够提供若干个常开、常闭延时触点供用户编程使用，使用次数不限。PLC 定时器是根据时钟脉冲的累积形式进行计时的。当定时器线圈得电时，定时器对相应的时钟脉冲（100ms、10ms、1ms）从 0 开始计数，当计数值等于设定值时，定时器的触点动作。定时器可以用用户程序存储器内的常数 K 作为设定值（K 的范围为 1～32767），也可以用数据寄存器（D）的内容作为设定值。对于 FX2N 系列 PLC 定时器的地址编号和设定值的规定如下。

1．普通定时器

输入断开或发生断电时，定时器复位（即定时器线圈断电，触点回到初始状态）。

100ms 定时器：T0～199，共 200 个，定时范围：0.1～3276.7s。

10ms 定时器：T200～T245，共 46 个，定时范围：0.01～327.67s。

普通定时器的使用如图 4.46 所示，其中 T0 为 100ms 普通定时器，当计数值为 K100 时定时时间 t=0.1×100=10s。当 X000 为 ON 时，T0 延时 10s 后 T0 常开触点为

ON 状态，Y000 成为 ON 状态。当 X000 为 OFF 时，T0 线圈立即失电，T0 常开触点复位为 OFF，Y000 成为 OFF 状态。

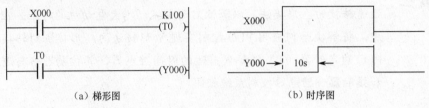

（a）梯形图　　　　　　　　　　　　（b）时序图

图 4.46　定时器使用说明图 1

2. 积算定时器

输入断开或发生断电时，当前值将得到保持。只有复位指令接通时，该定时器才复位。比如复位 T250，则执行指令 RST T250。

1ms 积算定时器：T246 ～ T249，共 4 个（中断动作），定时范围：0.001 ～ 32.767s。

100ms 积算定时器：T250 ～ 255，共 6 个，定时范围：0.1 ～ 276.7s。

积算定时器的应用如图 4.47 所示，其中 T250 为 100ms 积算定时器，当计数值为 K100 时定时时间 t=0.1×100=10s。当 X000 为 ON 时，T250 延时 10s 后 T250 常开触点为 ON，则 Y000 成为 ON 状态；但当 X000 为 OFF 时，T250 仍保持 ON 状态，并不复位，Y000 也为 ON 状态。当 X001 为 OFF 时，T250 复位，Y000 为 OFF 状态。

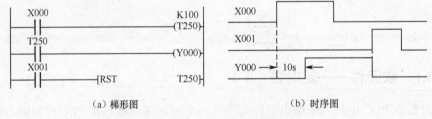

（a）梯形图　　　　　　　　　　　　（b）时序图

图 4.47　定时器使用说明图 2

☼ 小提示

定时器计时的过程，其实就是记录时钟脉冲个数的过程。由于每个时钟脉冲都有单位（100ms、10ms、1ms），因此定时器的定时值即为 t= 脉冲单位 × 脉冲个数。其中 K 表示脉冲个数，为十进制数。

4.3.2　FX2N 系列 PLC 的基本指令

1. 置位与复位指令（SET、RST）

SET 指令称为置位指令，用于对软元件的置位，其可以使用的软元件为 Y、M、S。RST 指令称为复位指令，用于对软元件的状态的复位，其可以使用的软元件为 Y、M、S、T、C、D、V、Z。置位和复位指令主要用于输出继电器、状态器、辅助继电器的保持及复位工作，同时 RST 指令可以对定时器、计数器、数据寄存器和变址寄存器的内容清零。在梯形图中的表示形式如图 4.48 所示。

(a) 置位指令　　　　　　　　(b) 复位指令

图 4.48　置位和复位指令的表示形式

在梯形图中置位与复位指令的另一种表现形式如图 4.49 所示。其中当 X000 为 ON时，SET 指令使 Y000 为 ON 状态并保持 ON 状态（即 Y000 线圈持续得电）；此时即使 X000 为 OFF，Y000 始终保持为 ON 状态。直到 X001 为 ON 时，RST 指令对 Y000执行复位操作，此时 Y000 为 OFF 状态（即 Y000 线圈失电）。如果 X000 和 X001 都为 ON 时，则后执行的优先，此图中为 RST 指令优先。

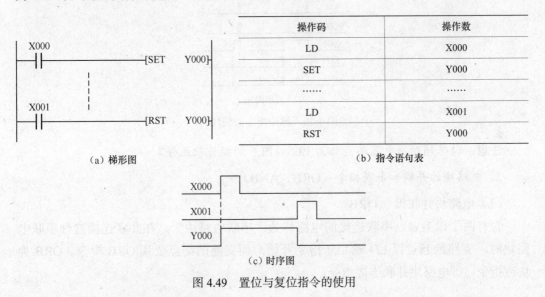

(a) 梯形图

操作码	操作数
LD	X000
SET	Y000
……	……
LD	X001
RST	Y000

(b) 指令语句表

(c) 时序图

图 4.49　置位与复位指令的使用

2. 脉冲指令（PLS、PLF）

脉冲微分指令主要作为信号变化的检测，即从断开到接通的上升沿和从接通到断开的下降沿信号的检测。如果条件满足，则被其驱动的软元件将产生一个扫描周期的脉冲信号。

PLS 指令为上升沿微分脉冲指令，当检测到逻辑关系的结果为上升沿信号时，驱动的操作软元件将在一个扫描周期内动作，即其动作时间为一个周期。

PLF 指令为下降沿微分脉冲指令，当检测到逻辑关系的结果为下降沿信号时，驱动的操作软元件将在一个扫描周期内动作，即其动作时间为一个周期。

PLS、PLF 指令的使用如图 4.50 所示，当检测到 X000 由 OFF 变为 ON 的上升沿时，软元件 M0 由 OFF 变为 ON，并仅工作一个扫描周期。此时，Y000 由 OFF 变为

ON，工作一个扫描周期。当检测到 X001 由 ON 变为 OFF 的下降沿时，软元件 M1 由 OFF 变为 ON，并仅工作一个扫描周期。此时，Y001 由 OFF 变为 ON，工作一个扫描周期。

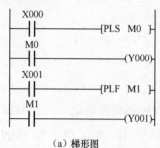

序号	操作码	操作数	序号	操作码	操作数
0	LD	X000	5	PLF	M1
1	PLS	M0	6	LD	M1
2	LD	M0	7	OUT	Y001
3	OUT	Y000	8	END	
4	LD	X001			

(a) 梯形图　　　　　　　　　　(b) 指令语句表

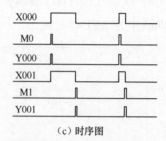

（c）时序图

图 4.50　脉冲指令的使用

注意： 特殊辅助继电器不能作为 PLS、PLF 的操作软元件。

3．电路块的并联和串联指令（ORB、ANB）

（1）电路块并联指令 ORB

含有两个以上触点串联连接的电路称为"串联电路块"，在并联连接这种串联电路块时，支路的起点以 LD 或 LDI 指令开始，而支路的终点要用 ORB 指令。ORB 为块或指令，即电路块并联连接指令。

> **小提示**
>
> ORB 指令是一种独立指令，其后不带操作元件号。因此，ORB 指令不表示触点，可以看成电路块之间的一段连接线。

使用注意事项：

如需要将多个电路块并联连接，ORB 指令有两种使用方法，如图 4.51 所示。

① 在要并联的两个电路块之后使用一个 ORB 指令，用这种分散使用 ORB 的方法进行编程时并联电路块的个数没有限制，如图 4.51（b）所示。

② 将所有要并联的电路块依次写出，然后在这些电路块的末尾集中写出 ORB 的指令，但这时 ORB 指令最多使用 8 次，如图 4.51（c）所示。

（2）电路块串联指令 ANB

含有两个以上触点并联连接的电路称为"并联电路块"，并联电路块与前面电路串联连接时，使用 ANB 指令，支路的起点以 LD 或 LDI 指令开始，而支路的终点使用 ANB 指令。ANB 为块与指令，即电路块串联连接指令。

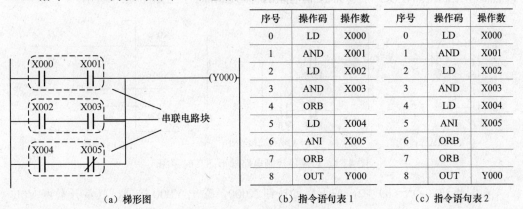

序号	操作码	操作数	序号	操作码	操作数
0	LD	X000	0	LD	X000
1	AND	X001	1	AND	X001
2	LD	X002	2	LD	X002
3	AND	X003	3	AND	X003
4	ORB		4	LD	X004
5	LD	X004	5	ANI	X005
6	ANI	X005	6	ORB	
7	ORB		7	ORB	
8	OUT	Y000	8	OUT	Y000

（a）梯形图　　　　（b）指令语句表 1　　　　（c）指令语句表 2

图 4.51　ORB 指令的使用

☀ 小提示

与 ORB 指令一样，ANB 指令也不带操作元件，如需要将多个电路块串联连接，应在每个串联电路块之后使用一个 ANB 指令，用这种方法解决串联电路块编程时 ANB 指令使用的个数没有限制；若集中使用 ANB 指令，最多使用 8 次。

ANB 指令的使用如图 4.52 所示。

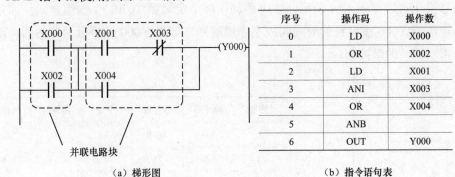

序号	操作码	操作数
0	LD	X000
1	OR	X002
2	LD	X001
3	ANI	X003
4	OR	X004
5	ANB	
6	OUT	Y000

（a）梯形图　　　　（b）指令语句表

图 4.52　ANB 指令的使用

4.3.3　典型梯形图模块程序介绍

在 PLC 梯形图程序中，不论程序多么复杂，都包含着一些简单的、典型的小程序模块。对于 PLC 程序编制来说，掌握这些典型梯形图程序模块有利于编制开发功能齐全的实用程序。现在我们就来学习一下这些典型的梯形图程序模块。

1. 启动、保持、停止控制电路

启动、保持、停止控制电路是电动机等电气设备控制中常用的控制电路，简称为启保停控制电路。在 PLC 编程过程中，只要控制电路中有启动和停止功能，就可以导入启保停控制电路模块。启保停控制电路的梯形图和时序图如图 4.53 所示。

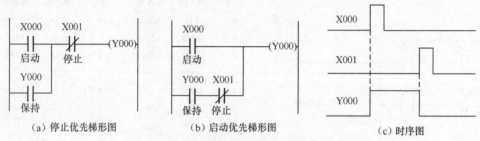

（a）停止优先梯形图　　（b）启动优先梯形图　　　　（c）时序图

图 4.53　启保停控制电路梯形图和时序图

在图 4.53（a）、（b）中，按下启动按钮 X000，输出 Y000 接通，其常开触点 Y000 闭合自锁，即使 X000 断开，输出 Y000 依然保持接通，直到按下停止按钮 X001，输出 Y000 才会断开。虽然图 4.48 中（a）、（b）两图的逻辑功能是相仿的，但是二者存在着不同点：当启动按钮、停止按钮同时按下时，（a）中的输出 Y000 为断开状态，称为停止优先形式，而此时在（b）中，Y000 为接通状态，称为启动优先形式。

2. 脉冲发生器电路

在 PLC 内部虽然也有一些特殊辅助继电器可产生一定周期的时钟脉冲信号，如 M8011、M8012 的周期分别为 10ms、100ms。但在实际中经常需要其他周期和形式的脉冲信号发生器。如图 4.54 所示，该电路利用两个定时器 T0 和 T1 的组合，从而可以使输出继电器 Y000 按设置的时间间隔不停地通断。如果 Y000 外接指示灯的话，即可实现该指示灯的闪烁控制。

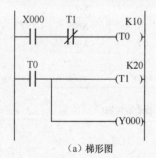

（a）梯形图

序号	操作码	操作数	序号	操作码	操作数
0	LD	X000	3	LD	T0
1	ANI	T1	4	OUT	T1 K20
2	OUT	T0 K10	5	OUT	Y000

（b）指令语句表

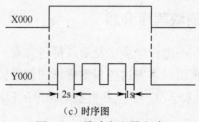

（c）时序图

图 4.54　脉冲发生器电路

当 X000 闭合，定时器 T0 线圈接通并开始计时，1s 后到达计时时间，T0 的常开触点闭合，使得输出继电器 Y000 和定时器 T1 线圈接通。此时定时器 T1 开始计时，2s 后到达计时时间，T1 的常闭触点断开，使得 T0 线圈断电，T0 常开触点复位为断开状态，T1 和 Y000 线圈断电。此时，T1 常闭触点自动复位为接通状态，T0 又开始接通……周而复始，从而使 Y000 通 2s、断 1s，输出如图 4.54（c）所示的脉冲。若有外接指示灯，则可实现灯光闪烁。当 X000 复位，电路停止工作。

3．其他常见控制电路模块的探讨

下面列出一些常见的 PLC 控制电路的时序图，自我分析、绘制出梯形图，写出指令语句表程序。然后和下面的梯形图和指令语句相对照，找出异同点，分析其优缺点。

1）根据图 4.55 所示时序图，自行设计梯形图程序，并写出指令语句表程序。图 4.56 为其对照所示的梯形图和指令语句表。

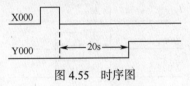

图 4.55　时序图

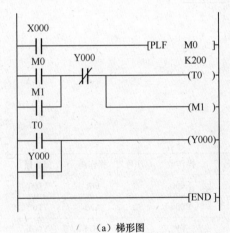

（a）梯形图

序号	操作码	操作数	序号	操作码	操作数
0	LD	X000	6	OUT	M1
1	PLF	M0	7	LD	T0
2	LD	M0	8	OR	Y000
3	OR	M1	9	OUT	Y000
4	ANI	Y000	10	END	
5	OUT	T0 K200			

（b）指令语句表

图 4.56　梯形图和指令语句表

2）根据如图 4.57 所示时序图，自行设计梯形图程序，并写出指令语句表程序。如图 4.58 所示，为其对照梯形图和指令语句表。

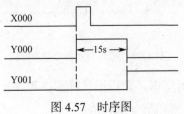

图 4.57　时序图

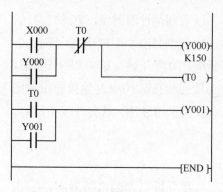

序号	操作码	操作数	序号	操作码	操作数
0	LD	X000	5	LD	T0
1	OR	Y000	6	OR	Y001
2	ANI	T0	7	OUT	Y001
3	OUT	Y000	8	END	
4	OUT	T0 K150			

（a）梯形图   （b）指令语句表

图 4.58　梯形图和指令语句表

3）根据如图 4.59 所示时序图，自行设计梯形图程序，并写出指令语句表程序。如图 4.60 所示，为其对照梯形图和指令语句表。

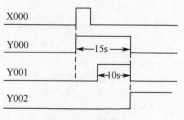

图 4.59　时序图

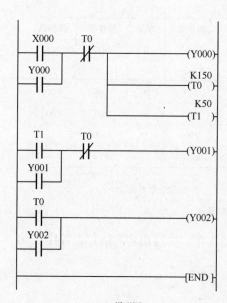

序号	操作码	操作数	序号	操作码	操作数
0	LD	X000	7	OR	Y001
1	OR	Y000	8	ANI	T0
2	ANI	T0	9	OUT	Y001
3	OUT	Y000	10	LD	T0
4	OUT	T0 K150	11	OR	Y002
5	OUT	T1 K50	12	OUT	Y002
6	LD	T1	13	END	

（a）梯形图   （b）指令语句表

图 4.60　梯形图和指令语句表

4）根据如图 4.61 所示时序图，自行设计梯形图程序，并写出指令语句表程序。如图 4.62 所示，为其对照梯形图和指令语句表。

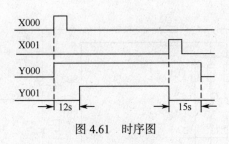

图 4.61　时序图

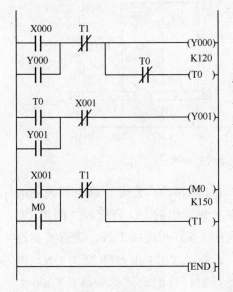

（a）梯形图

序号	操作码	操作数	序号	操作码	操作数
0	LD	X000	8	ANI	X001
1	OR	Y000	9	OUT	Y001
2	ANI	T1	10	LD	X001
3	OUT	Y000	11	OR	M0
4	ANI	T0	12	ANI	T1
5	OUT	T0 K120	13	OUT	M0
6	LD	T0	14	OUT	T1 K150
7	OR	Y001	15	END	

（b）指令语句表

图 4.62　梯形图和指令语句表

任务实施

4.3.4　三相异步电动机的 Y–△降压启动 PLC 控制电路设计

电动机的 Y–△降压启动，是指在启动时先将三相定子绕组接成 Y 形接法启动，待转速升到接近额定转速时，再将定子绕组恢复为△形接法，使电动机全压运行。

1. 电气原理图

继电器控制的电动机 Y–△降压启动的电气原理图如图 4.63 所示。

在图 4.63 中，按下启动按钮 SB1，接触器线圈 KM1、KM2 通电，电动机在 Y 形接法下开始运转。若干时间后，接触器 KM2 断电，KM1、KM3 通电，电动机接成△形接法进入正常工作状态。当按下停止按钮 SB2 后，电动机停止运转。

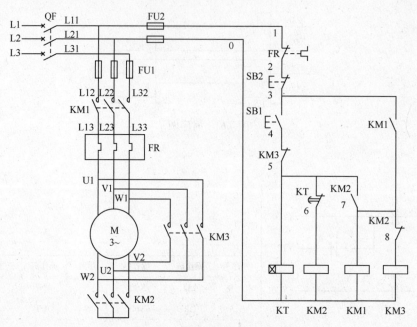

图 4.63 Y−△降压启动控制电气原理图

PLC 控制电动机实现 Y−△降压启动的电路设计思路为：先分析继电器控制的电动机 Y−△降压启动的电气原理图，确定出输入和输出的 I/O 分配表，画出 I/O 接线图，最后设计程序、导入程序，再根据原理图准备好相应的工具，进行实物连接。在 PLC 程序设计中，当电动机开始启动时，Y000、Y001 由 OFF 变为 ON，电动机接成 Y 形接法运转，同时使用的定时器开始计时，计时时间达到后，Y000 由 ON 变为 OFF，Y002 由 OFF 变为 ON，Y001 保持 ON 状态，此时电动机接成△形接法开始运转。

2. PLC 的 I/O 地址分配

PLC 的 I/O 地址分配见表 4.9。由表可知，Y−△降压启动控制系统有 3 个输入点、3 个输出点。

表 4.9 PLC 的 I/O 地址分配

输入信号		输出信号	
元件名称	输入点	元件名称	输出点
启动按钮 SB1	X000	接触器 KM1	Y000
停止按钮 SB2	X001	接触器 KM2	Y001
热继电器 FR	X002	接触器 KM3	Y002

3. 接线图

主电路与 PLC 控制电路接线图如图 4.64 和图 4.65 所示。

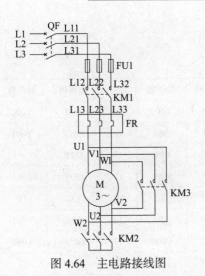

图 4.64   主电路接线图

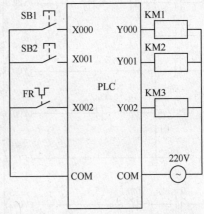

图 4.65   PLC 控制 Y-△降压启动电路接线图

4. PLC 程序设计

（1）PLC 控制电动机 Y-△降压启动控制电路的设计 1

如图 4.66 所示梯形图和指令语句表。当按下启动按钮 SB1 时，X000 闭合，Y000 得电且自锁，Y000 常开触点闭合，使得 Y001 得电（Y001 的常闭触点串联在 Y002 电路中，故 Y002 不接通）。此时电动机结成 Y 形接法开始启动。当 Y000 得电的同时，定时器 T0 也接通并开始计时。3s 后，定时器 T0 的常闭触点断开，将 Y001 断开，电动机 Y 形接法解除，T0 常开触点闭合，使得 Y002 接通（Y001 断开时 Y002 电路中 Y001 的常闭触点已恢复到闭合状态），此时电动机接成△形接法运行，Y-△降压启动过程结束。当按下停止按钮 SB2 时，X001 断开，Y000、Y001、Y002 和 T0 断开，电动机△形接法解除，电动机停止运行。当电动机过载时，输入继电器 X002 断开，从而使 Y000、Y001、Y002 和 T0 断开，电动机停止运行。

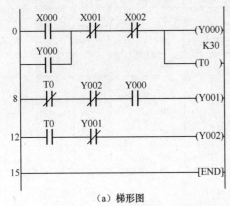

（a）梯形图

序号	操作码	操作数	序号	操作码	操作数
0	LD	X000	7	ANI	Y002
1	OR	Y000	8	AND	Y000
2	ANI	X001	9	OUT	Y001
3	ANI	X002	10	LD	T0
4	OUT	Y000	11	ANI	Y001
5	OUT	T0 K30	12	OUT	Y002
6	LDI	T0	13	END	

（b）指令语句表

图 4.66   PLC 控制电动机 Y-△降压启动电路 1

（2）PLC 控制电动机 Y-△降压启动控制电路的设计 2

如图 4.67 所示梯形图和指令语句表。请自行分析其工作过程。

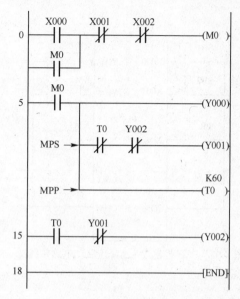

序号	操作码	操作数	序号	操作码	操作数
0	LD	X000	9	ANI	Y002
1	OR	M0	10	OUT	Y001
2	ANI	X001	11	MPP	
3	ANI	X002	12	OUT	T0 K60
4	OUT	M0	13	LD	T0
5	LD	M0	14	ANI	Y001
6	OUT	Y000	15	OUT	Y002
7	MPS		16	END	
8	ANI	T0			

（a）梯形图　　　　　　　　　　　　　　　　（b）指令语句表

图 4.67　PLC 控制电动机 Y-△降压启动电路 2

任务评价

完成三相异步电动机的 Y-△降压启动 PLC 控制电路设计任务评价表 4.10。

表 4.10　三相异步电动机的 Y-△降压启动 PLC 控制电路设计任务评价表

	评价项目及标准	配分	自评	互评	师评	总评
知识与技能	能掌握梯形图的逻辑关系和工作原理	10				
	能设计 PLC 的外部 I/O 接线图	10				
	能设计编写 PLC 梯形图	5				
	能完成电动机 Y-△降压启动 PLC 控制电路设计接线与调试	25				
	根据任务要求，自检互检，并调试电路	20				
实习过程	1. 按照 7S 要求，安全文明生产 2. 出勤情况 3. 积极参与完成任务，积极回答课堂问题 4. 学习中的正确率及效率	30				
合计		100				
简要评述						

任务 4.4　花式喷泉 PLC 控制电路设计

某大型商场前要安装一个花式喷泉，要求用 PLC 控制喷泉喷水口来实现多种喷水花样，具体要求如下：按下启动按钮后，1、2、3 号喷水口依次喷水 3s、4s、5s，再共同喷水 6s。如此循环，按下停止按钮后喷泉停止喷水。

由控制要求可知，本任务中需要 2 个输入继电器（启动和停止）、3 个输出继电器（控制 3 个喷头）、4 个定时器 T0、T1、T2 和 T3。

认知目标：

1. 能掌握定时器、计数器的含义与使用方法。

2. 能掌握与本任务相关的基本指令的含义与使用方法。

3. 能掌握梯形图的逻辑关系和工作原理。

技能目标：

1. 能设计 PLC 的外部 I/O 接线图。

2. 能设计 PLC 梯形图。

3. 能完成花式喷泉控制电路的接线与调试。

4. 按照 7S 标准要求，安全文明生产。

任务准备

4.4.1　软元件

1. 计数器（C0 ～ C255）

计数器是 PLC 内部重要部件，它是在执行扫描操作时对内部元件 X、Y、M、S、T、C 的信号进行计数。计数器用来记录脉冲个数，计数端每来一个脉冲计数值加 1（或减 1），当计数值与设定值相等时，计数器触点动作。计数器的常开、常闭触点可以无限使用。FX2N 系列的计数器可分为 16 位递加计数器、32 位双向计数器和高速计数器。

⚙ 小提示

计数器是用来记录脉冲个数的，换一种思路可以理解为计数器是用来记录触点接通次数的；当触点接通一次，计数器记一个数，计数值达到设定值时，计数器的触点动作。

（1）16 位递加计数器

16 位递加计数器的设定值在 K1 ～ K32767 之间，分为 16 位通用递加计数器和 16 位断电保持加法计数器。当脉冲到来时，每来一个脉冲，计数器由 0 开始加 1 计数。其中，C0 ～ C99 共 100 点为通用型计数器；C100 ～ C199 共 100 点为断电保持型计数器。当中途断电时断电保持型计数器的当前值与输出触点的通断可保持在当前状态。如图 4.68 所示。

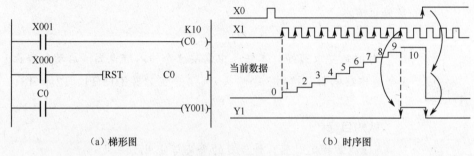

| (a) 梯形图 | (b) 时序图 |

图 4.68　计数器使用

图 4.68 表示了 16 位递加计数器的动作过程。X001 是计数输入，每当 X001 接通一次，计数器当前值加 1，当计数器的当前值为 10 时（也就是计数输入达到第十次时），计数器 C0 的输出接点接通，从而使 Y001 接通。之后即使 X001 再接通，计数器的当前值也保持不变。直到复位输入 X000 接通时，执行 RST 复位指令，计数器 C0 的当前值复位为 0，输出接点 C0 断开，Y001 断开。计数器的设定值除了可由常数 K 设定外，还可以通过指定数据寄存器来间接设定。

（2）32 位双向计数器

32 位双向计数器的设定值在 –2147483648 ～ 2147483647 之间。其中，C200 ～ C219 共 20 点，为通用型计数器；C220 ～ C234 共 15 点，为断电保持型计数器。32 位双向计数器是递加型还是递减型由特殊辅助继电器 M8200 ～ M8234 的状态设定。特殊辅助继电器接通时为递减计数，特殊辅助继电器断开时为递加计数。

高速计数器请参考其他相关书籍，这里不再介绍。

2．数据寄存器

数据寄存器用于存放各种数据。FX2N 系列 PLC 的每一个数据寄存器都是 16 位（最高位为正、负符号位），可以用两个数据寄存器合并起来存储 32 位数据（最高位为正、负符号位）。数据寄存器可分为以下几类。

（1）通用数据寄存器

通用数据寄存器为 D0 ～ D199，共 200 点。只要不改写，已写入的数据不会变化。当 PLC 由运行到停止时，该类寄存器的数据均为零。但是当特殊辅助继电器 M8033 已被驱动，PLC 由运行转为停止时，数据可以保持。

（2）停电保持用寄存器

停电保持用寄存器为 D200 ～ D511 共 312 点，或 D200 ～ D999 共 800 点（由 PLC 的具体型号确定）。只要不改写，原有数据就不会丢失。不论电源是否接通、PLC 是否运行，都不会改变寄存器的内容，但是当两台 PLC 作点对点通信时，D490 ～ D509 被用作通信操作。

（3）文件寄存器

文件寄存器为 D1000 ～ D2999 共 2000 点，是一类专用的数据寄存器，用于存储大量的数据。比如数据采集、统计计算数据、多组控制数据等。

文件寄存器占用用户程序存储器（RAM、EEPROM 及 EPROM）内的一个存储区，以 500 点为一个单位，在参数设置时，最多可设置 2000 点，用编程器进行写入操作。

（4）RAM 文件寄存器

RAM 文件寄存器为 D6000 ～ D7999 共 2000 点。驱动特殊辅助继电器 M8074，由于采用扫描被禁止，上述的数据寄存器可作为文件寄存器处理，用 BMOV 指令传送数据（写入或读出）。

（5）特殊用寄存器

特殊用寄存器为 D8000 ～ D8255 共 256 点，是写入特定目的的数据或已经写入数据寄存器，其内容在电源接通时，写入初始化值（一般先清零，然后由系统 ROM 来写入）。

4.4.2　FX2N 系列 PLC 的基本指令

1. 取反指令（INV）

INV 指令是将执行 INV 指令之前的运算结果反转的指令，即如果 INV 指令即将执行前的运算为 OFF，则 INV 指令执行后的运算结果为 ON；如果 INV 指令即将执行前的运算为 ON，则 INV 指令执行后的运算结果为 OFF，无操作软元件，如图 4.69 所示。

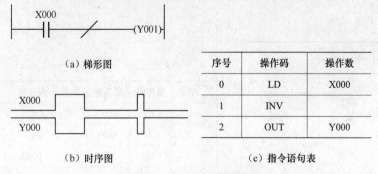

图 4.69　INV 指令的使用

图 4.69 中，X000 接通，则 Y000 断开；X000 断开，则 Y000 接通。在使用时要注意以下几点。

1）编写 INV 取反指令需要前面有输入量，INV 指令不能直接与母线相连接，不能和 OR、ORI、ORP、ORF 等指令单独并联使用。

2）可以多次使用，只是结果只有两个，ON 或 OFF。

3）INV 指令只对其前的逻辑关系取反。

2. LDP、LDF、ANDP、ANDF、ORP、ORF 指令

LDP、LDF、ANDP、ANDF、ORP、ORF 指令是触点指令。这些指令的操作软元件都为 X、Y、M、S、T、C，其表达的触点在梯形图中的位置与 LD、AND、OR 指令表达的触点在梯形图中的位置相同，只是二者表达的触点功能有所不同。

LDP、ANDP、ORP 指令是上升沿检测的触点指令。在指定的软元件的触点状态由 OFF 为 ON 的时刻（上升沿），其驱动的元件接通一个扫描周期。

LDF、ANDF、ORF 指令是下降沿检测的触点指令。在指定的软元件的触点状态由 ON 为 OFF 的时刻（下降沿），其驱动的元件接通一个扫描周期。

LDP、ANDP 和 ORP 指令的使用举例如图 4.70 所示，LDF、ANDF 和 ORF 指令的使用举例如图 4.71 所示。

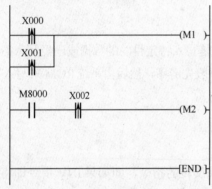

序号	操作码	操作数	序号	操作码	操作数
0	LDP	X000	4	ANDP	X002
1	ORP	X001	5	OUT	M2
2	OUT	M1	6	END	
3	LD	M8000			

（a）梯形图　　（b）指令语句表

图 4.70　LDP、ANDP 和 ORP 指令的使用

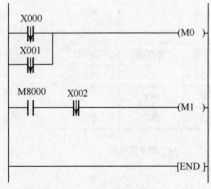

序号	操作码	操作数	序号	操作码	操作数
0	LDF	X000	4	ANDF	X002
1	ORF	X001	5	OUT	M1
2	OUT	M0	6	END	
3	LD	M8000			

（a）梯形图　　（b）指令语句表

图 4.71　LDF、ANDF 和 ORF 指令的使用

在图 4.70 中，X000 或 X001 由 OFF → ON 时，M1 接通一个扫描周期；X002 由 OFF → ON 时，M2 接通一个扫描周期；在图 4.71 中，X000 或 X001 由 ON → OFF 时，M0 接通一个扫描周期；X002 由 ON → OFF 时，M1 接通一个扫描周期。

3．主控指令（MC、MCR）

　　MC、MCR 指令用于以一个或多个触点控制多条分支电路的编程。每一主控程序都以 MC 指令开始，MCR 指令结束，二者成对使用。其中 MC 为主控指令，用于公共串联触点的连接。执行 MC 后，表示主控区开始，该指令操作元件为 M、Y（不包括特殊辅助继电器）；MCR 为主控复位指令，用于公共触点串联的清除。执行 MCR 后，表示主控区结束。

　　在程序中常常会有这样的情况，多个线圈受到一个或多个触点控制，要是在每个线圈的控制电路中都串入同样的触点，将占用多个存储单元，应用主控指令就可以解决这一问题。如图 4.72 所示，Y000、Y001、Y002 都受到 X000 的控制，因此可以将图（a）变化为图（b）形式。图（c）在 X000 后使用了 MC 指令，实现左母线右移，使 Y000、Y001、Y002 都在 X000 的控制之下，执行 MCR 指令之后则又使母线回到原来位置，使用 MC、MCR 指令的语句表如图（d）所示。

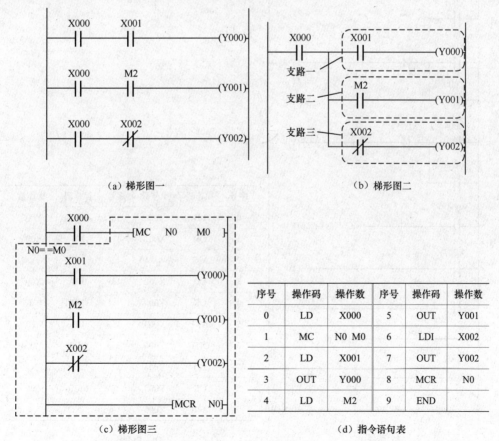

（a）梯形图一　　　　　　　　　　　　（b）梯形图二

序号	操作码	操作数	序号	操作码	操作数
0	LD	X000	5	OUT	Y001
1	MC	N0 M0	6	LDI	X002
2	LD	X001	7	OUT	Y002
3	OUT	Y000	8	MCR	N0
4	LD	M2	9	END	

（c）梯形图三　　　　　　　　　　　　（d）指令语句表

图 4.72　主控指令说明 1

☀ 小提示

由于支路一、支路二、支路三都位于 X000 之后，使用 MC 指令后，相当于使左母线移到了 X000 之后，即相当于 X001、M2、X002 直接与左母线相连，执行 MCR 指令之后，相当于左母线回到 X001 之前。

主控指令所完成的操作功能是：当执行指令的条件满足时，直接执行从 MC 到 MCR 的程序。条件不满足时，在主控程序中的积算定时器、计数器以及用复位 / 置位指令驱动的软元件都保持当前状态，而非积算定时器、用 OUT 指令驱动的软元件则变为断开状态。如图 4.72（c）所示，当 X000 闭合时，执行 MC 与 MCR 之间的程序，否则不执行 MC 与 MCR 之间的程序。

在 MC 到 MCR 指令区内若再次使用 MC/MCR 指令，则称为嵌套。嵌套次数最多为 8 级，编号按 N0 → N1 → N2 → N3 → N4 → N5 → N6 → N7 顺序增大，每级的返回用对应的 MCR 指令，从标号大的嵌套级开始复位，如图 4.73 所示。

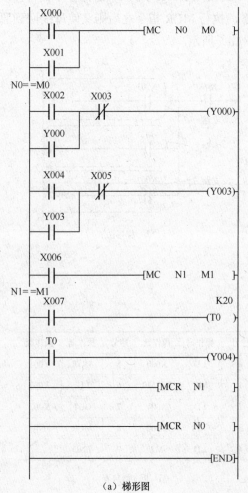

（a）梯形图

序号	操作码	操作数	序号	操作码	操作数
0	LD	X000	10	OUT	Y003
1	OR	X001	11	LD	X006
2	MC	N0 M0	12	MC	N1 M1
3	LD	X002	13	LD	X007
4	OR	Y000	14	OUT	T0 K20
5	ANI	X003	15	LD	T0
6	OUT	Y000	16	OUT	Y004
7	LD	X004	17	MCR	N1
8	OR	Y003	18	MCR	N0
9	ANI	X005	19	END	

（b）指令语句表

图 4.73　主控指令说明 2

指令说明：

1）MC、MCR 指令的目标元件为 N、M，但不能用特殊辅助继电器。

2）主控触点在梯形图中与一般触点垂直，如图 4.73（a）中的 N0 M0；主控触点是与左母线相连的常开触点，是控制一组电路的总开关，与主控触点相连的触点必须用 LD 或 LDI 指令。

3）主控指令（MC）后，母线（LD、LDI）临时移到主控触点后，MCR 为其将临时母线返回原母线位置的指令。

4）MC 指令后，必须用 MCR 指令使临时左母线返回原来位置。

4.4.3　定时器应用扩展

由于定时器有一定的定时范围，在实际应用中如果需要定时时间比较长，那就需要对定时器的定时范围进行扩展，这里介绍两种定时器的扩展方法。

1. 定时器与定时器的组合使用

在使用定时器的时候，需要超出定时器定时设定的范围，可通过定时器串联的方法实现扩充设定值的目的，如图 4.74 所示。图中通过两个定时器的串联使用，可以实现延时 1500s。在图中 T0 的设定值是 800s，T1 的设定值是 700s。当 X000 闭合时，T0 就开始计时，当达到 800s 时，T0 的常开触点闭合，使 T1 得电开始计时，再延时 700s 后，T1 的常开触点闭合，Y000 的线圈得电，从而获得延时 1500s 的输出信号。

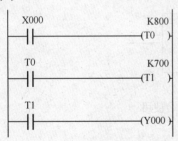

（a）梯形图

序号	操作码	操作数	序号	操作码	操作数
0	LD	X000	3	OUT	T1 K700
1	OUT	T0 K800	4	LD	T1
2	LD	T0	5	OUT	Y000

（b）指令语句表

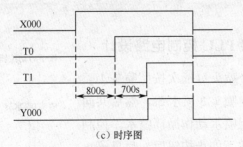

（c）时序图

图 4.74　定时器与定时器的组合使用

2．定时器与计数器的组合使用

如图 4.75 所示为定时器和计数器的组合使用，该电路可以获得（150×100）s 的延时。图中 T0 的设定值为 100s，当 X000 闭合时，T0 线圈得电并开始计时。100s 后，T0 的常闭触点断开，使 T0 自动复位。T0 复位后（其常闭触点又回到闭合状态）又可以使 T0 线圈再次得电并计时 100s。所以 T0 的常开触点每隔 100s 闭合一次，计数器 C0 就记数一次。当计数达到 150 次时，C0 的常开触点闭合，使 Y000 线圈接通得电。当 X001 闭合时，则会执行 C0 复位指令，使 C0 复位并使得 Y000 线圈断电。

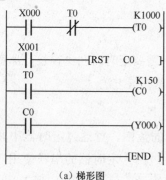

（a）梯形图

序号	操作码	操作数	序号	操作码	操作数
0	LD	X000	8	LD	T0
1	ANI	T0	9	OUT	C0 K150
2	OUT	T0 K1000	12	LD	C0
5	LD	X001	13	OUT	Y000
6	RST	C0	14	END	

（b）指令语句表

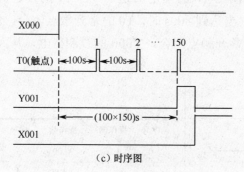

（c）时序图

图 4.75　定时器和计数器的组合使用

任务实施

4.4.4　花式喷泉 PLC 控制电路设计

本任务要实现三个喷头口依次按照喷头 1 喷水 3s，喷头 2 喷水 4s，喷头 3 喷水 5s，然后共同喷水 6s，之后重复以上喷水动作循环喷水。控制示意如图 4.76 所示。按下停止按钮后，喷泉停止喷水。

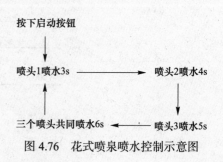

图 4.76　花式喷泉喷水控制示意图

1. 设计思路

由控制要求可知，需要两个输入端口、启动按钮、停止按钮、三个输出端口（喷头 1、2、3 控制阀门），并由此设计出 I/O 地址分配和 PLC 接线图，然后设计程序，导入程序，进行实物连接。在程序设计时，可以先用三个基本的启保停控制电路来控制三个输出继电器，并给每个输出继电器并联一个定时器，让输出继电器在接通的同时相应的定时器也开始定时工作，然后在其他电路中引入互锁，保证三个喷水阀门依次打开。当定时器计时时间到，使用定时器的常开触点作为下一个电路接通的触发条件，由此绘出 PLC 梯形图程序。

2. PLC 的 I/O 地址分配

PLC 的 I/O 地址分配见表 4.11。

表 4.11　PLC 的 I/O 地址分配

输入信号		输出信号	
元件名称	输入点	元件名称	输出点
启动按钮 SB1	X000	喷头 1	Y000
停止按钮 SB2	X001	喷头 2	Y001
		喷头 3	Y002

3. 接线图

PLC 控制电路接线图如图 4.77 所示。

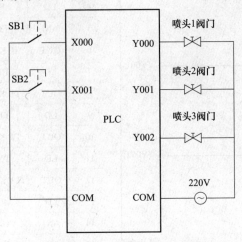

图 4.77　PLC 控制电路接线图

4. PLC 程序设计

花式喷泉控制电路的梯形图程序如图 4.78 所示。当按下启动按钮 SB1 时，X000

闭合，置位指令把中间继电器 M0 置 1，喷头 1 开始喷水；与此同时定时器 T0 开始计时，3s 后 T0 计时时间到，T0 的常开触点闭合，启动定时器 T1，喷头 2 开始喷水，同时 T0 常闭触点打开，喷头 1 关闭；4s 后 T1 计时时间到，T1 常开触点闭合，喷头 3 开始喷水，同时启动定时器 T2，T1 常闭触点打开，关闭喷头 2；5s 后 T2 计时时间到，T2 常开触点闭合，喷头 3 开始喷水，同时启动定时器 T3，常闭触点打开，喷头 3 关闭；T3 时间到，启动三个喷头，同时清零定时器 T0……如此循环，喷头 1、2、3 依次喷水。当按下停止按钮 SB2 时，喷泉停止喷水。

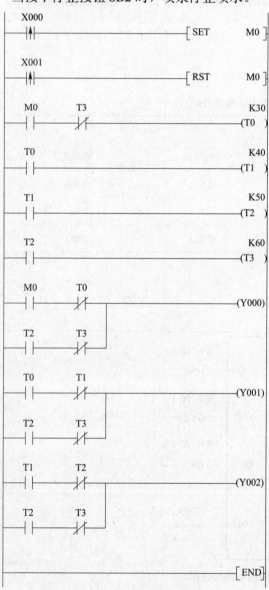

（a）梯形图

序号	操作码	操作数	序号	操作码	操作数
0	LDP	X000	16	ANI	T3
1	SET	M0	17	ORB	
2	LDP	X001	18	OUT	Y000
3	RST	M0	19	LD	T0
4	LD	M0	20	ANI	T1
5	ANI	T3	21	LD	T2
6	OUT	T0 K30	22	ANI	T3
7	LD	T0	23	ORB	
8	OUT	T1 K40	24	OUT	Y001
9	LD	T1	25	LD	T1
10	OUT	T2 K50	26	ANI	T2
11	LD	T2	27	LD	T2
12	OUT	T3 K60	28	ANI	T3
13	LD	M0	29	ORB	
14	ANI	T0	30	OUT	Y002
15	LD	T2	31	END	

（b）指令语句表

图 4.78　花式喷泉控制电路的梯形图和指令语句表

任务评价

完成花式喷泉 PLC 控制电路设计任务评价表 4.12。

表 4.12 花式喷泉 PLC 控制电路设计任务评价表

	评价项目及标准	配分	自评	互评	师评	总评
知识与技能	能掌握梯形图的逻辑关系和工作原理	10				
	能设计 PLC 的外部 I/O 接线图	10				
	能设计编写 PLC 梯形图	5				
	能完成 PLC 控制花式喷泉电路设计接线与调试	25				
	根据任务要求，自检互检，并调试电路	20				
实习过程	1. 按照 7S 要求，安全文明生产 2. 出勤情况 3. 积极参与完成任务，积极回答课堂问题 4. 学习中的正确率及效率	30				
合计		100				
简要评述						

单元小结

1. FX2N 系列 PLC 中，X 代表输入继电器，Y 代表输出继电器，M 代表辅助继电器，SPM 代表专用辅助继电器，T 代表定时器，C 代表计数器，S 代表状态继电器，D 代表数据寄存器等。其常用的基本指令有 LD、AND、OR、LDI、ANI、ORI、INV、OUT 指令，还有堆栈指令、脉冲指令、块指令。

2. FX2N 系列 PLC 的辅助继电器按照其功能分成通用辅助继电器、断电保持辅助继电器、特殊辅助继电器。定时器分为普通定时器、积算定时器。定时器计时的过程，其实就是记录时钟脉冲个数的过程。由于每个时钟脉冲都有单位（100ms、10ms、1ms），因此定时器的定时值 t = 脉冲单位 × 脉冲个数。计数器可分为 16 位递加计数器和 32 位双向计数器和高速计数器。计数器是用来记录脉冲个数的，计数值达到设定值时，计数器的触点动作。

3. 绘制梯形图原则如下。

1）梯形图中左、右两边的垂直线分别称为起始母线（左母线）、终止母线（右母线）。每一逻辑行必须从左母线开始画起，右母线可以省略。

2）梯形图按行从上至下编写，每一行按从左至右顺序编写，即梯形图的各种符号，要以左母线为起点，右母线为终点（可允许省略右母线）。绘制梯形图要从左向右分行绘出。每一行的开始是触点群组成的"工作条件"，最右边是线圈表达的"工作结果"。自上而下分行依次绘制。

3）每个梯形图由多个梯级组成，每个输出元素可构成一个梯级，每个梯级可由多个支路组成，每个梯级必须有一个输出元件。

4）梯形图的触点有两种，即常开触点和常闭触点。触点应画在水平线上，不能画在垂直分支线上。每一触点都有自己的特殊标记，以示区别。同一标记的触点可以反复使用，次数不限。这是由于每一触点的状态一旦被存入 PLC 的存储单元，就可以反复读写。

5）梯形图的触点可以任意串、并联，而输出线圈只能并联、不能串联。

6）一个完整的梯形图程序必须用"END"结束。

4. 梯形图编程注意事项及技巧如下。

1）线圈与右母线之间不能有任何触点，触点只能画在水平线上，不能画在垂直分支上。

2）同一编号的输出元件在一个程序中使用两次，即形成双线圈输出，这样容易引起误操作，应该尽量避免，但不同编号的输出元件可以并行输出。

3）梯形图的左母线与线圈之间一定要有触点，即线圈不能直接与左母线相连。

4）适当安排编程顺序，以减小程序步数。

5）不能编程的电路应进行等效变换后再编程。

5. 学习 PLC 控制的电动机正反转、Y－△降压启动、花式喷泉控制电路可知，PLC 编程步骤为：首先分析电路原理和控制要求并确定输入输出地址分配表，然后画出 PLC 接线图，绘制梯形图，写出指令语句表。

思考与练习

1. PLC 有哪些种类的常用软继电器？分别写出这些软继电器的字母代号。

2. 画出表 4.13 和表 4.14 所示指令语句对应的梯形图。

表 4.13   指令语句表 1

序号	操作码	操作数	序号	操作码	操作数	序号	操作码	操作数
0	LD	X000	8	ANI	X004	16	OUT	Y002
1	MPS		9	LD	X005	17	LD	X010
2	LD	X001	10	AND	X006	18	ORI	X011
3	OR	X002	11	ORB		19	ANB	
4	ANB		12	ANB		20	OUT	Y003
5	OUT	Y000	13	OUT	Y001	21	END	
6	MRD		14	MPP				
7	LDI	X003	15	AND	X007			

表 4.14   指令语句表 2

序号	操作码	操作数	序号	操作码	操作数	序号	操作码	操作数
0	LD	X000	6	ANI	X005	12	AND	M1
1	ANI	X001	7	LDI	X006	13	ORB	Y002
2	LD	X002	8	AND	X007	14	ANI	M2
3	AND	X003	9	ORB		15	OUT	Y004
4	ORB		10	ANB		16	END	
5	LD	X004	11	LD	M0			

3．分析如图 4.79 所示梯形图程序并画出时序图。

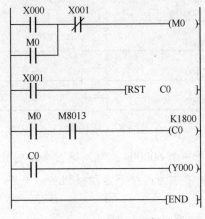

图 4.79   梯形图程序

4．根据如图 4.80 和图 4.81 所示两个梯形图列写 PLC 的指令语句表。

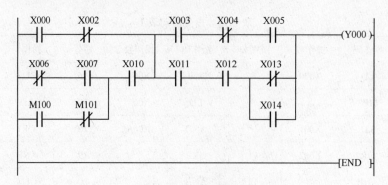

图 4.80　梯形图 1

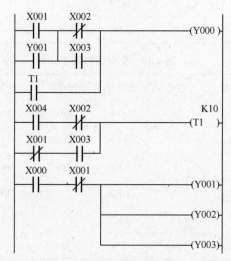

图 4.81　梯形图 2

5. 请按如图 4.82 所示时序图绘制梯形图和指令语句表。

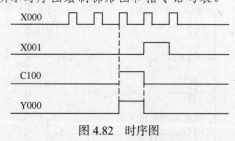

图 4.82　时序图

6. 采用计数器指令编写一个 60000s 长时间延时电路的指令语句表。

7. 有一个指示灯，控制要求为：按下启动按钮后，亮 5s 灭 5s，重复 5 次后停止。试设计梯形图。

8. 已知两台电动机顺序启动控制电路的电气原理图如图 4.83 所示，请根据电气原理图设计 PLC 程序。

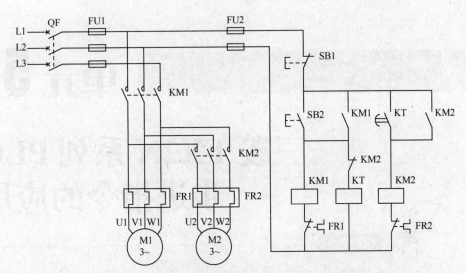

图 4.83　两台电动机顺序启动控制电路电气原理图

9. 设计抢答器显示系统，依次完成绘制 I/O 分配表、绘制输入输出接线图、画出梯形图并上机调试程序。其设计的控制要求如下：

1）竞赛者若要回答主持人提出的问题，必须抢先按下按钮。

2）指示灯亮后，需等到主持人按下复位按钮 SB4 后才熄灭，为了给参赛儿童一些优待，SB11 和 SB12 中任意一个按钮按下时，灯 L1 都亮；而为了对教授组做一定的限制，L3 只有在 SB31 和 SB32 都按下时才亮。

3）如果竞赛者在主持人打开 SB0 开关的 10s 内按下按钮，电磁阀将使彩球摇动，以使竞赛者得到一次幸运机会。

单元 5

三菱 FX2N 系列 PLC
步进指令的应用

单元向导

　　前文已经系统地介绍了梯形图的设计方法，这种方法绝大多数是采用经验设计，从传统的继电器逻辑设计方法继承而来，称之为经验法。经验法主要是根据设计者的经验对控制电路进行 PLC 设计，各元件之间的逻辑关系存在不确定性，阅读、设计程序都需要花费大量的精力。此外，经验法仅用于简单的、单一顺序问题的程序设计，且设计没有一定的规律可循，对于比较复杂的程序，设计起来就显得较为困难，而对具有并发顺序、选择顺序的问题就更显得无能为力。因此必须学习一种能解决更广泛顺序类型问题的程序设计方法——顺序功能图法。

　　顺序功能图是描述控制系统的控制过程、功能和特性的一种图形，它最初很像一种工艺性的流程图，并不涉及所描述控制功能的具体技术，是一种通用的技术语言。本单元着重介绍顺序功能图的编写方法、STL 功能图的分类及设计方法，并举例说明步进指令的含义及其应用。

认知目标

1. 能正确说出顺序功能图的组成，结构及其特点。
2. 能熟练叙述步进指令（STL 和 RET 指令）的使用方法及注意事项。
3. 能掌握顺序功能图转换为梯形图的方法。
4. 能列出顺序功能图的三种结构形式，并能区分并发顺序和选择顺序 STL 功能图。

技能目标

1. 能根据任务要求，正确划分步、确定转移条件、绘制顺序功能图。
2. 能熟练将顺序功能图转换为梯形图
3. 能熟练使用步进指令编写 PLC 程序。
4. 能正确分析任务要求，并进行 I/O 分配。
5. 能正确规范地画出任务的 PLC 外部接线图。
6. 根据任务要求，熟练使用顺序控制设计法设计基本的 PLC 控制系统。

任务 5.1　两台电动机顺序启动 PLC 控制电路设计

现某企业委托我们设计两台电动机顺序启动的 PLC 控制系统，要求电动机 M1 启动后，电动机 M2 才能启动，若 M1 不启动则 M2 不能启动。两台电动机同时停止。

在本任务中，实现两台电动机顺序控制的具体控制要求：按下启动按钮后，电动机 M1 开始启动，10s 后电动机 M2 开始启动；若 M1 不启动则 M2 无法启动。按下停止按钮，两台电动机同时停止。由控制要求可知，电动机的启动顺序是按照时间顺序控制原则进行的。

前面我们学习了利用 FX2N 系列 PLC 基本指令实现两台电动机顺序启动的 PLC 程序设计，现在我们学习利用一种新的 PLC 程序的设计方法——顺序功能图法来解决两台电动机顺序启动控制的程序设计问题，该方法可以非常方便地解决那些对工作顺序要求严格且比较复杂的程序设计问题。

认知目标：

1. 能正确说出顺序功能图的组成、结构及其特点。
2. 能熟练叙述步进指令（STL 和 RET 指令）的使用方法及注意事项。
3. 能掌握顺序功能图转换为梯形图的方法。
4. 能正确区分出单一顺序 STL 功能图。

技能目标：

1. 能正确使用步进指令编写程序。
2. 能熟练地将单一顺序 STL 功能图转换为梯形图。
3. 能正确分析两台电动机顺序启动的任务要求，进行 I/O 分配，并画出外部接线图。
4. 能正确规范地画出本任务的顺序功能图。
5. 能使用顺序控制设计法设计本任务的 PLC 控制系统。

5.1.1　顺序控制系统

如果一个控制系统可以分解成几个独立的控制动作或工序，且这些动作或工序必须严格按照一定的先后次序执行才能保证生产的正常进行，这样的控制系统称为顺序控制系统。顺序控制系统中控制动作总是一步一步按顺序进行的。

5.1.2　顺序控制功能图

1. 概述

顺序控制功能图简称顺序功能图。功能表图法在 PLC 程序设计中有以下两种用法。

1）直接根据功能图的原理研制 PLC，即将功能图作为一种编程语言直接使用。目前已有此类产品，多数应用在大、中型 PLC 上，其编程主要通过 CRT 终端，直接使用功能图输入控制要求。

2）用功能图说明 PLC 所要完成的控制功能，然后再据此找出逻辑关系并画出梯形图。这种用法较多，本任务主要学习这种方法。

2. 功能图的基本概念

顺序功能图 SFC 就是描述控制系统的控制过程、功能及特性的一种图形。顺序功能图的三要素是步、有向线段与转移条件。

（1）步

在功能表图中，步通常表示某个或某些执行元件的状态。步又分成起始步、动步和静步，其符号如图 5.1 所示。

1）起始步。用双线框表示，一般用矩形框表示，矩形框中用数字表示步的编号。起始步对应于控制系统的初始状态，是系统运行的起点。一个控制系统至少要有一个起始步。起始步符号如图 5.2 所示。

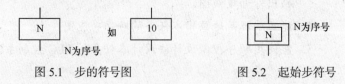

图 5.1　步的符号图　　　　　图 5.2　起始步符号

2）步对应的动作。步是一个稳定的状态，表示过程中的一个动作。在该步的右边用一个矩形框表示，如图 5.3（a）所示。当一个步对应多个动作时，可用图 5.3（b）和图 5.3（c）表示。

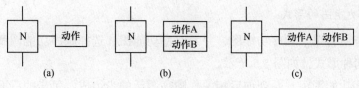

图 5.3　步对应动作示意图

☀ 小提示

　　这里所讲的步可以理解为先后的步骤。比如说，早上起床后的计划为第一步，洗脸；第二步，刷牙；第三步，吃早饭……在顺序控制中，控制的过程也有先后步骤，在每一步中完成某一项工作。各个步（步骤）顺序连起来即形成整个控制系统。

　　（2）有向线段

　　在控制系统中，步是变化的、按序向下转移的，其转移的方向按有向线段规定的路线进行。习惯上从上到下、由左至右；否则，应在有向线段上用箭头标明转移方向。

　　（3）转移条件

　　步的转移是有条件的，转移条件在有向线段上画一短横线表示，如图 5.4 所示，横线旁边注明转移条件。当转移条件满足时，会自动地从上一步向下一步转移，即上一步执行的动作结束，转而执行下一步的动作。转移条件是实现成功转移的必要条件，通常用文字、逻辑方程及符号表示。常用的符号有 3 种：表示转移条件中各个因素之间是"与"关系时，用 & 表示；各个因素之间是"或"关系时，用 ≥ 表示；转移条件永远成立时，用 =1 表示。常用输入继电器、定时器和辅助继电器等作为转移条件。

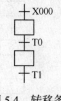

图 5.4　转移条件示意图

☀ 小知识

　　顺序功能图中的步分为动步和静步。动步是指控制系统当前正在运行的步或阶段，也称为活动步；静步是指控制系统当前没有运行的步或阶段。当系统处于活动步且转移条件也满足时，系统就会由上一步向下一步转移。

　　3．功能图的构成规则

　　画顺序功能图必须遵循以下规则：

　　1）步与步不能直接相连，必须使用转移条件分开。

　　2）转移与转移不能相连，必须用步分开。

　　3）步与步之间的连接采用有向线段从上至下或由左至右画出，可以省略箭头。当有向线段从下至上或由右至左时，必须画出箭头以明示方向。

　　4）至少有一个起始步。

4. 顺序功能图的形式

顺序功能图有单一顺序功能图、并发顺序功能图、选择顺序功能图和循环与跳转顺序功能图四种形式，如图 5.5 所示。

单一顺序功能图由一系列前后相关、顺序激活的步组成，每步的后面紧接一个转移，每个转移后面只有一个步，即从上到下一串排开，如图 5.5（a）所示；并发顺序功能图是指在某一转移条件下（X001）同时启动若干个单一顺序（4 步和 6 步），这若干个单一顺序完成各自相应的动作后同时转移到并行结束的下一步，如图 5.5（b）所示；选择顺序功能图是指在一步之后（5 步）有若干个单一顺序等待选择，而一次仅能选择一个单一顺序（6 步或 8 步）执行，即存在选择的优先权，因此必须对各个转移条件加以约束，如图 5.5（c）所示；循环与跳转顺序功能图表示顺序控制跳过某些状态和重复执行（2 步到 4 步，5 步到 2 步），其中的重复执行用箭头表示，如图 5.5（d）所示。

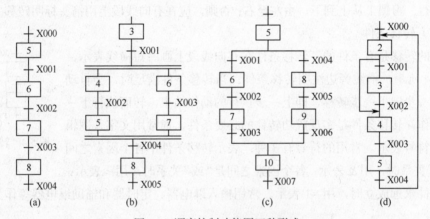

图 5.5   顺序控制功能图四种形式

5. 功能图设计举例

图 5.6 所示为运料小车在甲、乙两地之间运动的示意图。按下启动按钮后，小车向左前进，到达甲地时压下前限位开关，小车马上转而开始后退，向乙地运行。到达乙地时压下后限位开关，小车停留 5s（此为一遍循环），然后又转而前进，如此循环；按下停止按钮后，小车此遍循环完成后停止。

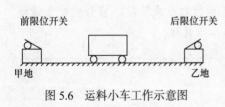

图 5.6   运料小车工作示意图

1）系统要用到启动按钮、停止按钮、前限位开关和后限位开关，因此需要 4 个输入继电器。小车有前进、后退两个方向，因此需要两个输出继电器。该控制系统有 4 种状态，分别为初始、前进、后退和延时，各个状态之间的转移条件分别为启动按钮、前限位开关、后限位开关和定时器。

2）PLC 的 I/O 地址分配见表 5.1。

表 5.1   I/O 地址分配表

输入点		输出点	
启动按钮（前进）	X000	前进	Y000
停止按钮	X001	后退	Y001
前限位开关	X002		
后限位开关	X003		

3）运料小车的顺序功能图如图 5.7 所示。

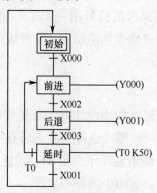

图 5.7   运料小车顺序功能图

5.1.3   步进指令

1. 状态寄存器

根据顺序功能图可以编制 PLC 梯形图程序或指令语句表程序，这就需要使用步进指令，而步进指令需要使用状态寄存器来实现顺序控制功能图所表达的程序执行过程。

在 FX2N 系列 PLC 中，共有 1000 个状态寄存器（S0 ～ S999），简称状态器。状态器是 PLC 在顺序控制系统中实现控制的重要内部元件，是表示系统所处于某种状态的一种继电器。状态器与辅助继电器一样，有无数的常开触点和常闭触点，在顺控程序内可任意使用。当状态器不用于步进顺序控制时，它也可作为辅助继电器使用。状态器可分成五类，其编号及点数如下。

1）初始状态器：S0 ～ S9（10 点）。

2）回零状态器：S10 ～ S19（10 点）。

3）通用状态器：S20 ～ S499（480 点）。

4）保持状态器：S500 ～ S899（400 点）。

5）报警状态器：S900 ～ S999（100 点）。

2. 步进指令

在 FX2N 系列 PLC 中只有两条步进指令：STL 指令和 RET 指令。STL 和 RET 指令必须与状态器 S 配合使用才具有步进功能。STL 也称为步进触点指令（占一步），其梯形图符号用 —[STL　Sxx]— 表示，称之为 STL 触点，没有动断触点。

STL 为步进开始指令，其含义为激活某个状态。STL 接点与左母线连接。使用 STL 指令后，使当前状态置位，则前一状态自动复位。此时左母线相当于移至 STL 触点之后，因此与 STL 相连的起始接点要用 LD、LDI 指令，一直到出现下一个 STL 指令或者出现 RET 指令时左母线才恢复到原位。也就是说，当 STL 触点闭合后，与此相连的电路就可以执行；当 STL 触点断开时，与此相连的电路就停止执行。STL 触点由接通转为断开，还要执行一个扫描周期。

RET 为步进结束指令，其梯形图符号用 —[RET]— 表示。在一系列 STL 指令之后必须使用 RET 指令，以表示步进指令功能结束，左母线恢复至原位。通常 RET 指令要与 STL 指令配合使用。

3. STL 功能图的形式

使用 STL、RET 步进指令进行程序设计时，首先要根据控制系统的具体要求，画出相应的顺序功能图——STL 功能图（也称为状态转移图），再根据步进指令的规则写出相应的 STL 梯形图和指令语句表程序。在 STL 功能图中，每一步就是一种状态。因此可以用状态器来表示 STL 功能图中的每一步。

STL 功能图有单一顺序 STL 功能图、选择顺序 STL 功能图、并发顺序 STL 功能图和跳转与循环顺序 STL 功能图 4 种形式。在顺序控制系统中，经常遇到选择顺序、并行顺序和跳转与循环顺序及三者的组合，这些情况称为多流程步进控制。本任务主要介绍单一顺序 STL 功能图和跳转与循环顺序 STL 功能图的应用。并发顺序 STL 功能图、选择顺序 STL 功能图分别在任务 2 和任务 3 中学习。

（1）单一顺序 STL 功能图

图 5.8（a）所示 S0 表示初始状态，S20 表示 Y000、Y001 输出及定时器 T0 开始定时的状态，S21 表示 Y002 输出及定时器 T1 开始定时的状态，S22 表示 Y003、Y004 输出的状态。当条件 X000 满足时，系统进入 S0 状态并保持在此状态（即将 S0 状态置位）。当 X001 满足时，系统会自动地由 S0 状态转移到 S20 状态，此时 S20 状态保持（置位），输出为 Y000、Y001 和 T0，而 S0 状态会自动复位。当 T0 满足时，系统会自动由 S20 状态转移到 S21 状态，此时 S21 状态保持（置位），输出为 Y002 和 T1，而 S20 状态会自动复位。当 T1 满足时，系统会自动由 S21 状态转移到 S22 状态，输出为 Y003 和 Y004，此时 S22 状态保持（置位），而 S21 状态会自动复位。

（2）跳转与循环顺序 STL 功能图

表示顺序控制跳过某些状态和重复执行。当系统处于 S21 状态并满足 X005 时，由 S22 转移至 S21 状态，当系统处于 S22 状态并满足 X004 时，也会由 S22 转移至 S20 状态，如图 5.8（b）所示。

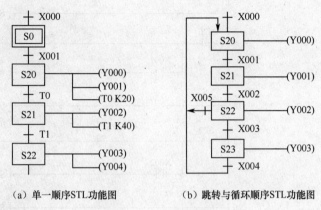

（a）单一顺序STL功能图   （b）跳转与循环顺序STL功能图

图 5.8 STL 功能图

4．步进指令使用说明

1）STL 指令仅对 S 状态器的常开触点起作用，且必须与左母线直接相连。其触点可以直接或通过其他元件去驱动 Y、M、S、T 等元件的线圈，使之复位或置位。但 STL 触点的本身只能用 SET 指令驱动。

2）STL 指令完成的是步进功能，所以当后一个触点闭合时，前一个触点便自动复位，因此在 STL 触点的电路中允许双线圈输出。

3）STL 指令在同一个程序中对同一状态寄存器只能使用一次。

4）在时间顺序步进控制电路中只要不是相邻步进工序，同一个定时器可以在不同的步进工序中使用，这样可以节省定时器。

5．步进指令应用实例

图 5.9（a）所示为 STL 功能图，图 5.9（b）所示为相应的 STL 梯形图。工作过程：PLC 上电瞬间辅助继电器 M8002 立刻由 OFF 变为 ON 状态，此时系统进入初始状态，S0 被置位；当满足转移条件 X000 时，S20 被置位，输出 Y000，S0 自动复位；当满足转移条件 X001 时，S21 被置位，输出 Y001，S20 自动复位；当满足转移条件 X002 时，S22 被置位，输 Y002，S21 自动复位；当满足转移条件 X003 时，S23 被置位，输出 Y003，S22 自动复位；当满足转移条件 X004 时，系统重新回到初始状态 S0。在 STL 梯形图中，用 SET 指令置位，OUT 指令驱动输出。

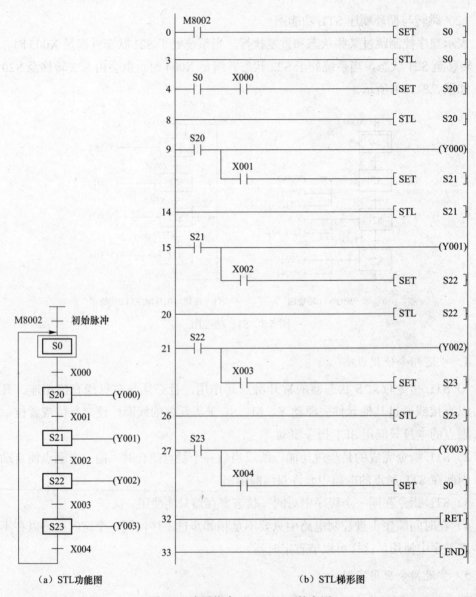

（a）STL功能图　　　　　　（b）STL梯形图

图 5.9　步进指令 STL、RET 的应用

☀ 小提示

　　运用步进指令编写顺序控制程序时，首先应确定整个控制系统的流程，然后将复杂的任务或过程分解成若干个工序步骤（状态），最后弄清各工序步骤成立的条件、转移的条件和转移的方向，这样就可画出单流程顺序功能图或状态转移图。

　　在将 STL 功能图转换为 STL 梯形图时，首先要注意初始步的进入条件。初始步一般由系统的结束步控制进入，以实现顺序控制系统连续循环动作的要求。但是在 PLC 初次上电时，必须采用其他方法预先驱动初始步，使之处于工作状态。常用的有辅助继电器 M8002、初始状态指令 IST 等。

任务实施

5.1.4　两台电动机顺序启动 PLC 控制电路设计

两台电动机顺序启动 PLC 控制电路的要求：电动机 M1、M2 相隔 10s 顺序启动，M1、M2 同时停止。只要 M1、M2 其中任何一台电动机过载，两台电动机同时停止。

1. 设计思路

由任务要求可知此控制为顺序控制，两台电动机顺序控制中有 3 个状态：①初始状态；②电动机 M1 启动，同时定时器开始计时并延时 10s；③电动机 M2 启动。状态①的驱动由辅助继电器 M8002 实现；状态②的驱动由启动按钮 SB2 实现；状态③的驱动由定时器 T 实现。因此可以利用 STL 功能图和 STL 梯形图进行程序设计。

2. PLC 的 I/O 地址分配

据控制要求分析，两台电动机顺序启动 PLC 控制系统有 4 个输入点、2 个输出点。PLC 的 I/O 地址分配见表 5.2。

表 5.2　PLC 的 I/O 地址分配

输入信号		输出信号	
元件名称	输入点	元件名称	输出点
启动按钮 SB1	X000	接触器 KM1	Y000
停止按钮 SB2	X001	接触器 KM2	Y001
热继电器 FR1	X002		
热继电器 FR2	X003		

3. 主电路和 PLC 控制电路接线图

顺序控制的主电路和 PLC 控制电路接线图如图 5.10 所示。

4. PLC 程序设计

STL 功能图如图 5.11（a）所示，STL 梯形图和指令语句表如图 5.11（b）和图 5.11（c）所示。PLC 系统上电，使用 M8002 产生初始化脉冲，首先使 S0 ～ S21 状态器复位（ZRST 指令为批复位指令），再将 S0 置位。当按下启动按钮 X000 时，状态由 S0 转到 S20，Y000 得电（同时 S0 复位），M1 运转，且定时器 T0 开始计时，10s 后 T0 动作，其动合触点闭合，状态转入 S21（同时 S20 复位），输出 Y000、Y001 均得电，M1、M2 一起运转起来。当按下停止按钮 X001，状态转移到 S0，实现电动机的停转。

　　若电动机 M1、M2 任意一台发生过载，即复位状态器 S0 ~ S21，并置位 S0，实现过载保护。

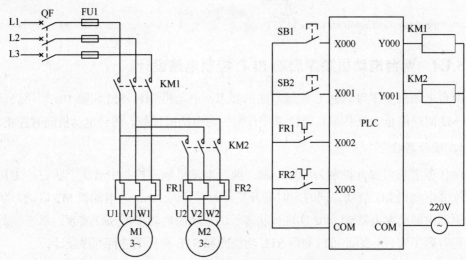

图 5.10　主电路和 PLC 控制电路接线图

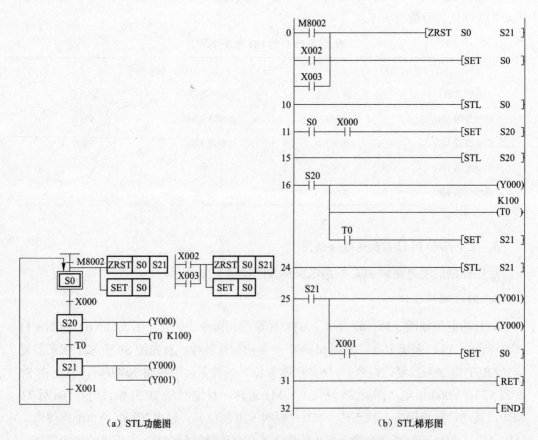

（a）STL 功能图　　　　　　　　　　　　　（b）STL 梯形图

图 5.11　两台电动机顺序启动的 STL 功能图、梯形图和指令语句表

序号	操作码	操作数	序号	操作码	操作数
0	LD	M8002	18	OUT	T0 K100
1	OR	X002	21	AND	T0
2	OR	X003	22	SET	S21
3	ZRST	S0 S21	24	STL	S21
8	SET	S0	25	LD	S21
10	STL	S0	26	OUT	Y001
11	LD	S0	27	OUT	Y000
12	AND	X000	28	AND	X001
13	SET	S20	29	SET	S0
15	STL	S20	31	RET	
16	LD	S20	32	END	
17	OUT	Y000			

(c) 指令语句表

图 5.11（续）

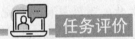

完成两台电动机顺序启动 PLC 控制电路设计任务评价表 5.3。

表 5.3   两台电动机顺序启动 PLC 控制电路设计任务评价表

	评价项目及标准	配分	自评	互评	师评	总评
知识与技能	能熟练叙述步进指令的使用方法及注意事项，并使用其编程	10				
	能正确说出顺序功能图的结构组成，并正确画出本任务的顺序功能图	10				
	能熟练地将单一顺序状态转移图转换梯形图	10				
	能正确进行 I/O 分配，并规范画出外部接线图	15				
	能使用顺序控制设计法设计本任务的 PLC 系统	25				
实习过程	1. 按照 7S 要求，安全文明生产 2. 出勤情况 3. 积极参与完成任务，积极回答课堂问题 4. 学习中的正确率及效率	30				
合计		100				
简要评述						

任务 5.2　机械手 PLC 控制电路设计

工业机械手是现代控制理论与工业生产自动化实践相结合的产物，是提高生产过程自动化、改善劳动条件、提高产品质量和生产效益的有效手段之一。尤其在高温、高压、粉尘、噪声以及带有放射性和污染的场合，应用更为广泛。某企业委托我们设计机械手的 PLC 控制系统，要求机械手动作灵活，可以实现空间抓放、搬运物体等功能。

机械手是能够模仿人手动作，并按设定程序、轨迹和要求代替人手抓（吸）取、搬运工件（工具）或进行操作的自动化装置，它能部分的代替人的手工劳动。较高级形式的机械手，还能模拟人的手臂动作，完成较复杂的作业。

在本任务中机械手的全部动作由气压驱动，气缸由电磁阀控制，对于上升下降、左移右移，其运动由双线圈两位电磁阀控制，即上升电磁阀得电时机械手上升，下降机械阀得电时机械手下降。对于夹紧或放松，其运动由单线圈两位电磁阀控制，线圈得电时机械手夹紧，断电时机械手放松。

认知目标：

1. 能熟练掌握步进指令（STL 和 RET 指令）的使用方法及注意事项。
2. 能掌握顺序功能图转换为梯形图的方法。
3. 能正确举例说明单一顺序 STL 功能图。

技能目标：

1. 能正确分析任务要求，进行 I/O 分配，并画出外部接线图。
2. 能正确规范地画出本任务的顺序功能图。
3. 能熟练地将顺序功能图转换为梯形图。
4. 能使用顺序控制设计法完成本任务的 PLC 系统设计。

任务准备

如图 5.12 所示为机械手动作示意图，气动机械手由 A、B、C 三个气缸组成。按下启动按钮 SB1，系统开始工作，其工作过程按照如图 5.12 所示（1）、（2）、（3）、（4）、（5）、（6）顺序，当接近开关 SB0 检测到有物体时，气缸 A 向左运行；到极限位置 SB2 后，气缸 B 向下运行，直到极限位置 SB4 为止；接着手指气缸 C 抓住物体，延时 1s；1s 后气缸 B 向上运行，到极限位置 SB3 后，气缸 A 向右运行；到极限位置 SB1 时，手指气缸 C 释放物体，并延时 1s，完成搬运工作。按下停止按钮 SB2，系统完成当前的工作循环后才停止工作。

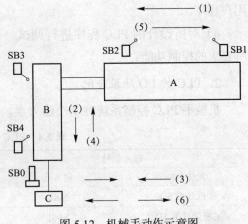

图 5.12 机械手动作示意图

电磁阀 YV1 通电后气缸 A 向左运行，电磁阀 YV2 通电后气缸 A 向右运行，电磁阀 YV3 通电后气缸 B 向下运行，电磁阀 YV4 通电后气缸 B 向上运行，电磁阀 YV5 通电后气缸 C 夹紧，电磁阀 YV5 断电时气缸 C 松开。

具体的控制要求如下。

1）按下启动按钮 SB1，气动机械手开始按如下顺序工作。

① 当接近开关 SB0 检测到有物体时，气缸 A 开始向左运行。

② 到极限位置 SB2 时，气缸 A 停止向左运行，气缸 B 开始向下运行。

③ 到极限位置 SB4 时气缸 B 停止向下运行，手指气缸 C 抓住物体，并延时 1s。

④ 延时 1s 后，气缸 B 开始向上运行。

⑤ 到极限位置 SB3 时，气缸 A 开始向右运行。

⑥ 到极限位置 SB1 时，手指气缸 C 释放物体，并延时 1s，自动开始下一个周期。

2）按下停止按钮 SB2，气动机械手在完成当前的工作循环后才停止工作。

3）具有短路保护等必要的保护措施。

任务实施

5.2.1 机械手 PLC 控制电路设计

气动机械手控制系统也是一种典型的顺序控制系统。分析上述控制要求可知，适合运用顺序控制设计法进行设计。

1. 设计思路

1）首先，根据工艺要求确定机械手系统必须完成的动作，确定这些动作之间的关系及完成这些动作的顺序，正确划分步、条件等。

2）分配输入、输出设备，即确定哪些外围设备是送信号给 PLC 的，哪些外围设备是接收来自 PLC 的信号，对 I/O 进行分配。

3）根据机械手的动作顺序和动作要求，画出本任务的顺序控制功能图，设计 PLC

用户程序。

4）对所设计的 PLC 程序进行调试、仿真和修改，直至 PLC 完全实现机械手系统所要求的控制功能。

2. PLC 的 I/O 地址分配

机械手 PLC 控制系统有 7 个输入点，5 个输出点，PLC 的 I/O 地址分配见表 5.4。

表 5.4　PLC 的 I/O 地址分配

输入信号		输出信号	
元件名称	输入点	元件名称	输出点
接近开关 SQ0	X000	左行电磁阀 YV1	Y000
右极限开关 SQ1	X001	右行电磁阀 YV2	Y001
左极限开关 SQ2	X002	下行电磁阀 YV3	Y002
上极限开关 SQ3	X003	上行电磁阀 YV4	Y003
下极限开关 SQ4	X004	夹紧/松开电磁阀 YV5	Y004
启动按钮 SB1	X005		
停止按钮 SB2	X006		

3. PLC 控制电路的 I/O 接线图

根据表 5.4 PLC 的 I/O 地址分配情况，机械手 PLC 控制电路 I/O 接线图如图 5.13 所示。

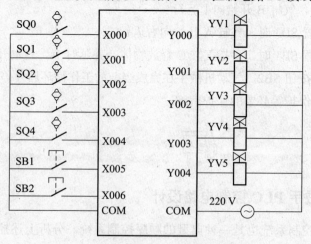

图 5.13　机械手 PLC 控制电路 I/O 接线图

4. PLC 程序设计

如图 5.14 所示为机械手 PLC 控制系统的 STL 功能图、梯形图和指令语句表。当机械手控制 PLC 加上电源，按下启动按钮 X005 时，将 S0～S37 复位，并将 S0 置位。当接近开关 X000 检测到有物体时，进入状态 S20，输出 Y000，气缸 A 开始向左运行。到极限位置 X002 时，状态进入 S21，输出 Y002，气缸 B 开始向下运行。到极限位置 X004 时，状态进入 S22，输出 Y004，手指气缸 C 抓住物体，同时定时器 T0 开始定时，时间为 1s，定时时间到状态进入 S23，输出 Y004 和 Y003，手指气缸 C 抓着物体，气缸 B 开始向上运行。到极限位置 X003 时，状态进入 S24，输出 Y004 和 Y001，手指气缸 C 继续保持，气缸 A 开始向右运行。到极限位置 X001 时，手指气缸 C 释放物体，状态进入 S25，定时器 T1 开始定时，时间为 1s，定时时间到后，状态进入 S0，当 X000 检测到物体时，自动开始下一个周期。

当按下停止按钮 X006，气动机械手在完成当前的工作循环后才停止工作。

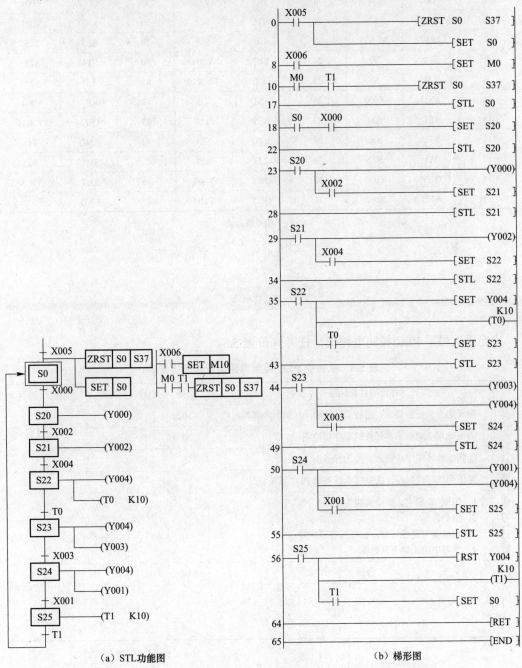

（a）STL 功能图　　　　　　　（b）梯形图

图 5.14　机械手 PLC 控制系统的 STL 功能图、梯形图和指令语句表

序号	操作码	操作数	序号	操作码	操作数	序号	操作码	操作数
0	LD	X005	16	SET	S21	32	AND	X003
1	ZRST	S0 S37	17	STL	S21	33	SET	S24
2	SET	S0	18	LD	S21	34	STL	S24
3	LD	X006	19	OUT	Y002	35	LD	S24
4	SET	M0	20	AND	X004	36	OUT	Y001
5	LD	M0	21	SET	S22	37	OUT	Y004
6	AND	T1	22	STL	S22	38	AND	X001
7	ZRST	S0 S37	23	LD	S22	39	SET	S25
8	STL	S0	24	SET	Y004	40	STL	S25
9	LD	S0	25	OUT	T0 K10	41	LD	S25
10	AND	X000	26	AND	T0	42	RST	Y004
11	SET	S20	27	SET	S23	43	OUT	T1 K10
12	STL	S20	28	STL	S23	44	AND	T1
13	LD	S20	29	LD	S23	45	SET	S0
14	OUT	Y000	30	OUT	Y003	46	RET	
15	AND	X002	31	OUT	Y004	47	END	

（c）指令语句表

图 5.14（续）

任务评价

完成机械手 PLC 控制电路设计任务评价表 5.5。

表 5.5　机械手 PLC 控制电路设计任务评价表

	评价项目及标准	配分	自评	互评	师评	总评
知识与技能	能正确分析任务要求，进行 I/O 分配，并画出外部接线图	10				
	能正确规范地画出本任务的顺序功能图	20				
	能熟练地将顺序功能图转换为梯形图	15				
	能使用顺序控制设计法完成本任务的 PLC 系统设计	25				
实习过程	1. 按照 7S 要求，安全文明生产 2. 出勤情况 3. 积极参与完成任务，积极回答课堂问题 4. 学习中的正确率及效率	30				
合计		100				
简要评述						

任务 5.3　十字路口交通信号灯 PLC 控制电路设计

任务描述　随着我国经济的迅速发展，城市的交通日益繁忙，但是交通秩序却井然有序，十字路口的交通信号灯可谓是功不可没。一般情况下，十字路口的交通信号灯共有 12 盏，东西南北每个方向各有红、绿、黄三盏灯，南北方向的信号灯同步工作，东西方向的信号灯同步工作，而且交通灯的变化是有规律可循的。现某公司委托我们完成十字路口交通灯的 PLC 控制系统的设计，要求能正确实现南北及东西方向的红、绿、黄灯的显示。

任务分析　我们要实现十字路口的交通灯的控制，情况分析如下。

交通信号灯工作示意图如图 5.15 所示。

图 5.15　交通信号灯工作示意图

本任务要实现两种状态下的交通信号灯控制。

第一种状态：启动开关接通为 ON 时，信号灯系统开始工作；停止开关接通为 ON 时，交通信号灯系统停止工作。具体要求见表 5.6，其时序图如图 5.16 所示。

表 5.6　交通信号灯系统控制要求（一）

	信号	绿灯点亮	黄灯点亮	红灯点亮
东西	时间	23s	2s	25s
南北	信号	红灯点亮	绿灯点亮	黄灯点亮
	时间	25s	23s	2s

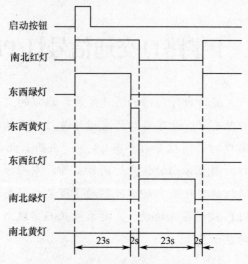

图 5.16　交通信号灯控制时序图（一）

第二种状态：交通信号灯控制要求具体见表 5.7，其中南北、东西方向的红绿灯点亮时间不对称。其时序图如图 5.17 所示。

表 5.7　交通信号灯系统控制要求（二）

	信号	绿灯点亮	绿灯闪烁	黄灯点亮	红灯点亮		
东西	时间	20s	3s	2s	30s		
南北	信号	红灯点亮			绿灯点亮	绿灯闪烁	黄灯点亮
	时间	25s			25s	3s	2s

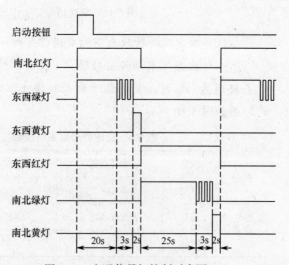

图 5.17　交通信号灯控制时序图（二）

认知目标：

1. 能正确说出并发顺序 STL 功能图的组成、结构及其特点。

2. 能掌握并发顺序 STL 功能图转换为梯形图的方法。

3. 能正确说出并发顺序 STL 功能图和单一顺序 STL 功能图的区别和联系。

技能目标：

1. 能熟练地将并发顺序 STL 顺序状态转移图转换为梯形图。

2. 能正确分析任务要求，进行 I/O 分配，并画出外部接线图。

3. 能正确规范地画出本任务的顺序功能图。

4. 能使用顺序控制设计法完成本任务的 PLC 系统设计。

5.3.1　并发顺序 STL 功能图

并发顺序 STL 功能图用双水平线表示。双水平线表示若干个顺序同时开始和结束。并发顺序是指在某一转移条件下，同时启动若干个顺序，完成各自相应的动作后，同时结束并转移到并行的下一个状态。并发顺序 STL 功能图的转移条件应标注在双水平线以外。

5.3.2　并发顺序 STL 功能图及其与 STL 梯形图的转换

并发顺序 STL 功能图如图 5.18（a）所示，其工作过程：当转移条件 X001 为 ON 时，状态同时由 S30 转移到 S31 和 S33，并使 S31 和 S33 置位，此时 S30 自动复位，之后两个分支同时执行各自的步进流程；当 X002 为 ON 时，状态从 S31 转向 S32，S31 自动复位；当 X003 为 ON 时，状态从 S33 转向 S34，S33 自动复位；当 S32 和 S34 都被置位的情况下，若 X004 为 ON 则状态转移到 S35 并使之置位，而 S32 和 S34 同时自动复位。

图 5.18（b）和图 5.18（c）所示为其对应的 STL 梯形图和指令语句表程序。在 STL 梯形图中，连续使用 STL 指令次数不能超过 8 次，即并联分支最多不能超过 8 个。

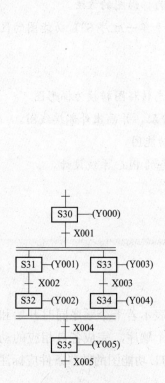

（a）并发顺序STL功能图

```
0                                                    ─[STL    S30 ]
   S30
1  ─┤├──┬──────────────────────────────────────────────(Y000)
      │  X001
      │  ─┤├──┬────────────────────────────────────────[SET    S31 ]
      │     │
      │     └──────────────────────────────────────────[SET    S33 ]
8                                                    ─[STL    S31 ]
   S31
9  ─┤├───────────────────────────────────────────────────(Y001)
      X002
      ─┤├────────────────────────────────────────────[SET    S32 ]
14                                                   ─[STL    S32 ]
   S32
15 ─┤├───────────────────────────────────────────────────(Y002)
17                                                   ─[STL    S33 ]
   S33
18 ─┤├──┬──────────────────────────────────────────────(Y003)
      X003
      ─┤├────────────────────────────────────────────[SET    S34 ]
23                                                   ─[STL    S34 ]
   S34
24 ─┤├──┬──────────────────────────────────────────────(Y004)
   S34    S32    X004
26 ─┤├────┤├─────┤├──────────────────────────────────[SET    S35 ]
31                                                   ─[STL    S35 ]
   S35
32 ─┤├──┬──────────────────────────────────────────────(Y005)
      X005
      ─┤├
```

（b）梯形图

序号	操作码	操作数	序号	操作码	操作数
0	STL	S30	16	OUT	Y003
1	LD	S30	17	AND	X003
2	OUT	Y000	18	SET	S34
3	AND	X001	19	STL	S34
4	SET	S31	20	LD	S34
5	SET	S33	21	OUT	Y004
6	STL	S31	22	LD	S34
7	LD	S31	23	AND	S32
8	OUT	Y001	24	AND	X004
9	AND	X002	25	SET	S35
10	SET	S32	26	STL	S35
11	STL	S32	27	LD	S35
12	LD	S32	28	OUT	Y005
13	OUT	Y002	29	AND	X005
14	STL	S33		…	
15	LD	S33			

（c）指令语句表

图 5.18　并发顺序 STL 功能图、梯形图和指令语句表

 任务实施

5.3.3　十字路口交通信号灯 PLC 控制电路设计

从任务分析中可知：在十字路口交通信号灯的控制方面提出了两个不同的要求，这两种控制要求均为顺序控制，即控制过程是由不同的状态组成的，而各个状态之间是按照一定的顺序规律转移的。下面分别就两种不同的控制要求，进行设计思路分析。

1. 设计思路

（1）第一种控制情况分析

1）南北红灯亮，同时东西绿灯亮（23s）。

2）南北红灯亮，东西黄灯亮（2s）。

3）南北绿灯亮，同时东西红灯亮（23s）。

4）南北黄灯亮，东西红灯亮（2s）。

这 4 种状态是按一定的时间顺序定时切换的。起始时应用初始脉冲 M8002 进入，按下启动按钮后交通信号灯开始工作，然后使用定时器作为状态之间的转移条件。由于南北方向和东西方向交通灯的工作状态是对称的，因此可以使用单一顺序 STL 功能图即可实现。

（2）第二种控制情况分析

第二种控制情况有绿灯闪烁要求，由图 5.17 可知东西方向与南北方向信号灯的工作状态是不对称的。因此利用并发顺序 STL 功能图可以将东西方向和南北方向交通灯的工作状态并列表达。其中绿灯闪烁可通过辅助继电器 M8013 实现，自行分析。

2. PLC 的 I/O 地址分配

十字路口交通信号灯控制系统有 2 个输入点、6 个输出点。PLC 的 I/O 地址分配见表 5.8。

表 5.8　PLC 的 I/O 地址分配

输入信号		输出信号	
元件名称	输入点	元件名称	输出点
启动按钮 SB1	X000	南北红灯	Y000
停止按钮 SB2	X001	东西绿灯	Y001
		东西黄灯	Y002
		南北绿灯	Y003
		东西红灯	Y004
		南北黄灯	Y005

3．十字路口交通信号灯 PLC 控制电路接线图

十字路口交通信号灯 PLC 控制电路接线图如图 5.19 所示。

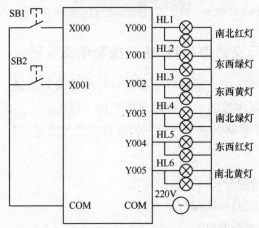

图 5.19　十字路口交通信号灯 PLC 控制电路接线图

4．PLC 程序设计

（1）第一种交通信号灯 PLC 控制电路程序设计

STL 功能图如图 5.20 所示，辅助继电器 M8002 作为初始化脉冲，使状态器 S0 ～ S23 复位（ZRST 指令为批复位指令），并置位 S0。在初始状态下，按下启动按钮 X000，状态进入 S20，输出 Y000 和 Y001，定时器 T0 开始通电计时，南北红灯 HL1 和东西绿灯 HL2 各亮 23s，同时 T0 开始通电计时。23s 后 T0 计时时间到，状态进入 S21，输出 Y000 和 Y002，定时器 T1 开始通电计时，南北红灯 HL1 继续亮，同时东西黄灯 HL3 点亮 2s，T1 开始通电计时。2s 后 T1 计时时间到，状态进入 S22，输出 Y003 和 Y004，定时器 T2 开始通电计时，南北绿灯 HL4 和东西红灯 HL5 各亮 23s，T2 开始通电计时。23s 后 T2 计时时间到，状态进入 S23，输出 Y004 和 Y005，定时器 T3 开始通电计时，东西红灯 HL5 继续亮，同时南北黄灯 HL6 点亮 2s，T3 开始通电计时。2s 后 T3 计时时间到，状态重新进入 S20，开始进入第二周期，如此周而复始循环进行。停止时，按下 X001 即可。在顺序控制系统中设计 STL 功能图时，转移条件一般为输入继电器和定时器的常开触点，如图 5.20 所示的 X000、T0 和 T1 等；如果在输入继电器符号上画一横线，则表示为常闭触点，如图 5.20 所示的 $\overline{X001}$。

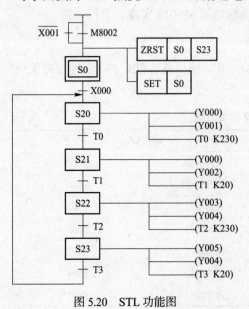

图 5.20　STL 功能图

将以上 STL 功能图转换成的 STL 梯形图和指令语句表程序，如图 5.21 所示。

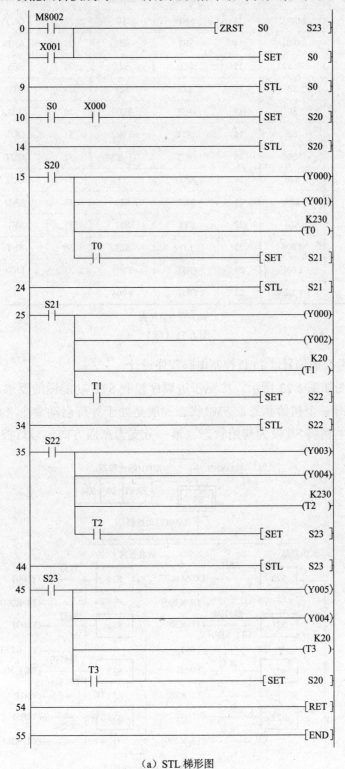

（a）STL 梯形图

图 5.21　STL 梯形图及指令语句表

序号	操作码	操作数	序号	操作码	操作数	序号	操作码	操作数
0	LD	M8002	13	AND	T0	26	OUT	T2 K230
1	OR	X001	14	SET	S21	27	AND	T2
2	ZRST	S0 S23	15	STL	S21	28	SET	S23
3	SET	S0	16	LD	S21	29	STL	S23
4	STL	S0	17	OUT	Y000	30	LD	S23
5	LD	S0	18	OUT	Y002	31	OUT	Y005
6	AND	X000	19	OUT	T1 K20	32	OUT	Y004
7	SET	S20	20	AND	T1	33	OUT	T3 K20
8	STL	S20	21	SET	S22	34	AND	T3
9	LD	S20	22	STL	S22	35	SET	S20
10	OUT	Y000	23	LD	S22	36	RET	
11	OUT	Y001	24	OUT	Y003	37	END	
12	OUT	T0 K230	25	OUT	Y004			

（b）指令语句表

图 5.21（续）

（2）第二种交通信号灯 PLC 控制电路程序设计

STL 功能图如图 5.22 所示。按照步进顺序控制 STL 功能图的要求，每一个顺序流程图至少应有一个初始状态，初始状态一般是处于等待启动命令（或停止复位）时使用，因此本例将 S0 设为初始状态。第一分支为东西方向信号灯控制，状态 S20

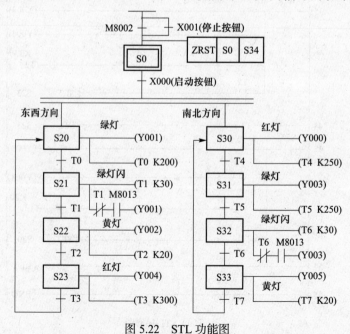

图 5.22 STL 功能图

激活之后，绿灯亮 20s（Y001），同时定时器 T0 开始计时；T0 计时 20s 时间到，状态进入 S21，绿灯闪烁 3s（Y001），同时 T1 开始计时；T1 计时 3s 时间到，状态进入 S22，黄灯亮 2s（Y002），同时 T2 开始计时；T2 计时 2s 时间到，状态进入 S23，红灯亮 30s（Y004），同时 T3 开始计时；T3 计时 30s 时间到，状态由 S23 转向 S20，进入下一遍循环。第二分支为南北方向信号灯控制，状态 S30 激活之后，红灯亮 25s（Y000），同时定时器 T4 开始计时；T4 计时 25s 时间到，状态进入 S31，绿灯亮 25s（Y003），同时 T5 开始计时；T5 计时 25s 时间到，状态进入 S32，绿灯闪烁 3s（Y005），同时 T6 开始计时；T6 计时 3s 时间到，状态进入 S33，黄灯亮 2s（Y005），同时 T7 开始计时；T7 计时 2s 时间到，状态由 S33 转向 S30，进入下一遍循环。按下 X001 后，系统会自动转向 S0 状态，因此不管在任何时刻按下停止按钮 X001，交通信号灯立即停止工作。

　　将以上 STL 功能图转换成的 STL 梯形图和指令语句表程序，如图 5.23 所示。

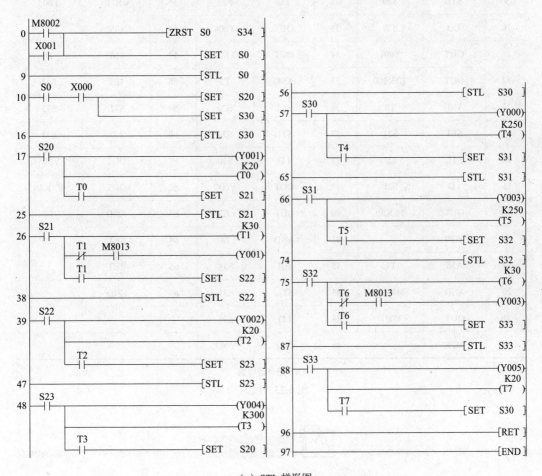

(a) STL 梯形图

图 5.23　STL 梯形图和指令语句表

序号	操作码	操作数	序号	操作码	操作数	序号	操作码	操作数
0	LD	M8002	23	AND	T1	46	OUT	T5 K250
1	OR	X001	24	SET	S22	47	AND	T5
2	ZRST	S0 S34	25	STL	S22	48	SET	S32
3	SET	S0	26	LD	S22	49	STL	S32
4	STL	S0	27	OUT	Y002	50	LD	S32
5	LD	S0	28	OUT	T2 K20	51	OUT	T6 K30
6	AND	X000	29	AND	T2	52	MPS	
7	SET	S20	30	SET	S23	53	ANI	T6
8	SET	S30	31	STL	S23	54	AND	M8013
9	STL	S20	32	LD	S23	55	OUT	Y003
10	LD	S20	33	OUT	Y004	56	MPP	
11	OUT	Y001	34	OUT	T3 K300	57	AND	T6
12	OUT	T0 K200	35	AND	T3	58	SET	S33
13	AND	T0	36	SET	S20	59	STL	S33
14	SET	S21	37	STL	S30	60	LD	S33
15	STL	S21	38	LD	S30	61	OUT	Y005
16	LD	S21	39	OUT	Y000	62	OUT	T7 K20
17	OUT	T1 K30	40	OUT	T4 K250	63	AND	T7
18	MPS		41	AND	T4	64	SET	S30
19	ANI	T1	42	SET	S31	65	RET	
20	AND	M8013	43	STL	S31	66	END	
21	OUT	Y001	44	LD	S31			
22	MPP		45	OUT	Y003			

（b）指令语句表

图 5.23（续）

任务评价

完成十字路口交通信号灯 PLC 控制电路设计任务评价表 5.9。

表 5.9　十字路口交通信号灯 PLC 控制电路设计任务评价表

	评价项目及标准	配分	自评	互评	师评	总评
知识与技能	能正确说出并发顺序 STL 功能图和单一顺序 STL 功能图的区别和联系	10				
	能正确分析任务要求，进行 I/O 分配，并画出外部接线	10				
	能正确说出并发顺序 STL 功能图的结构组成，并正确规范地画出本任务的顺序功能图	10				
	能熟练地将并发顺序 STL 顺序状态转移图转换为梯形图	15				
	能使用顺序控制设计法完成本任务的 PLC 系统设计	25				
实习过程	1. 按照 7S 要求，安全文明生产 2. 出勤情况 3. 积极参与完成任务，积极回答课堂问题 4. 学习中的正确率及效率	30				
	合计	100				
简要评述						

任务 5.4　手动和自动洗车 PLC 控制电路设计

随着现代社会的迅速发展，轿车越来越多，各式各样的汽车美容店、洗车店应运而生，生意火爆。现某洗车店委托我们将原来老旧的自动洗车设备改造为用三菱 FX2N 系列 PLC 控制的自动洗车设备，要求能实现手动洗车和自动洗车两种模式。

手动和自动洗车 PLC 控制电路的具体要求如下。

1）若功能切换开关 SA 置于手动位置时，按下启动按钮 SB0 依照下列程序进行手动洗车：

① 执行泡沫清洗（以电动机 M1 驱动）。

② 按下按钮 SB1 则执行清水洗净（以电动机 M2 驱动）。

③ 按下按钮 SB2 则执行风干（以电动机 M3 驱动）。

④ 按下按钮 SB3 则结束洗车。

2）若功能切换开关 SA 置于自动位置时，按下启动按钮 SB0 将按照设定时间以泡沫清洗、清水洗净、风干三个步骤自动切换逐步执行。其中，泡沫清洗时间为 5min，清水洗净时间为 3min，风干时间为 2min，结束后回到待洗状态。

由控制要求可知，洗车电路存在两种工作模式，并且每次洗车只能选择其中的一种工作模式。因此，利用选择顺序 STL 功能图可以解决以上控制要求。

认知目标：

1. 能正确说出选择顺序 STL 功能图的组成、结构及其特点。

2. 能掌握选择顺序 STL 功能图转换为梯形图的方法。

3. 能正确说出选择顺序 STL 功能图、并发顺序 STL 功能图和单一顺序 STL 功能图的区别和联系。

技能目标：

1. 能正确分析任务要求，进行 I/O 分配，并画出外部接线图。

2. 能正确规范地画出本任务的顺序功能图。

3. 能熟练地将选择顺序 STL 顺序状态转移图转换为梯形图。

4. 能使用顺序控制设计法完成本任务的 PLC 系统设计。

5.4.1 选择顺序 STL 功能图

选择顺序 STL 功能图是指在一个状态之后有若干个单一顺序等待选择，且一次仅能选择一个单一顺序执行。选择顺序用单水平线表示，为了保证一次仅选择一个顺序，即选择的优先权，必须对各个转移条件加以约束。图 5.24（a）所示的 X001 和 X004 为选择顺序的转换条件。当 X001 闭合为 ON 时，状态由 S20 转移到 S21，并使 S21 置位，S20 自动复位；当 X004 闭合为 ON 时，状态由 S20 转移到 S23，并使 S23 置位，S20 自动复位。必须注意 X001 和 X004 不能同时闭合为 ON 状态，此外，选择顺序 STL 功能图的转移条件应标注在单水平线以内。

5.4.2 选择顺序 STL 功能图与 STL 梯形图的转换

图 5.24 所示为选择顺序 STL 功能图、STL 梯形图及指令语句表。先使状态器 S20

置位（用大写指令），输出 Y000。当 X001 闭合为 ON 时 S21 置位，当 X004 闭合为 ON 时 S23 置位。之后按照单一顺序 STL 功能图向 STL 梯形图的转换方法进行转换，自行分析。

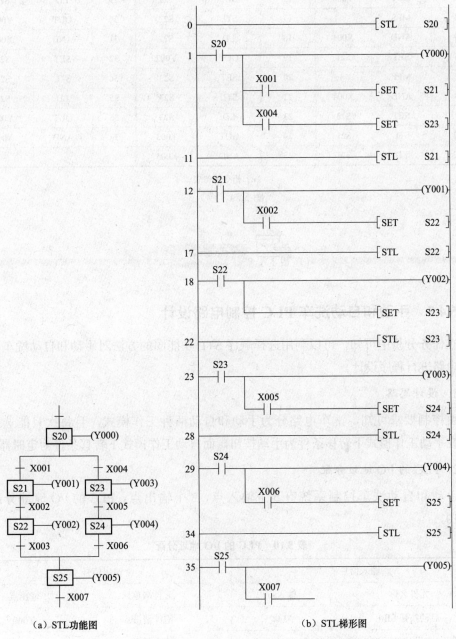

（a）STL功能图　　　　　　　（b）STL梯形图

图 5.24　选择顺序 STL 功能图、STL 梯形图及指令语句表

序号	操作码	操作数	序号	操作码	操作数	序号	操作码	操作数
0	STL	S20	13	OUT	Y001	26	SET	S24
1	LD	S20	14	AND	X002	28	STL	S24
2	OUT	Y000	15	SET	S22	29	LD	S24
3	MPS		17	STL	S22	30	OUT	Y004
4	AND	X001	18	LD	S22	31	AND	X006
5	SET	S21	19	OUT	Y002	32	SET	S25
7	MPP		20	SET	S23	34	STL	S25
8	AND	X004	22	STL	S23	35	LD	S25
9	SET	S23	23	LD	S23	36	OUT	Y005
11	STL	S21	24	OUT	Y003	37	AND	X007
12	LD	S21	25	AND	X005		…	

（c）指令语句表

图 5.24（续）

任务实施

5.4.3 手动和自动洗车 PLC 控制电路设计

在任务分析中可知，可以利用选择顺序 STL 功能图的方法对手动和自动洗车 PLC 控制电路进行程序设计。

1. 设计思路

由控制要求可知，洗车电路分为手动和自动两种工作模式，且每次只能选择一种。在手动工作模式下转移条件为手动按钮，而自动工作模式下转移条件为定时器。

2. PLC 的 I/O 地址分配

手动和自动洗车控制系统有 5 个输入点、3 个输出点。PLC 的 I/O 地址分配见表 5.10。

表 5.10 PLC 的 I/O 地址分配

输入信号		输出信号	
元件名称	输入点	元件名称	输出点
启动按钮 SB0	X000	泡沫清洗	Y000
手动/自动切换开关 SA	X001	清水洗净	Y001
清洗按钮 SB1	X002	风干	Y002
风干按钮 SB2	X003		
结束按钮 SB3	X004		

💡 小提示

　　为了节省使用输入继电器的点数，在切换开关中用 X001 表示自动控制洗车模式的启动条件，用 $\overline{X001}$ 表示手动控制模式的启动条件。即转换开关扳到自动模式，X001 的常开触点闭合，常闭触点断开，系统转到自动模式；转换开关扳到手动模式，X001 的常开触点仍为断开，常闭触点仍为闭合，系统转到手动模式。

3．PLC 控制电路的 I/O 接线图

手动 / 自动洗车的 PLC 控制电路 I/O 接线图如图 5.25 所示。

4．PLC 程序设计

洗车电路的 STL 功能图、STL 梯形图和指令语句表如图 5.26 所示。其中辅助继电器 M8002 作为初始化脉冲，使状态器从 S0 ～ S32 都复位（ZRST 指令为批复位指令）。在初始状态下，若切换开关 X001 置于手动位置，按下启动开关 X000 后，状态进入 S20，输出 Y000，执

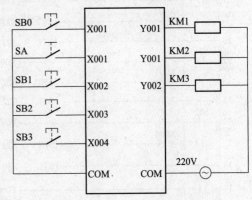

图 5.25　PLC 控制电路 I/O 接线图

行泡沫清洗；按下清洗按钮 X002，状态进入 S21，输出 Y001，执行清水洗净；按下风干按钮 X003，状态进入 S22，输出 Y002，执行风干；按下结束按钮 X004，状态进入 S23，使状态器 S0 和 S23 复位，返回等待，手动控制结束。

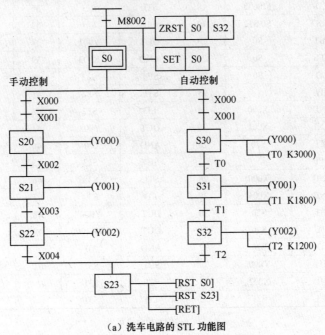

（a）洗车电路的 STL 功能图

图 5.26　STL 功能图、梯形图和指令语句表

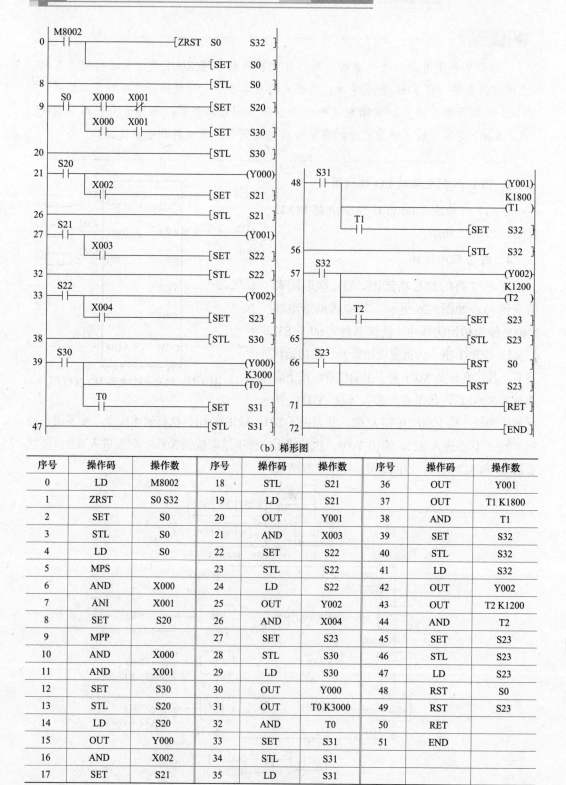

（b）梯形图

序号	操作码	操作数	序号	操作码	操作数	序号	操作码	操作数
0	LD	M8002	18	STL	S21	36	OUT	Y001
1	ZRST	S0 S32	19	LD	S21	37	OUT	T1 K1800
2	SET	S0	20	OUT	Y001	38	AND	T1
3	STL	S0	21	AND	X003	39	SET	S32
4	LD	S0	22	SET	S22	40	STL	S32
5	MPS		23	STL	S22	41	LD	S32
6	AND	X000	24	LD	S22	42	OUT	Y002
7	ANI	X001	25	OUT	Y002	43	OUT	T2 K1200
8	SET	S20	26	AND	X004	44	AND	T2
9	MPP		27	SET	S23	45	SET	S23
10	AND	X000	28	STL	S30	46	STL	S23
11	AND	X001	29	LD	S30	47	LD	S23
12	SET	S30	30	OUT	Y000	48	RST	S0
13	STL	S20	31	OUT	T0 K3000	49	RST	S23
14	LD	S20	32	AND	T0	50	RET	
15	OUT	Y000	33	SET	S31	51	END	
16	AND	X002	34	STL	S31			
17	SET	S21	35	LD	S31			

（c）指令语句表

图 5.26（续）

在初始状态下，若切换开关 X001 置于自动位置，按下启动开关 X000 后，状态进入 S30，输出 Y000，执行泡沫清洗，同时定时器 T0 开始计时；5min 后 T0 定时时间到，状态转入 S31，输出 Y001，执行清水洗净，同时定时器 T1 开始计时；3min 后 T1 定时时间到，状态进入 S32，输出 Y002，执行风干，同时定时器 T2 开始计时；2min 后 T2 定时时间到，状态进入 S23，使状态器 S0 和 S23 复位，返回等待，自动控制结束。

任务评价

完成手动和自动洗车 PLC 控制电路设计任务评价表 5.11。

表 5.11　手动和自动洗车 PLC 控制电路设计任务评价表

	评价项目及标准	配分	自评	互评	师评	总评
知识与技能	能正确说出选择顺序 STL 功能图、并发顺序 STL 功能图和单一顺序 STL 功能图的区别和联系	10				
	能正确分析任务要求，进行 I/O 分配，并画出外部接线图	10				
	能正确说出选择顺序 STL 功能图的结构组成，并正确规范地画出本任务的顺序功能图	10				
	能熟练地将选择顺序 STL 顺序状态转移图转换为梯形图	15				
	能使用顺序控制设计法完成本任务的 PLC 系统设计	25				
实习过程	1. 按照 7S 要求，安全文明生产 2. 出勤情况 3. 积极参与完成任务，积极回答课堂问题 4. 学习中的正确率及效率	30				
	合计	100				
简要评述						

任务 5.5　车库门自动启闭 PLC 控制电路设计

在商场、酒店、小区等建筑物里都建有地上或地下车库，车库门的自动启闭给人们进出、存放车辆或者置物都带来了极大地方便。现某小区物业委托我们为其设计车库门自动启闭的 PLC 控制系统，要求当车靠近自动门时，感应开关工作，给控制器发出一个开门信号，控制器通过驱动装置将门打开；当车通过门之后，另一个感应开关工作，给控制器发出一个关门信号，控制器通过驱动装置将门关闭。

车库自动门即自动打开和关闭车库的大门，以便于让一个接近门的汽车或者其他物体进入或离开。本例主要采用一台三菱系列的 PLC，利用进门和出门两套不同的传感器来控制门的打开和关闭。

认知目标：

1．能熟练掌握应用顺序功能图法编程的方法。

2．能熟练掌握顺序 STL 功能图转换为梯形图的方法。

技能目标：

1．能正确分析任务要求，进行 I/O 分配，并画出外部接线图。

2．能正确规范地画出本任务的顺序功能图。

3．能熟练地将选择顺序 STL 顺序状态转移图转换成梯形图。

4．能使用顺序控制设计法完成本任务的 PLC 系统设计。

任务准备

自动门控制系统是一种可以将人或者车接近门和远离门的动作，通过感应开关识别为开门和关门信号，再通过控制器，经由驱动系统将门自动开启和关闭的自动控制系统。自动门主要由感应器、控制器、驱动系统等组成。其中，控制器是自动门的指挥中心，一般多采用单片机控制，也可以使用 PLC 作为控制器。本任务就是运用 PLC 顺序控制设计法进行程序编制设计实现车库门的自动启闭控制。具体的控制要求如下。

1．开门控制

当有车靠近自动门时，入口感应器 SQ0 检测到信号或有手动开门信号 X006 时，执行高速上升开门动作。当门升起到一定位置，碰到开门减速开关 SQ1，变为低速上升开门。当碰到顶部开门极限开关 SQ2 时，门上升停止，打开到位。若出口感应器 SQ5 检测到车已通过或有手动关门信号 X007 时，即转为下降关门动作。

2．关门控制

先高速下降关门，当门下降关闭到一定位置，碰到关门减速开关 SQ3 时，改为低速下降关门，碰到关门极限开关 SQ4 时停止，完成车库门的关闭。在关门期间若感应器检测到有车（SQ0 动作），停止关门，并延时 1s 后自动转换为高速上升开门。

3．手动控制

可以实现手动控制。

 任务实施

分析本任务的控制要求可知，小区车库门 PLC 控制系统属于典型的选择序列结构的顺序控制，适合运用顺序控制设计法进行设计。

1．设计思路

分析自动门的工作过程如下。

1）当检测到有车后，PLC 控制自动门自动开门。

2）自动门在关门时有三种情况：

① 关门期间无车要求进出时，自动门会继续完成关门动作。

② 高速关门期间有车要求进出时，自动门会暂停关门动作，继续开门让车进出后再关门。

③ 低速关门期间有车要求进出时，自动门会暂停关门动作，继续开门让车进出后再关门。

3）可以手动和自动操作。

2．PLC 的 I/O 地址分配

小区车库门控制系统有 8 个输入点、4 个输出点，PLC 的 I/O 地址分配见表 5.12。

表 5.12 PLC 的 I/O 地址分配

输入信号		输出信号	
元件名称	输入点	元件名称	输出点
入口感应器 SQ0	X000	高速开门	Y000
限位开关 SQ1	X001	低速开门	Y001
限位开关 SQ2	X002	高速关门	Y002
限位开关 SQ3	X003	低速关门	Y003
限位开关 SQ4	X004		
出口感应器 SQ5	X005		
手动开门 SB1	X006		
手动关门 SB2	X007		

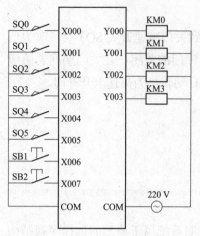

图 5.27　PLC 控制电路接线图

3．PLC 控制电路的 I/O 接线图

根据表 5.12 PLC 的 I/O 地址分配情况，小区车库门 PLC 控制电路接线图如图 5.27 所示。

4．PLC 程序设计

图 5.28 所示为小区地下车库门 PLC 控制系统的 STL 功能图、STL 梯形图和指令语句表。当地下车库门 PLC 加上电源，M8002 接通一个扫描周期，将 S0 ～ S37 复位，并将 S0 置位；此时，当感应开关 X000 检测到有车需要进出或有手动开门信号 X006 时，系统进入 S20 状态，输出 Y000，地下车库门高速开门；车库门到达开门减速位置 X001 时，系统状态进入 S21，输出 Y001，地下车库门由高速开门转为减速开门；当车库门到达开门极限开关位置 X002，系统进入 S22 状态，在这个状态下车库门开门状态保持；直到出门感应器 X005 检测到出门信号或者有手动关门信号 X007 时，系统进入 S23 状态，输出 Y002，车库门开始高速关门；当车库门到达关门减速位置 X003 时，则系统进入 S24 状态；若在高速关门期间，感应开关 X000 检测到有车需要进出或有手动开门信号 X006 时，则系统进入 S25 状态暂停关门动作；在状态 S24 中，输出 Y003，车库门转为减速关门；当车库门到达关门极限开关 X004 位置，系统进入 S0 状态，等待感应开关 X000 再次检测到有车需要进出或有手动开门信号 X006 时，进入下一个工作循环；若在减速关门期间，感应开关 X000 检测到有车需要进出或有手动开门信号 X006 时，则系统进入 S25 状态暂停关门动作；在 S25 状态下，定时器 T1 定时 1s，车库门暂停关门动作，T1 定时时间到，系统进入 S20 状态，车库门再次进入高速开门状态。

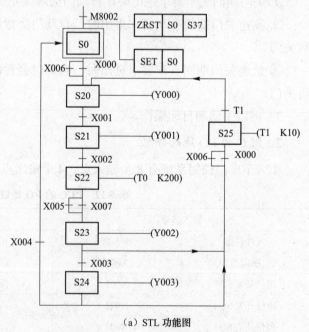

（a）STL 功能图

图 5.28　小区地下车库门 PLC 控制系统的
STL 功能图、梯形图和指令语句表

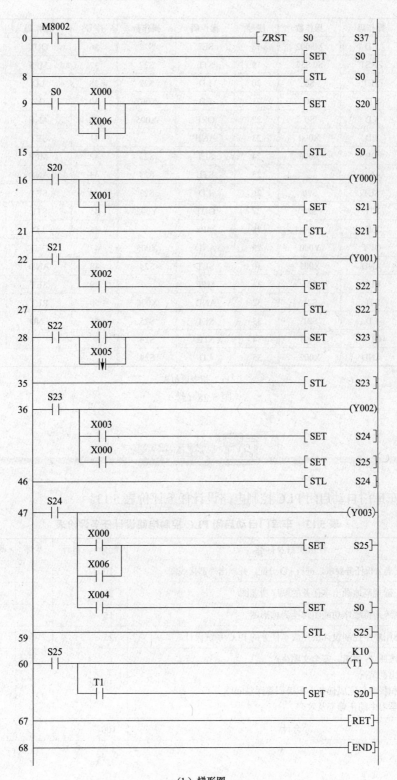

（b）梯形图

图 5.28（续）

序号	操作码	操作数	序号	操作码	操作数	序号	操作码	操作数
0	LD	M8002	18	SET	S22	36	OUT	Y003
1	ZRST	S0 S37	19	STL	S22	37	MPS	
2	SET	S0	20	LD	S22	38	LD	X000
3	STL	S0	21	LD	X007	39	OR	X006
4	LD	S0	22	ORF	X005	40	ANB	
5	LD	X000	23	ANB		41	SET	S25
6	OR	X006	24	SET	S23	42	MPP	
7	ANB		25	STL	S23	43	AND	X004
8	SET	S20	26	LD	S23	44	SET	S0
9	STL	S20	27	OUT	Y002	45	STL	S25
10	LD	S20	28	MPS		46	LD	S25
11	OUT	Y000	29	AND	X003	47	OUT	T1 K10
12	AND	X001	30	SET	S24	48	AND	T1
13	SET	S21	31	MPP		49	SET	S20
14	STL	S21	32	AND	X000	50	RET	
15	LD	S21	33	SET	S25	51	END	
16	OUT	Y001	34	STL	S24			
17	AND	X002	35	LD	S24			

（c）指令语句表

图 5.28（续）

任务评价

完成车库门自动启闭 PLC 控制电路设计任务评价表 5.13。

表 5.13　车库门自动启闭 PLC 控制电路设计任务评价表

	评价项目及标准	配分	自评	互评	师评	总评
知识与技能	能正确分析任务要求，进行 I/O 分配，并画出外部接线图	10				
	能正确规范地画出本任务的顺序功能图	20				
	能熟练地将顺序功能图转换为梯形图	15				
	能使用顺序控制设计法完成本任务的 PLC 系统设计	25				
实习过程	1. 按照 7S 要求，安全文明生产 2. 出勤情况 3. 积极参与完成任务，积极回答课堂问题 4. 学习中的正确率及效率	30				
合计		100				
简要评述						

单元小结

1．如果一个控制系统可以分解成几个独立的控制动作或工序，且这些动作或工序必须严格按照一定的先后次序执行才能保证生产的正常进行，这样的控制系统称为顺序控制系统。顺序功能图有单一顺序功能图、选择顺序功能图、并发顺序功能图和循环与跳转顺序功能图四种形式。

2．状态继电器是 PLC 在顺序控制系统中实现控制的重要内部元件，是表示系统所处于某种状态的一种继电器，有无数的常开触点和常闭触点，在顺控程序内可任意使用。

3．步进指令有 STL、RET 指令，STL 为步进开始指令，RET 为步进结束指令。STL 的梯形图符号用 $-[STL \quad S_{xx}]$ 表示，RET 指令的梯形图符号用 $[RET]$ 表示。STL 触点驱动的电路块中不能使用 MC 和 MCR 指令，但可以用 C 指令；在中断程序和子程序内，不能使用 STL 指令。

4．STL 功能图有单一顺序 STL 功能图、选择顺序 STL 功能图、并发顺序 STL 功能图、跳转与循环顺序 STL 功能图四种形式。并发顺序 STL 功能图用双水平线表示，转移条件应标注在双水平线以外。选择顺序用单水平线表示，转移条件应标注在单水平线以内。画出 STL 功能图必须遵循一些规则。

5．将 STL 功能图转换为 STL 梯形图时，首先要注意初始步的进入条件。初始步一般由系统的结束步控制进入，以实现顺序控制系统连续循环动作的要求。但是在 PLC 初次上电时，必须采用其他方法预先驱动初始步，使之处于工作状态。

6．在学习 PLC 控制电动机顺序启动电路、十字路口交通灯和洗车电路等控制电路中，首先分析控制要求，确定选择使用的 STL 功能图的形式，然后绘制功能图并利用步进指令转换出 STL 梯形图。

思考与练习

1．鼓风机系统一般有引风机和鼓风机两级构成。当按下启动按钮之后，引风机开始工作，5s 后鼓风机工作。按下停止按钮之后，鼓风机先停止工作，5s 之后引风机才停止工作。画出功能图、梯形图，并写出指令语句表。

2．设计钻床主轴多次进给控制程序。具体控制要求：本机床进给由液压驱动，电磁阀 YV1 得电主轴前进，失电后退。同时电磁阀 YV2 控制前进及后退速度，得电快速，失电慢速。根据其工作过程示意图如图 5.29 所示，画出功能图、梯形图，并写出指令语句表。

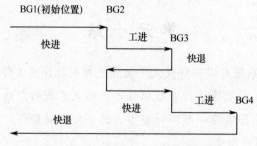

图 5.29 主轴进给工作过程示意图

3. 有三个彩灯，按下启动按钮，彩灯 HL1 亮，10s 后彩灯 HL2 亮，且彩灯 HL1 闪亮 5s；彩灯 HL2 亮 20s 后彩灯 HL3 亮，彩灯 HL2 闪亮 10s；彩灯 HL3 亮 30s 后彩灯 HL1 再亮，以此类推循环执行。画出功能图、梯形图，并写出指令语句表。

4. 小车两地卸料控制线路如图 5.30 所示，一个工作周期的控制工艺要求为：按下启动按钮 SB，小车前进，碰到限位开关 SQ1 停 5s 后，小车开始后退；小车后退压合 SQ2 后，小车停 5s 后，第二次前进，碰到限位开关 SQ3，再次后退；后退再次碰到限位开关 SQ2 时，小车停止。画出功能图、梯形图，并写出指令语句表。

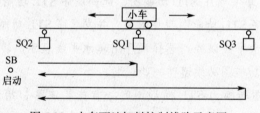

图 5.30 小车两地卸料控制线路示意图

三菱 FX2N 系列 PLC 功能指令的应用

单元向导

在现代工业控制系统中，仅仅使用可编程逻辑控制器基本逻辑指令是远远不够的。在许多场合需要数据处理，这就需要用于数据的传送、运算、变换及程序控制等方面的功能指令。功能指令（又称应用指令）是可编程逻辑控制器数据处理能力的标志，这些指令实际上是一些功能不尽相同的子程序。

FX2N 系列 PLC 具有 3 种指令功能，即基本指令、步进指令和功能指令。其包括上百条功能指令，有传送比较指令、数字运算指令、数据处理指令、移位以及循环移位指令、程序控制指令、高速处理指令和通信指令等，这些指令为逻辑控制程序的编制提供了新的思维方式和手段。本单元将通过典型实例，介绍常用功能指令和相关功能指令的含义及其应用。

认知目标

1. 熟悉 FX2N 系列 PLC 的功能指令。
2. 能掌握常用功能指令的基本使用规则及其应用。
3. 初步了解复杂的功能指令。

技能目标

1. 能掌握梯形图功能指令编程方法及其相关电路的工作原理。
2. 能完成 I/O 地址分配及 PLC 接线图的设计方法。
3. 能读懂指令语句表。
4. 按照 7S 标准要求，安全文明生产。

任务 6.1　三相异步电动机 Y- △降压启动控制电路中功能指令的应用

我们前面学习了三相异步电动机 Y-△降压启动继电控制电路和 PLC 基本指令实现的 PLC 控制电路，利用 PLC 的步进指令和功能指令也可以设计出更加简捷方便的控制电路。某企业委托我们利用 PLC 控制系统改造其原有的三相异步电动机的 Y-△降压启动电路，计划应用 FX2N 系列 PLC 的功能指令来设计三相异步电动机 Y-△降压启动控制电路。

利用功能指令实现三相异步电动机 Y-△降压启动控制电路的设计，首先必须掌握数制和编码的知识，即十进制与二进制、八进制、十六进制之间的转换。比如，将十进制数 5 转换为二进制数形式为 0101，十进制数 4 转换为二进制数形式为 0100，十进制数 3 转换为二进制数形式为 0011，将二进制数 0011 转换为十进制数为 3 等。其中，二进制数只有两个数码 0 和 1，因此可以把灯泡的熄灭和点亮、脉冲有和无等物理现象用 0、1 两种状态来表示。只要规定其中一种状态表示 1，另一种状态表示 0，就可以用一位二进制数例来表示。在电动机 Y-△降压启动控制电路中接触器的得电和失电两种状态可以使用二进制数码来表示，就可以利用功能指令设计出控制电路。

认知目标：
1. 能掌握 Y-△降压启动控制电路需要的功能指令。
2. 能掌握与本任务相关的功能指令的含义与使用方法。
3. 能掌握梯形图的逻辑关系和工作原理。

技能目标：
1. 能设计 PLC 的外部 I/O 接线图。
2. 能设计 PLC 梯形图。
3. 能完成使用 PLC 功能指令控制电动机 Y-△降压启动电路的接线与调试。
4. 按照 7S 标准要求，安全文明生产。

 任务准备

6.1.1　FX2N 系列 PLC 的部分功能指令

早期的 PLC 大多用于开关量控制，基本指令和步进指令已经能满足控制要求。为适应控制系统的其他要求（如模拟量控制），从 20 世纪 80 年代开始，PLC 生产厂家就在小型 PLC 上增设了大量的功能指令，功能指令的出现大大拓宽了 PLC 的应用范围，也给用户编制程序带来了极大的方便。FX2N 系列 PLC 功能指令较多，由于篇幅的限制，仅对比较常用的功能指令加以介绍。

1. 概述

（1）功能指令的表示方法

功能指令的表示格式与基本指令不同。功能指令用编号 FN00 ～ FN294 表示，并给出对应的助记符，一般用指令的英文名称或缩写作为助记符，如图 6.1 中的指令助记符 MEAN 用来表示取平均值的指令。这些功能指令可以使用简易编程器、智能编程器或在计算机上应用 GX Works2 软件编程时输入，运算结果相同。

有的功能指令只需要指定功能号，大多数功能指令在指定功能号的同时还需要指定操作元件。操作元件由 1 到 4 个操作数组成，图 6.1 中的 [S] 表示源（source）操作数，[D] 表示目标（destination）操作数。如果可以使用变址功能则表示为 [S.] 和 [D.]。源或目标不止一个，可表示为 [S1.]、[S2.]、[D1.]、[D2.] 等。用 m 或 n 表示其他操作数，它们常用来表示常数或作为源操作数和目标操作数的补充说明。需注释的项目较多时，可以采用 m1、m2 等方式。

0	LD	X0
1	MEAN	45
3		D0
5		D4Z0
7		K3
8	...	

X0		[S.]	[D.]	n
┤├	MEAN	D0	D4Z0	K3
X1				
┤├	(D)MOV(P)	D10	D12	

图 6.1　功能指令

功能指令的功能号和指令助记符占一个程序步，16 位操作与 32 位操作的每一个操作数分别占 2 个和 4 个程序步。图 6.1 同时给出了功能指令 MEAN 的指令语句表和步序号。

当图 6.1 中 X0 的常开触点接通时，执行的操作为 $[(D0) + (D1) + (D2)]/3 \rightarrow (D4Z0)$，即求 D0、D1 和 D2 的平均值，结果送到目标寄存器 D4Z0。Z0 是变址寄存器，如果 Z0 的内容为 10，则运算结果送到 D14。

（2）数据长度与指令类型

如图 6.1 中助记符 MOV 之前的"（D）"表示处理 32 位（32bit）数据，这时相邻的两元件组成元件对，该指令将 D11、D10 中的数据传送到 D13、D12。处理 32 位数据时，为了避免出现错误，建议使用首地址为偶数的操作数。没有"（D）"时表示处理 16 位数据。

图 6.1 中 MOV 后面的"（P）"表示脉冲执行，即仅在 X1 由 OFF 状态→ ON 状态时执行一次。如果没有"（P）"，在 X1 为 ON 的每一扫描周期指令都要被执行，称为连续执行。某些指令如 INC（加 1）、DEC（减 1）和 XCH（数据交换）指令一般应使用脉冲执行。如果不需要每个周期都执行指令，使用脉冲方式可缩短处理周期。符号"（P）"和"（D）"可同时使用。

（3）位元件

只有 ON/OFF 状态的元件称为位（bit）元件，如 X、Y、M 和 S。处理数据的元件称为字元件，如定时器和计数器的当前值 T、C 以及数据寄存器 D 等，一个数由 16 位二进制数组成，位元件也可以组成字元件来进行数据处理。

位元件每相邻的 4bit 位为一组，组合成一个单元，它由 Kn 加首位元件号来表示，其中的 n 为组数，16 位操作数时 n=1 ～ 4，32 位操作数时 n=l ～ 8。例如，K2M0 表示由 M0 ～ M7 组成的两个位元件组，M0 为数据的最低位（首位）；K4S10 表示由 S10 ～ S25 组成的 16 位数据，S10 为最低位。当 16 位数据传送到 n=1 ～ 3 的位元件组时，只传送低位的相应数据；当 32 位数据传送到 n=1 ～ 7 的位元件组时，也是一样的。被组合的位元件的首位元件号可以是任意的，但是为了避免混乱，建议采用以 0 结尾的元件，如 X0、X10、X20 等。

进行 16 位数操作时，参与操作的位元件由 K1 ～ K4 指定。若仅由 Kl ～ K3 指定，高位的不足部分均作 0 处理，这意味着只能处理正数（最高位为符号位，正数的符号位为 0），在 32 位数处理时也有类似的情况。

（4）变址寄存器 V、Z

在传送、比较指令中，变址寄存器 V、Z 用来修改操作对象的元件号，循环程序中常使用变址寄存器。[S.] 和 [D.] 表示有变址功能。对 32 位指令，V 为高 16 位、Z 为低 16 位。32 位指令中使用变址指令只需指定 Z，这时 Z 就能代表 V 和 Z。在 32 位指令中，V、Z 自动组对使用。

如图 6.2 所示，其中的各触点接通时，常数 10 送到 V0，常数 20 送到 Z1，ADD 指令完成运算（D5V0）+（D15Z1）～（D40Z1），即（D15）+（D35）→（D60）。

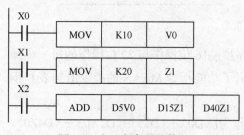

图 6.2　变址寄存器的使用

2．相应功能指令

（1）比较指令

比较指令包括 CMP（比较）和 ZCP（区间比较）两条。

1）比较指令 CMP。指令的编号为 FNC10，是将源操作数［S1.］和源操作数［S2.］的数据进行比较，比较结果用目标元件［D.］的状态来表示。如图 6.3 所示，当 X1 为接通时，把常数 K100 与 C20 的当前值进行比较，比较的结果送入 M0 ～ M2 中。X1 为 OFF 时不执行，M0 ～ M2 的状态也保持不变。

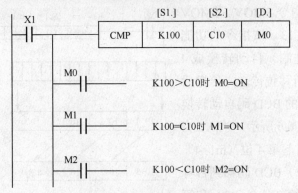

图 6.3　比较指令的使用

2）区间比较指令 ZCP。指令的编号为 FNC11，指令执行时源操作数［S.］与［S1.］和［S2.］的内容进行比较，并将比较结果送到目标操作数［D.］中。如图 6.4 所示，当 X0 为 ON 时，把 C30 当前值与 K100 和 K120 相比较，将结果送 M3、M4、M5 中。X0 为 OFF，则 ZCP 不执行，M3、M4、M5 不变。

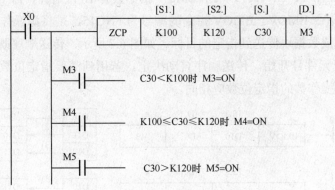

图 6.4　区间比较指令的使用

使用比较指令 CMP/ZCP 时应注意：［S1.］、［S2.］可取任意数据格式，目标操作数［D.］可取 Y、M 和 S；使用 ZCP 时，［S2.］的数值不能小于［S1.］；所有的源数据都被看成二进制值处理。

（2）传送类指令

1）传送指令 MOV。MOV 指令的编号为 FNC12，该指令的功能是将源数据传送到

图 6.5　传送指令的使用

指定的目标。如图 6.5 所示，当 X1 为 ON 时，则将 [S.] 中的数据 K100 传送到目标操作元件 [D.] 即 D10 中。在指令执行时，常数 K100 会自动转换成二进制数。当 X1 为 OFF 时，则指令不执行，数据保持不变。

应用 MOV 指令时应注意：源操作数可取所有数据类型，标操作数可以是 KnY、KnM、KnS、T、C、D、V、Z；16 位运算时占 5 个程序步，32 位运算时则占 9 个程序步。

2）移位传送指令 SMOV。SMOV 指令的编号为 FNC13。该指令的功能是将源数据（二进制）自动转换成 4 位 BCD 码，再进行移位传送，传送后的目标操作数元件的 BCD 码自动转换成二进制数。如图 6.6 所示，当 X0 为 ON 时，将 D1 中右起第 4 位（m1=4）开始的 2 位（m2=2）BCD 码移到目标操作数 D2 的右起第 3 位（n=3）和第 2 位。然后 D2 中的 BCD 码会自动转换为二进制数，而 D2 中的第 1 位和第 4 位 BCD 码不变。

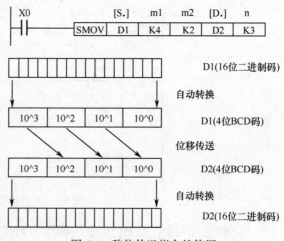

图 6.6　移位传送指令的使用

使用移位传送指令时应该注意：源操作数可取所有数据类型，目标操作数可为 KnY、KnM、KnS、T、C、D、V、Z；SMOV 指令只有 16 位运算，占 11 个程序步。

3）块传送指令 BMOV。BMOV 指令的编号为 FNC15，是将源操作数指定元件开始的 n 个数据组成数据块传送到指定的目标。如图 6.7 所示，传送顺序既可从高元件号开始，也可从低元件号开始，传送顺序自动决定。若用到需要指定位数的位元件，则源操作数和目标操作数的指定位数应相同。

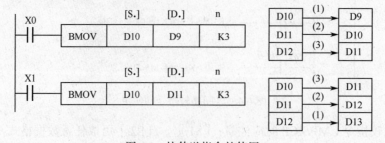

图 6.7　块传送指令的使用

使用块传送指令时应注意：源操作数可取 KnX、KnY、KnM、KnS、T、C、D 和文件寄存器，目标操作数可取 KnT、KnM、KnS、T、C 和 D；只有 16 位操作，占 7 个程序步；如果元件号超出允许范围，数据则仅传送到允许范围的元件。

4）多点传送指令 FMOV。FMOV 指令的编号为 FNC16。它的功能是将源操作数中的数据传送到指定目标开始的 n 个元件中，传送之后 n 个元件中的数据完全相同。如图 6.8 所示，当 X2 为 ON 时，把 K0 传送到 D0～D9 中。

使用多点传送指令 FMOV 时应注意：源操作数可取所有的数据类型，目标操作数可取 KnX、KnM、KnS、T、C 和 D，n 小于等于 512；16 位操作占 7 个程序步，32 位操作则占 13 个程序步；如果元件号超出允许范围，数据仅送到允许范围的元件中。

（3）数据交换指令 XCH

数据交换指令 XCH 的编号为 FNC17，它是将数据在指定的目标元件之间交换。如图 6.8 所示，当 X1 为 ON 时，将 D10 和 D11 中的数据相互交换。

使用数据交换指令应该注意：操作数的元件可取 KnY、KnM、KnS、T、C、D、V 和 Z；交换指令一般采用脉冲执行方式，否则在每一次扫描周期都要交换一次；16 位运算时占 5 个程序步，32 位运算时占 9 个程序步。

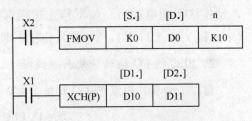

图 6.8　多点传送和数据交换指令的应用

![任务实施]

6.1.2　三相异步电动机 Y-△ 降压启动控制电路中功能指令的应用

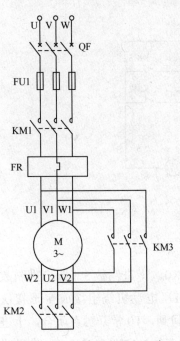

图 6.9　Y-△降压启动主电路

三相异步电动机 Y-△ 降压启动的主电路如图 6.9 所示。当 KM1 主触点闭合时，电动机的主电源接入；当 KM2 主触点闭合时，电动机接成 Y 形接法；当 KM2 主触点打开、KM3 主触点闭合时，电动机接成△形接法。

1. 设计思路

在电动机 Y-△ 降压启动的 PLC 控制电路中，我们利用传送指令 MOV 来实现。因为传送指令传送数据时源数据中的常数将自动转化为二进制数。我们用 X0 作为启动按钮，X1 为停止按钮，X2 为热继电器常闭触点，电路主电源由输出 Y0 接到接触器 KM1；电动机 Y 形接法时由输出 Y1 接到接触器 KM2；电动机△形接法时由输出 Y2 接到接触器 KM3。

我们把 Y3、Y2、Y1、Y0 看成一个数据 K1Y0（组合位元件的组合规律是以 4 位为一组组合成单元，

K1～K4 为 16 位运算，K5～K8 为 32 位运算。比如 K1Y0 就表示 Y3～Y0 的 4 位，Y0 为最低位）。根据电动机 Y-△降压启动的控制要求，当将电动机绕组接成 Y 形接法启动时，按下启动按钮 X0，将 Y0、Y1 置位为 ON，则 K1Y0=3，自动转化为二进制数为 0011，即 Y3=0、Y2=0、Y1=1、Y0=1，电动机在绕组 Y 形接法下启动起来，并逐渐进入高速运行。与此同时使用定时器 T0 延时 6s，定时时间到，T0 触点为 ON，并将 Y2 置位为 ON，即 K1Y0=4，电动机绕组转化成△形接法。同时使用定时器 T1 延时 1 秒，定时时间到，T1 触点为 ON，将 Y0、Y2 置位为 ON，即 K1Y0=5，电动机在△形接法下得电运行。按下停止按钮 X1 或者发生过载保护时，X1 为 ON 或者 X2 为 ON，将 Y3、Y2、Y1、Y0 置为 OFF，即 K1Y0=0，则电动机运行停止。

2. PLC 的 I/O 地址分配和接线图

据以上分析，PLC 的 I/O 地址分配，见表 6.1。

表 6.1　PLC 的 I/O 地址分配表

输入信号		输出信号	
启动按钮	X000	KM1 线圈	Y000
停止按钮	X001	KM2 线圈	Y001
热继电器	X002	KM3 线圈	Y002

3. PLC 控制电路接线图

PLC 控制电路接线如图 6.10 所示。

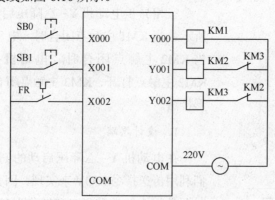

图 6.10　PLC 控制电路接线图

4. PLC 程序设计

程序梯形图如图 6.11（a）所示，当按下启动按钮 X0，十进制数 3（即二进制数 0011）送入 Y3～Y1，此时 Y3=0、Y2=0、Y1=1、Y0=1，电动机绕组接成 Y 形接法开始启动。与此同时，定时器 T0 开始定时 6s，延时时间到，T0 常开触点闭合，十进制数 4（即二进制数 0100）送入 Y3～Y1，此时 Y3=0、Y2=1、Y1=0、Y0=0，电动机绕组接成△形接法。与此同时，接通定时器 T1，延时 1s 后，十进制数 5（即二进制数 0101）送入 Y3～Y1，此时 Y3=0、Y2=1、Y1=0、Y0=1，电动机绕组在△形接法下得电继续运行。此时电动机的 Y-△降压启动过程结束，电动机进入全压运行状态。如果需要电动机停车或者发生电动机过载时，停止按钮 X1 为 ON 或热继电器 X2 为 ON，将十进制数 0（即二进制数 0000）送入 Y3～Y1，此时 Y3=0、Y2=0、Y1=0、Y0=0，电动机失电停止运转。

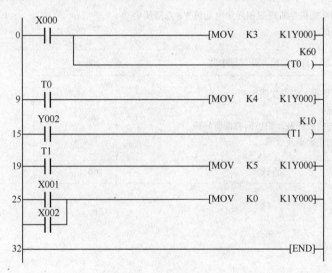

（a）梯形图

序号	操作码	操作数	序号	操作码	操作数
0	LD	X000	7	LD	T1
1	MOV	K3 K1Y000	8	MOV	K5 K1Y000
2	OUT	T0 K60	9	LD	X001
3	LD	T0	10	OR	X002
4	MOV	K4 K1Y000	11	MOV	K0 K1Y000
5	LD	Y002	12	END	
6	OUT	T1 K10	13		

（b）指令语句表

图 6.11　Y-△降压启动控制电路梯形图和语句表

　任务评价

完成三相异步电动机 Y-△降压启动控制电路中功能指令的应用评价表 6.2。

表 6.2　三相异步电动机 Y–△降压启动控制电路中功能指令的应用评价表

	评价项目及标准	配分	自评	互评	师评	总评
知识与技能	能掌握梯形图的逻辑关系和工作原理	10				
	能设计 PLC 的外部 I/O 接线图	10				
	能设计编写 PLC 梯形图	5				
	能完成利用功能指令实现三相异步电动机 Y–△降压启动的接线与调试	25				
	根据任务要求，自检互检，并调试电路	20				
实习过程	1. 按照 7S 要求，安全文明生产 2. 出勤情况 3. 积极参与完成任务，积极回答课堂问题 4. 学习中的正确率及效率	30				
	合计	100				
简要评述						

任务 6.2　霓虹灯控制电路中功能指令的应用

现代城市普遍采用五颜六色变换的霓虹灯装点着美丽的城市夜景，彰显着城市的勃勃生机。某律师办公楼委托我们为其设计一款霓虹灯控制电路，要求不同色彩的霓虹灯依次点亮，并实现间隔 1s 的循环变化。

根据任务描述得知，现有 HL1、HL2、HL3 和 HL4 共 4 盏霓虹灯，按下启动按钮后，霓虹灯以 HL1 ～ HL4 为序，实现间隔 1s 依次点亮（即每盏霓虹灯依次被点亮 1s），当第四盏霓虹灯 HL4 点亮后，再以 HL4 ～ HL1 为序，实现间隔 1s 依次点亮；当第一盏霓虹灯 HL1 再次点亮后，重复循环上述过程；当按下停止按钮后，霓虹灯控制系统停止工作。

认知目标：

1．能掌握霓虹灯控制电路需要的功能指令。

2．能掌握与本任务相关的功能指令的含义与使用方法。

3．能掌握梯形图的逻辑关系和工作原理。

技能目标：

1．能正确规范地画出任务要求的 PLC 外部接线图。

2．能熟练地使用功能指令完成 PLC 程序的设计。

3．能完成使用 PLC 功能指令控制霓虹灯电路的接线与调试。

4．按照 7S 标准要求，安全文明生产。

任务准备

6.2.1　FX2N 系列 PLC 的部分功能指令

1．数据变换指令 BCD/BIN

BCD 变换指令的编号为 FNC18。它是将源元件中的二进制数转换成 BCD 码送到目标元件中，如图 6.12 所示。如果指令进行 16 位操作时，执行结果超出 0 ～ 9999 范围将会出错；当指令进行 32 位操作时，执行结果超过 0 ～ 99999999 范围也将出错。PLC 中内部的运算为二进制运算，可用 BCD 指令将二进制数变换为 BCD 码输出到七段显示器。

BIN 变换指令的编号为 FNC19。它是将源元件中的 BCD 数据转换成二进制数据送到目标元件中，如图 6.12 所示。常数 K 不能作为本指令的操作元件，因为在任何处理之前它们都会被转换成二进制数。

2．算术运算指令

（1）加法指令 ADD

ADD 指令的编号为 FNC20。它是将指定的源元件中的二进制数相加结果送到指定的目标元件中去。如图 6.13 所示，当 X0 为 ON 时，执行（D10）＋（D12）→（D14）。

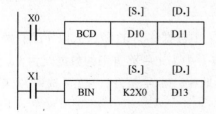

图 6.12　数据变换指令的使用

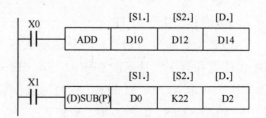

图 6.13　加法和减法指令的使用

（2）减法指令 SUB

SUB 指令的编号为 FNC21。它是将［S1.］指定元件中的内容以二进制形式减去［S2.］指定元件的内容，其结果存入由［D.］指定的元件中。如图 6.13 所示，当 X1 为 ON 时，执行（D0）−（K22）→（D2）。

使用加法和减法指令时应该注意：操作数可取所有数据类型，目标操作数可取 KnY、KnM、KnS、T、C、D、V 和 Z；16 位运算占 7 个程序步，32 位运算占 13 个程序步；数据为有符号二进制数，最高位为符号位（0 为正，1 为负）；加法指令有三个标志：零标志（M8020）、借位标志（M8021）和进位标志（M8022）。当运算结果超过 32767（16 位运算）或 2147483647（32 位运算）则进位标志置 1；当运算结果小于 −32767（16 位运算）或 −2147483647（32 位运算），借位标志就会置 1。

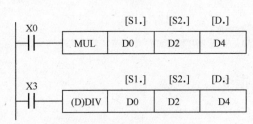

图 6.14　乘法和除法指令的使用

（3）乘法指令 MUL

MUL 指令的编号为 FNC22。数据均为有符号数。如图 6.14 所示，当 X0 为 ON 时，将二进制 16 位数［S1.］、［S2.］相乘，结果送［D.］中。D 为 32 位，即（D0）×（D2）→（D5，D4）（16 位乘法）；当 X0 为 ON 时，（D1，D0）×（D3，D2）→（D7，D6，D5，D4）（32 位乘法）。

（4）除法指令 DIV

DIV 指令的编号为 FNC23。其功能是将［S1.］指定为被除数，［S2.］指定为除数，将除得的结果送到［D.］指定的目标元件中，余数送到［D.］的下一个元件中。如图 6.14 所示，当 X3 为 ON 时（D0）÷（D2）→（D4）商，（D5）余数（16 位除法）；当 X3 为 ON 时（D1，D0）÷（D3，D2）→（D5，D4）商，（D7，D6）余数（32 位除法）。

使用乘法和除法指令时应注意：源操作数可取所有数据类型，目标操作数可取 KnY、KnM、KnS、T、C、D、V 和 Z，Z 只有 16 位乘法时能用，32 位不可用；16 位运算占 7 个程序步，32 位运算为 13 个程序步；32 位乘法运算中，如用位元件作目标，则只能得到乘积的低 32 位，高 32 位将丢失，这种情况下应先将数据移入字元件再运算；除法运算中将位元件指定为［D.］，则无法得到余数，除数为 0 时发生运算错误；积、商和余数的最高位为符号位。

3．移位指令

（1）右移位指令 SFTR

SFTR 指令编号为 FNC34，其功能是将［S.］中数据移动 n2 位进入以［D.］为首的 n1 位寄存器中，且每次右移 n2 位，如果［D.］中为 1 则移进来的数据就为 1。位源操作数可取 X、T、M 和 S，位目标操作数可取 Y、M 和 S；n1、n2 可选用 KnX、KnY、KnM、KnS、T、C、D、V 和 Z。

如图 6.15 所示，若 X0 输入端输入上升沿，则 M10 中的数据移动到 M7 中，M7

中原有数据依次向右移动一位，M0 中数据溢出。

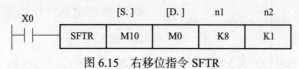

图 6.15　右移位指令 SFTR

（2）左移位指令 SFTL

SFTL 指令编号为 FNC35，其功能是将 [S.] 中数据移动 n2 位进入以 [D.] 为首的 n1 位寄存器中，且每次左移 n2 位，如果 [D.] 中为 1 则移进来的数据就为 1。位源操作数可取 X、T、M 和 S，位目标操作数可取 Y、M 和 S；n1、n2 可选用 KnX、KnY、KnM、KnS、T、C、D、V 和 Z。

如图 6.16 所示，若 X0 输入端输入上升沿，则 M10 中的数据移动到 M0 中，M0 中原有数据依次向右移动一位，M7 中数据溢出。

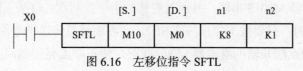

图 6.16　左移位指令 SFTL

任务实施

6.2.2　霓虹灯控制电路中功能指令的应用

1．设计思路

本任务所要求的四盏霓虹灯依次点亮控制，可以采用基本指令编写，但是编写程序比较烦琐冗长。三菱 PLC 提供了丰富的功能指令，来实现一些特殊控制的要求。利用这些功能指令，不仅提高了 PLC 编程的灵活性，也极大地拓宽了 PLC 的应用范围。本任务主要采用 PLC 功能指令中的传送指令和移位指令设计梯形图程序。由于传送指令和移位指令都属于数据处理类指令，因此在使用时尤其要注意 PLC 的数据类型和寻址方式问题。

2．PLC 的 I/O 地址分配

根据任务分析可知，本控制系统共有 2 个输入点、4 个输出点，PLC 的 I/O 地址分配见表 6.3。

表 6.3　PLC 的 I/O 地址分配表

输入信号		输出信号	
元件名称	输入点	元件名称	输出点
启动按钮	X000	1 组霓虹灯	Y000
停止按钮	X001	2 组霓虹灯	Y001
		3 组霓虹灯	Y002
		4 组霓虹灯	Y003

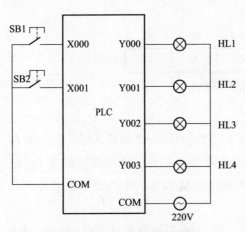

图 6.17　PLC 控制电路接线图

3. PLC 控制电路接线图

PLC 控制电路接线如图 6.17 所示。

4. PLC 程序设计

当按下启动按钮 SB1 时，输入继电器 X000 接通，霓虹灯 HL1～HL4 以正序（从左向右）点亮，此时 Y000～Y003 的状态依次应该是 1000、0100、0010、0001。此操作可以使用左移指令实现，其梯形图程序如图 6.18（a）所示。其控制原理为：当 X000 置 1 时，上升沿置初值，Y000=1；Y000 常开触点闭合接通控制正序启动程序的辅助继电器 M0；M0 的常开触点与 1s

连续脉冲特殊继电器 M8013 串联，并通过左移位指令控制霓虹灯按正序每秒钟亮灯左移 1 位；当需要停止时，只要按下停止按钮 SB2，一方面通过传送指令使 Y000 置 0 关灯，另一方面其常开触点断开辅助继电器 M0 的线圈，使正序点亮控制回路断开，霓虹灯停止正序点亮工作。

同样，反序点亮可以使用右移指令来实现，其梯形图、指令语句表如图 6.18 所示。其控制原理为：当霓虹灯 HL1～HL4 以正序点亮至第四盏灯 HL4 时，Y003 置 1，其常闭触点断开，正序点亮停止，同时 M1 置 1，其常开触点闭合接通反序控制回路，霓虹灯 HLI～HL4 以反序每秒钟亮灯右移 1 位。当霓虹灯 HL1～HL4 以反序点亮至第一盏灯 HL1 时，Y000 置 1，其常闭触点断开，反序右移点亮停止，同时 M0 置 1，其常开触点团合接通正序控制回路，霓虹灯开始下一次点亮循环控制。

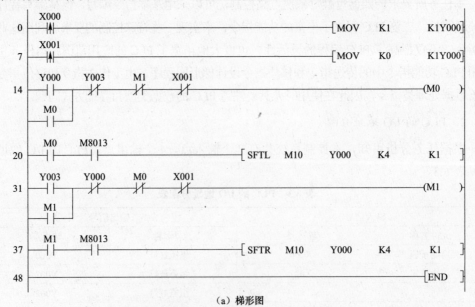

（a）梯形图

图 6.18　霓虹灯控制系统梯形图和指令语句表

序号	操作码	操作数	序号	操作码	操作数
0	LDP	X000	12	SFTL	M10 Y000 K4 K1
1	MOV	K1 K1Y000	13	LD	Y003
2	LDP	X001	14	OR	M1
3	MOV	K0 K1Y000	15	ANI	Y000
4	LD	Y000	16	ANI	M0
5	OR	M0	17	ANI	X001
6	ANI	Y003	18	OUT	M1
7	ANI	M1	19	LD	M1
8	ANI	X001	20	AND	M8013
9	OUT	M0	21	SFTR	M10 Y000 K4 K1
10	LD	M0	22	END	
11	AND	M8013			

（b）指令语句表

图 6.18（续）

任务评价

完成霓虹灯控制电路中功能指令的应用评价表 6.4。

表 6.4　霓虹灯控制电路中功能指令的应用评价表

评价项目及标准		配分	自评	互评	师评	总评
知识与技能	能掌握梯形图的逻辑关系和工作原理	10				
	能正确设计 PLC 的外部 I/O 接线图	10				
	能使用功能指令完成 PLC 程序的设计	5				
	能完成 PLC 功能指令控制霓虹灯的电路设计接线与调试	25				
	能根据任务要求，自检互检，并调试电路	20				
实习过程	1. 按照 7S 要求，安全文明生产 2. 出勤情况 3. 积极参与完成任务，积极回答课堂问题 4. 学习中的正确率及效率	30				
合计		100				
简要评述						

任务 6.3　四路抢答器控制电路中功能指令的应用

任务描述

抢答器是各种竞赛活动中不可缺少的设备。现接受委托为某学校举办学生竞赛活动设计一款应用 PLC 控制的抢答器，并且能够满足 4 名学生同时比赛，在抢答过程中能够实现倒计时、定时、手动复位、声响提示等多种功能。

任务分析

当主持人打开启动开关 SB1 后，在设定时间 T0（30s）内，如果某组抢先按下抢答按钮，则驱动音效电路发出声响，并且在小彩灯上显示出抢答成功的组号，此时电路实现互锁，其他组再按下抢答按钮为无效。在抢答成功后定时器停止工作，主持人按下开关 SB2 系统清零，可以开始下一轮的抢答。

任务目标

认知目标：

1. 能掌握抢答器控制电路需要的功能指令。
2. 能掌握与本任务相关的功能指令的含义与使用方法。
3. 能掌握梯形图的逻辑关系和工作原理。

技能目标：

1. 能正确规范的画出任务要求的 PLC 外部接线图。
2. 能熟练使用功能指令完成 PLC 程序的设计。
3. 能完成使用 PLC 功能指令控制抢答器电路的接线与调试。
4. 按照 7S 标准要求，安全文明生产。

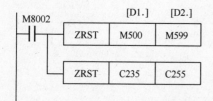
任务准备

图 6.19　区间复位指令的使用

6.3.1　FX2N 系列 PLC 的部分功能指令

1. 区间复位指令 ZRST

区间复位指令 ZRST（P）的编号为 FNC40。它是将指定范围内的同类元件成批复位。如图 6.19 所示，当 M8002 由 OFF → ON 时，位元件

M500 ～ M599 成批复位，字元件 C235 ～ C255 也成批复位。

使用区间复位指令时应注意：[D1.] 和 [D2.] 可取 Y、M、S、T、C、D，且应为同类元件，同时 [D1.] 的元件号应小于 [D2.] 指定的元件号，若 [D1.] 的元件号大于 [D2.] 元件号，则只有 [D1.] 指定元件被复位；ZRST 指令只有 16 位处理，占 5 个程序步，但 [D1.] 和 [D2.] 也可以指定 32 位计数器。

2．译码指令

DECO 指令的编号为 FNC41。如图 6.20 所示，n=3 则表示 [S.] 源操作数为 3 位，即为 X0、X1、X2。其状态为二进制数，当前值为 011 时相当于十进制数 3，则由目标操作数 M7 ～ M0 组成的 8 位二进制数的第 3 位 M3 被置 1，其余各位为 0。如果 X0、X1、X2 当前值为 000 则 M0 被置 1。用译码指令可通过 [D.] 中的数值来控制元件的 ON/OFF。

3．编码指令 ENCO

ENCO 指令的编号为 FNC42。如图 6.21 所示，当 X5 有效时执行编码指令，将 [S.] 中最高位的 1（M3）所在位数（4）放入目标元件 D10 中，即把 011 放入 D10 的低 3 位。

使用编码指令时应注意：源操作数是字元件时，可以是 T、C、D、V 和 Z；源操作数是位元件，可以是 X、Y、M 和 S。目标元件可取 T、C、D、V 和 Z。编码指令为 16 位指令，占 7 个程序步。操作数为字元件时应使用 n≤4，为位元件时则 n=1 ～ 8，n=0 时不做处理。若指定源操作数中有多个 1，则只有最高位的 1 有效。

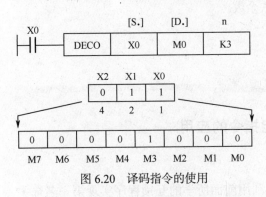

图 6.20　译码指令的使用

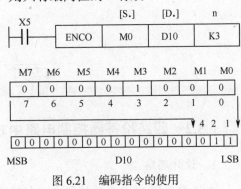

图 6.21　编码指令的使用

4．ON 位数统计指令和 ON 位判别指令

（1）ON 位数统计指令 SUM

SUM 指令的编号为 FNC43，该指令是用来统计指定元件中 1 的个数。如图 6.22 所示，当 X0 有效时执行 SUM 指令，将源操作数 D0 中 1 的个数送入目标操作数 D2 中，若 D0 中没有 1，则零标志 M8020 将置 1。

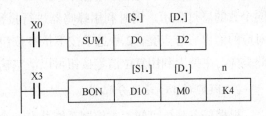

图 6.22　ON 位数统计指令和 ON 位判别指令的使用

（2）ON 位判别指令 BON

BON 指令的编号为 FNC44，它的功能是检测指定元件中的指定位是否为 1。如图 6.22 所示，当 X3 为有效时，执行 BON 指令，由 K4 决定检测的是源操作数 D10 的第 4 位，当检测结果为 1 时，则目标操作数 M0=1，否则 M0=0。

使用 SUM 指令时应注意：源操作数可取所有数据类型，目标操作数可取 KnY、KnM、KnS、T、C、D、V 和 Z；16 位运算时占 5 个程序步，32 位运算则占 9 个程序步。

使用 BON 指令时应注意：源操作数可取所有数据类型，目标操作数可取 Y、M 和 S；进行 16 位运算，占 7 个程序步，n=0 ～ 15；32 位运算时则占 13 个程序步，n=0 ～ 31。

5．平均值指令 MEAN

平均值指令 MEAN 的编号为 FNC45。其功能是将 n 个源数据的平均值送到指定目标（余数省略），若程序中指定的 n 值超出 1～64 的范围将会出错。如图 6.23 中 K3 表示有三个数，则源操作数为 D0、D1、D2，目标操作数为 D4。当 X3 接通时，执行的操作为 $[(D0)+(D1)+(D2)]/3 \to (D4)$，舍去余数。

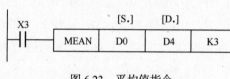

图 6.23　平均值指令

6.3.2　四路抢答器控制电路中功能指令的应用

1．设计思路

本任务采用 PLC 中功能指令进行编写，利用前面所学的互锁程序实现第一名选手抢答成功后其他选手抢答无效，把 Y000 ～ Y003 看作一个数据区，使用数据传送指令在选手抢答成功后传送输出数据，用 4 个彩灯显示抢答到的组号，抢答到的组别用不同个数的彩灯显示，同时利用蜂鸣器进行报警提示。若 1 号选手按下抢答按钮，Y000 对应的输出彩灯点亮，2 号选手按下抢答按钮，Y000、Y001 对应的输出彩灯点亮，以此类推。主持人利用复位清零按钮可以清空输出数据，进行下一轮的抢答。

2．PLC 的 I/O 地址分配

根据任务分析可知，本控制系统共有 6 个输入点、5 个输出点，PLC 的 I/O 地址分配见表 6.5。

表 6.5　PLC 的 I/O 地址分配表

输入信号		输出信号	
元件名称	输入点	元件名称	输出点
开始抢答按钮	X000	抢答指示灯 1	Y000
停止抢答按钮	X001	抢答指示灯 2	Y001
1 号选手抢答按钮	X002	抢答指示灯 3	Y002
2 号选手抢答按钮	X003	抢答指示灯 4	Y003
3 号选手抢答按钮	X004	抢答蜂鸣器	Y004
4 号选手抢答按钮	X005		

3. PLC 控制电路接线图

PLC 控制电路接线图如图 6.24 所示。

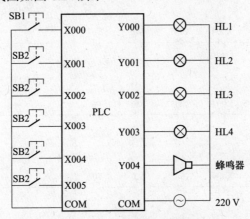

图 6.24　PLC 控制电路接线图

4. PLC 程序设计

程序主要分为两大功能:

(1) 抢答开始后无人抢答

当竞赛主持人按下抢答开始按钮 SB1,中间继电器 M0 进行自锁,同时定时器 T0 开始计时 30s,若 30s 内无人抢答,则 T0 常开触点闭合,T0 常闭触点断开,启动蜂鸣器报警 2s,选手超时后再按下抢答按钮则无效。

(2) 选手正常抢答

若开始抢答后,任一选手按下抢答按钮,则运行相应的数据传送指令到输出端 Y000 ~ Y003 的彩灯,互锁指令会屏蔽其他选手抢答程序,同时抢答成功蜂鸣器会报警 2s;如果抢答的是 1 号选手,抢答成功后数据传送指令会把十进制 1 转换为二进制数据 0001 发送给输出端,点亮彩灯 1;如果是 2 号选手抢答成功,数据传送指令会把十进制 3 传送到输出端,同时点亮彩灯 1、2;3 号选手抢答成功则会传送十进制 7 到输出端，同时输出 3 个彩灯；4 号选手抢答成功会传送数据十进制 15 到输出端，同时点亮 4 个彩灯。每个选手抢答成功的同时蜂鸣器都会报警 2s 来提示主持人有选手抢答到题目，在选手回答完毕后，主持人手动按下复位 / 停止按键，程序通过传送数据清零所有数据，开始下一题目的抢答。四路抢答器 PLC 控制的梯形图和语句表如图 6.25 所示。

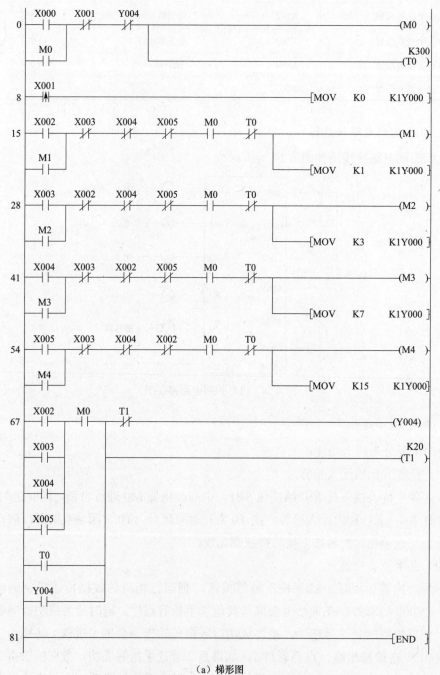

（a）梯形图

图 6.25　四路抢答器 PLC 控制电路梯形图和语句表

序号	操作码	操作数	序号	操作码	操作数	序号	操作码	操作数
0	LD	X000	19	ANI	X002	38	ANI	X004
1	OR	M0	20	ANI	X004	39	ANI	X002
2	ANI	X001	21	ANI	X005	40	AND	M0
3	ANI	Y004	22	AND	M0	41	ANI	T0
4	OUT	M0	23	ANI	T0	42	OUT	M4
5	OUT	T0 K300	24	OUT	M2	43	MOV	K15 K1Y000
6	LDP	X001	25	MOV	K3 K1Y000	44	LD	X002
7	MOV	K0 K1Y000	26	LD	X004	45	OR	X003
8	LD	X002	27	OR	M3	46	OR	X004
9	OR	M1	28	ANI	X003	47	OR	X005
10	ANI	X003	29	ANI	X002	48	AND	M0
11	ANI	X004	30	ANI	X005	49	OR	T0
12	ANI	X005	31	AND	M0	50	OR	Y004
13	AND	M0	32	ANI	T0	51	MPS	
14	ANI	T0	33	OUT	M3	52	ANI	T1
15	OUT	M1	34	MOV	K7 K1Y000	53	OUT	Y004
16	MOV	K1 K1Y000	35	LD	X005	54	MPP	
17	LD	X003	36	OR	M4	55	OUT	T1 K20
18	OR	M2	37	ANI	X003	56	END	

（b）指令语句表

图 6.25（续）

任务评价

完成四路抢答器控制电路中功能指令的应用任务评价表 6.6。

表 6.6　四路抢答器控制电路中功能指令的应用任务评价表

评价项目及标准		配分	自评	互评	师评	总评
知识与技能	能掌握梯形图的逻辑关系和工作原理	10				
	能正确设计 PLC 的外部 I/O 接线图	10				
	能使用功能指令完成 PLC 程序的设计	5				
	能完成 PLC 功能指令控制抢答器的电路设计接线与调试	25				
	能根据任务要求，自检互检，并调试电路	20				
实习过程	1. 按照 7S 要求，安全文明生产 2. 出勤情况 3. 积极参与完成任务，积极回答课堂问题 4. 学习中的正确率及效率	30				
合计		100				
简要评述						

任务 6.4　工业洗衣机控制电路中功能指令的应用

全自动工业洗衣机（大型洗衣机\工业用洗衣机\大型工业洗衣机）是宾馆、酒店、招待所、医院、部队、洗染行业、院校等企事业单位洗涤棉、毛、麻、化纤等衣物织品的理想设备。它具有洗涤效果好，能耗低，噪音振动小，外形美观，结构设计新颖等优点。

某生产企业委托我们利用 PLC 进行全自动工业洗衣机控制设备改造。洗衣机利用电动机正反转搅动衣物来进行洗涤，洗涤衣物需要经历进水、洗衣、排水、脱水等环节。在洗衣过程中可以根据不同的衣物选择标准洗涤、快速洗涤、加长洗涤模式。

本任务需要控制电动机正反转来搅动衣物进行洗涤。按下启动转换开关 QS（X000）后，洗衣机进入运行模式，同时利用上升沿信号为数据区 D1 进行清零初始化。洗衣机分为三种清洗模式：加长洗涤、标准洗涤、快速洗涤。按下相应洗涤模式按钮，洗衣机首先打开电磁阀 YV1（Y000），洗衣机开始进水，当水位到达 B1（X004），关闭 YV1，洗衣机开始进行洗涤，通过 KM1（Y001）、KM2（Y002）来实现电动机正反转搅动衣物进行洗涤。三种模式都是正反转旋转洗涤 60 次，每次正转洗涤 3s，停 2s，反转洗涤 3s，停 2s，如此反复进行衣物洗涤。当洗涤次数到达 60 次时，洗衣机打开 YV2（Y001）开始排水，排水 2min 后，洗衣机打开脱水电磁阀 YV3（Y004）进行脱水 1min，整个洗衣过程结束。加长模式为循环洗涤 4 次，标准模式为循环洗涤 3 次，快洗模式为循环洗涤 2 次。

认知目标：

1. 能掌握洗衣机控制电路需要的功能指令。

2. 能掌握与本任务相关的功能指令的含义与使用方法。

3. 能掌握梯形图的逻辑关系和工作原理。

技能目标：

1. 能正确规范的画出任务要求的 PLC 外部接线图。

2. 能熟练使用功能指令完成 PLC 程序的设计。

3. 能完成使用 PLC 功能指令控制洗衣机电路的接线与调试。

4. 按照 7S 标准要求，安全文明生产。

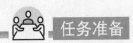

6.4.1　FX2N 系列 PLC 的部分功能指令

1. 条件跳转指令 CJ（P）

条件跳转指令 CJ（P）的编号为 FNC00，操作数为指针标号 P0 ～ P127，其中 P63 为 END 所在步序，不需标记。指针标号允许用变址寄存器修改。CJ 和 CJP 都占 3 个程序步，指针标号占 1 步。如图 6.26 所示，当 X001 接通时，则由 CJ P8 指令跳到标号为 P8 的指令处开始执行，跳过了程序的一部分，减少了扫描周期。如果 X001 断开，跳转不会执行，则程序按原顺序执行。

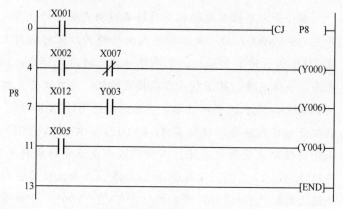

图 6.26 条件跳转指令的使用

使用跳转指令时应注意：

1）CJP 指令表示为脉冲执行方式。

2）在一个程序中一个标号只能出现一次，否则将出错。

3）在跳转执行期间，即使被跳过程序的驱动条件改变，但其线圈（或结果）仍保持跳转前的状态，因为跳转期间根本没有执行这段程序。

4）如果在跳转开始时定时器和计数器已经开始工作，则在跳转执行期间它们将停止工作，到跳转条件不满足后又继续工作。但对于正在工作的定时器 T192 ～ T199 和高速计数器 C235 ～ C255 不管有无跳转仍连续工作。

5）若积算定时器和计数器的复位（RST）指令在跳转区外，即使它们的线圈被跳转，但对它们的复位仍然有效。

2. 子程序调用指令 CALL

子程序调用指令 CALL 的编号为 FNC01。操作数为 P0 ～ P127，此指令占用 3 个程序步。

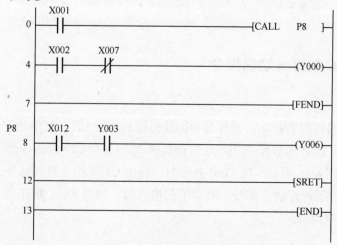

图 6.27 子程序调用与返回指令的使用

3. 子程序返回指令 SRET

子程序返回指令 SRET 的编号为 FNC02。无操作数，占用 1 个程序步。

如图 6.27 所示，如果 X001 接通，则转到标号 P8 处去执行子程序。当执行 SRET 指令时，返回到 CALL 指令的下一步执行。

使用子程序调用与返回指令时应注意：转移标号不

能重复，也不可与跳转指令的标号重复；子程序可以嵌套调用，最多可 5 级嵌套。

4. 主程序结束指令 FEND

主程序结束指令 FEND 的编号为 FNC06，无操作数，占用 1 个程序步。如图 6.27 所示，FEND 表示主程序结束。当执行到 FEND 时，PLC 进行输入 / 输出处理，监视定时器刷新，完成后返回起始步。

使用 FEND 指令时应注意：子程序和中断服务程序应放在 FEND 之后；子程序和中断服务程序必须写在 FEND 和 END 之间，否则出错。

5. 循环指令 FOR–NEXT

循环指令共有两条：循环区起点指令 FOR，编号为 FNC08，占 3 个程序步；循环结束指令 NEXT，编号为 FNC09，占用 1 个程序步，无操作数。

在程序运行时，位于 FOR 指令和 NEXT 指令间的程序反复执行 n 次（由操作数决定）后再继续执行后续程序。循环的次数 n=1 ～ 32767。如果 N 为 -32767 ～ 0 之间，则当作 n=1 处理。

如图 6.28 所示为一个二重嵌套循环，外层执行 5 次。如果 D0Z 中的数为 6，则外层 A 每执行一次则内层 B 将执行 6 次。

使用循环指令时应注意：FOR 和 NEXT 必须成对使用；FX2N 系列 PLC 可循环嵌套 5 层；在循环中可利用 CJ 指令在循环没结束时跳出循环体；FOR 应放在 NEXT 之前，NEXT 应在 FEND 和 END 之前，否则均会出错。

6. 加 1 和减 1 指令 INC/DEC

加 1 指令 INC 的编号为 FNC24，减 1 指令 DEC 的编号为 FNC25。INC 和 DEC 指令分别是当条件满足则将指定元件的内容加 1 或减 1。如图 6.29 所示，当 X4 为 ON 时，（D10）+1 →（D10）；当 X1 为 ON 时，（D11）+1 →（D11）。若指令是连续指令，则每个扫描周期均作一次加 1 或减 1 运算。

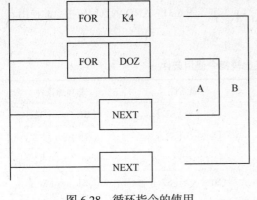

图 6.28　循环指令的使用

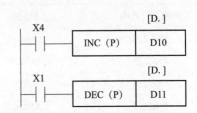

图 6.29　加 1 和减 1 指令的使用

使用加 1 和减 1 指令时应注意：指令的操作数可为 KnY、KnM、KnS、T、C、D、

V、Z；当进行 16 位操作时为 3 个程序步，32 位操作时为 5 个程序步；在 INC 运算时，如数据为 16 位，则由 +32767 再加 1 变为 −32768，但标志不置位；同样，32 位运算由 +2147483647 再加 1 就变为 −2147483648 时，标志也不置位。在 DEC 运算时，16 位运算 −32768 减 1 变为 +32767，且标志不置位；32 位运算由 −2147483648 减 1 变为 +2147483647，标志也不置位。

7. LD 触点比较指令

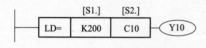

图 6.30　LD 触点比较指令的使用

如图 6.30 所示为 LD= 指令的使用，当 C10 当前值等于 200 时，触点接通驱动 Y10 输出信号。具体使用条件见表 6.7，其中 [S1.] 和 [S2.] 指令的操作数可为 KnH、KnX、KnY、KnM、KnS、T、C、D、V、Z。

触点比较指令使用条件见表 6.7。

表 6.7　触点比较指令使用条件

功能指令代码	助记符	导通条件	非导通条件
FNC224	LD=	[S1.] = [S2.]	[S1.] ≠ [S2.]
FNC225	LD>	[S1.] > [S2.]	[S1.] <= [S2.]
FNC226	LD<	[S1.] < [S2.]	[S1.] >= [S2.]
FNC227	LD<>	[S1.] <> [S2.]	[S1.] = [S2.]
FNC228	LD<=	[S1.] <= [S2.]	[S1.] > [S2.]
FNC229	LD>=	[S1.] >= [S2.]	[S1.] < [S2.]

8. AND 触点比较指令

如图 6.31 所示为 AND= 指令的使用，当 C10 当前值等于 200 时，触点接通驱动 Y10 输出信号。具体使用条件见表 6.8，其中 [S1.] 和 [S2.] 指令的操作数可为 KnH、KnX、KnY、KnM、KnS、T、C、D、V、Z。

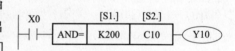

图 6.31　AND 触点比较指令的使用

表 6.8　AND 触点比较指令使用条件

功能指令代码	助记符	导通条件	非导通条件
FNC224	AND=	[S1.] = [S2.]	[S1.] ≠ [S2.]
FNC225	AND>	[S1.] > [S2.]	[S1.] <= [S2.]
FNC226	AND<	[S1.] < [S2.]	[S1.] >= [S2.]
FNC227	AND<>	[S1.] <> [S2.]	[S1.] = [S2.]
FNC228	AND<=	[S1.] <= [S2.]	[S1.] > [S2.]
FNC229	AND>=	[S1.] >= [S2.]	[S1.] < [S2.]

 任务实施

6.4.2　工业洗衣机控制电路中功能指令的应用

1. 设计思路

本任务要求控制洗衣机的进水、洗涤、排水环节，其中洗涤过程分为加长洗涤模式，标准洗涤模式，快速洗涤模式，在程序中采用了主控指令，触点比较指令，加一的功能指令，意在使学生能够更好地理解部分功能指令的使用方法，同时也体现出功能指令在程序应用中的便捷之处，洗衣机其他洗涤程序采用基本指令进行编写。

2. PLC 的 I/O 地址分配

根据任务分析可知，本控制系统共有 5 个输入点、5 个输出点，PLC 的 I/O 地址分配见表 6.9。

表 6.9　PLC 的 I/O 地址分配表

输入信号		输出信号	
元件名称	输入点	元件名称	输出点
启动转换开关	X000	进水阀门	Y000
加长洗涤开关	X001	排水阀门	Y001
标准洗涤开关	X002	正转接触器	Y002
快速洗涤开关	X003	反转接触器	Y003
水位监测传感器	X004	脱水电磁阀	Y004

3. PLC 控制电路接线图

PLC 控制电路接线图如图 6.32 所示。

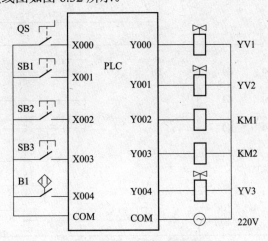

图 6.32　PLC 控制电路接线图

4. PLC 程序设计

工业洗衣机 PLC 控制电路梯形图和语句表如图 6.33 所示。

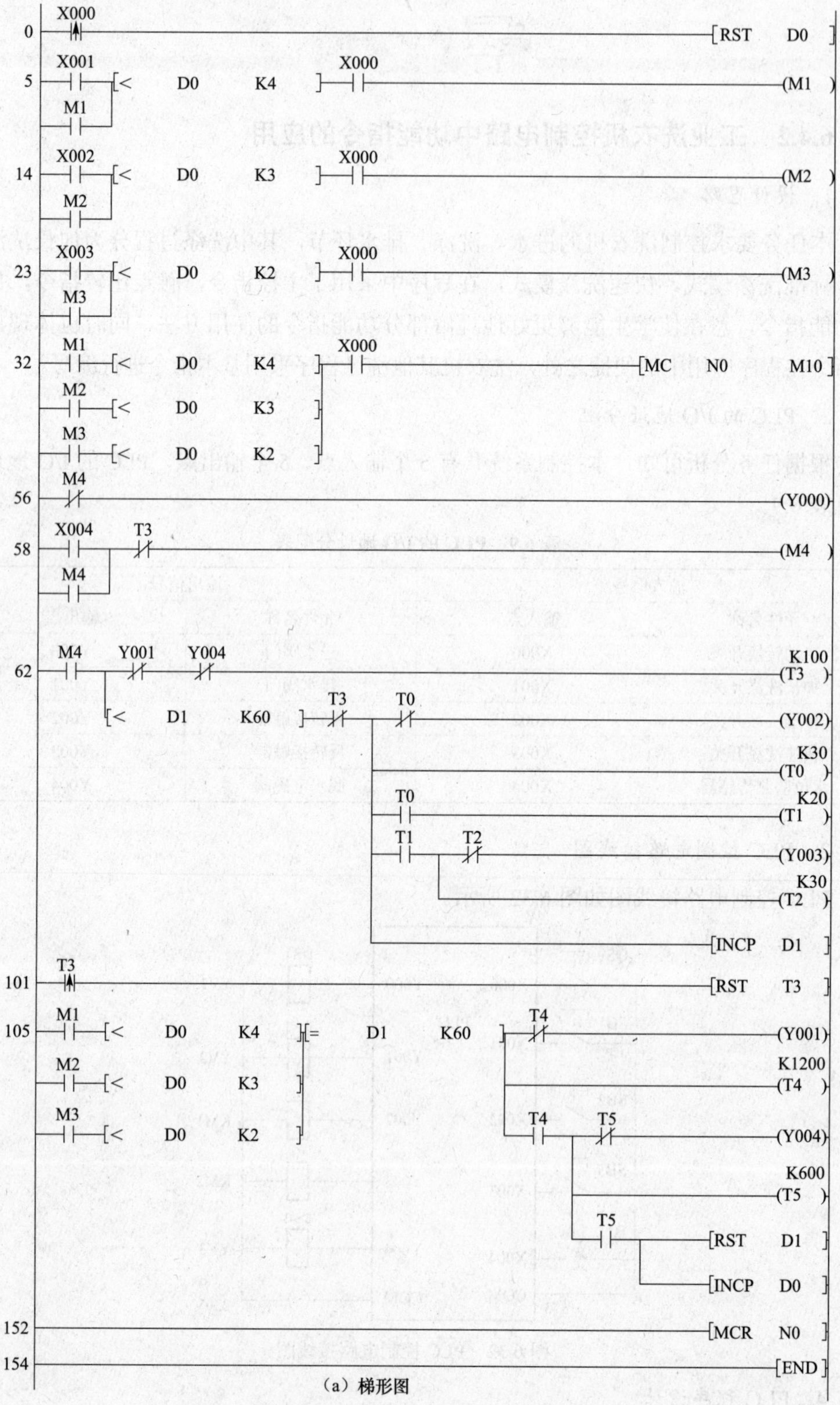

图 6.33 工业洗衣机 PLC 控制电路梯形图和语句表

（a）梯形图

序号	操作码	操作数	序号	操作码	操作数	序号	操作码	操作数
0	LDP	X000	35	OUT	Y000	70	LDP	T3
1	RST	D0	36	LD	X004	71	RST	T3
2	LD	X001	37	OR	M4	72	LD	M1
3	OR	M1	38	ANI	T3	73	AND<	D0
4	AND<	D0	39	OUT	M4	74		K4
5		K4	40	LD	M4	75	LD	M2
6	AND	X000	41	MPS		76	AND<	D0
7	OUT	M1	42	ANI	Y001	77		K3
8	LD	X002	43	ANI	Y004	78	ORB	
9	OR	M2	44	OUT	T3	79	LD	M3
10	AND<	D0	45		K100	80	AND<	D0
11		K3	46	MPP		81		K2
12	AND	X000	47	AND<	D1	82	ORB	
13	OUT	M2	48		K60	83	AND=	D1
14	LD	X003	49	ANI	T3	84		K60
15	OR	M3	50	MPS		85	MPS	
16	AND<	D0	51	ANI	T0	86	ANI	T4
17		K2	52	OUT	Y002	87	OUT	Y001
18	AND	X000	53	MPP		88	MPP	
19	OUT	M3	54	OUT	T0	89	OUT	T4
20	LD	M1	55		K30	90		K1200
21	AND<	D0	56	MPS		91	AND	T4
22		K4	57	AND	T0	92	MPS	
23	LD	M2	58	OUT	T1	93	ANI	T5
24	AND<	D0	59		K20	94	OUT	Y004
25		K3	60	MRD		95	MPP	
26	ORB		61	AND	T1	96	OUT	T5
27	LD	M3	62	MPS		97		K600
28	AND<	D0	63	ANI	T2	98	AND	T5
29		K2	64	OUT	Y003	99	RST	D1
30	ORB		65	MPP		100	INCP	D0
31	AND	X000	66	OUT	T2	101	MCR	N0
32	MC	N0	67		K30	102	END	
33		M10	68	MPP				
34	LDI	M4	69	INCP	D1			

（b）语句表

图 6.33（续）

旋转洗衣机启动旋钮 QS（X000），利用上升沿信号对数据区 D0 进行清零初始化，程序中所有 X000 常开触点闭合，程序进入运行状态。

（1）加长洗涤模式

1）洗涤过程。按下 SB1（X001）洗衣机开始运行加长洗涤模式，通过触点比较指令与洗涤总次数 4 进行比较，若洗涤次数不足 4 次则该条指令执行，与 M1 中间继电器相连，中间继电器 M1 形成自锁，M1 启动主控指令 MC，程序满足主控指令运行条件，向下运行，进水电磁阀 YV1（Y000）接通，洗衣机开始进水，当洗衣机水位到达 B1（X004）时，启动中间继电器 M4 自锁，M4 常闭触点打开，断开进水电磁阀 YV1，洗衣机停止进水。同时 M4 启动洗涤程序，T3 定时器记录每次正反转洗涤一次的总时间为 10s。通过触点比较指令控制当洗涤次数不满 60 次时，洗涤程序持续循环进行。每次洗涤循环过程为：Y002 接通，洗涤电动机正转洗涤，T0 计时 3s，3s 后 T0 常开触点启动定时器 T1，同时 T0 常闭触点断开 Y002，电动机停止正转，T1 计时 2s 后启动 Y003 输出，电动机开始反转，T2 计时 3s 后断开 Y003，电动机停止反转，此时共洗涤 8s，定时器 T3 计时为 10s，由于 T0、T1、T2 定时器均未清零，所以 Y002、Y003 受定时器触点影响，2s 没有输出，INCP 加 1 指令在 D1 存储器中加 1，直到 T3 定时器计满 10s，T3 触点通过 RST 复位指令清零 T3 定时器，程序复位，此时对 D1 存储器中数据进行判断，若仍小于 60，则程序重复刚才洗涤过程，直到 D1 存储器中记录正反转洗涤 60 次，洗涤程序结束。

2）排水、脱水过程。洗涤程序结束后，程序 105 步中，由于开始时启动加长洗涤模式的中间继电器 M1 自锁，此时 M1 触点闭合，程序通过比较指令，将 D0 记录洗涤循环次数数据与加长洗涤要求循环 4 次进行比较，若小于 4 次，且已经完成 60 次正反转洗涤，则触点比较指令接通，Y001 得电，洗衣机打开 YV2 进行排水，排水时间由定时器 T4 记录 1200s，也就是 2min，2min 后定时器 T4 常闭触点断开，Y001 停止输出，洗衣机排水结束，T4 常开触点启动脱水电磁阀 YV3（Y004），洗衣机开始脱水，T5 定时器计时 1min 后执行 RST D1，将记录正反转洗涤次数的存储区 D1 清零，为开始正反转洗涤做好准备，同时记录总循环次数的 D0 存储区加 1，通过 32 步中触点判断指令进行判断，如果总循环次数小于加长洗涤次数 4 次，则程序执行总控 MC 指令，重复上述整个洗涤过程。直至总循环洗涤次数等于加长洗涤次数 4 次，洗衣机停止洗涤。

（2）标准洗涤模式

标准洗涤模式过程同加长洗涤模式，唯一不同的是记录总循环洗涤次数的 D0 存储区需要跟标准洗涤设定次数 3 次进行比较，满足总洗涤 3 次后洗衣程序结束，洗衣机停止洗涤。

（3）快速洗涤模式

标准洗涤模式过程同加长洗涤模式，唯一不同的是记录总循环洗涤次数的 D0 存储区需要跟标准洗涤设定次数 2 次进行比较，满足总洗涤 2 次后洗衣程序结束，洗衣机停止洗涤。

（4）停止洗涤

在程序运行过程任意时刻，都可以转动旋钮 QS 来停止程序，当满足运行条件时，重新转动旋钮启动按键，洗衣机可以再次正常运行。

完成工业洗衣机控制电路中功能指令的应用任务评价表 6.10。

表 6.10　工业洗衣机控制电路中功能指令的应用任务评价表

	评价项目及标准	配分	自评	互评	师评	总评
知识与技能	能掌握梯形图的逻辑关系和工作原理	10				
	能正确设计 PLC 的外部 I/O 接线图	10				
	能使用功能指令完成 PLC 程序的设计	5				
	能完成 PLC 功能指令控制洗衣机的电路设计接线与调试	25				
	能根据任务要求，自检互检，并调试电路	20				
实习过程	1. 按照 7S 要求，安全文明生产 2. 出勤情况 3. 积极参与完成任务，积极回答课堂问题 4. 学习中的正确率及效率	30				
合计		100				
简要评述						

单元小结

1. 功能指令的表示格式与基本指令不同。功能指令用编号 FN00 ～ FN294 表示，并给出对应的助记符，一般用指令的英文名称或缩写作为助记符。有的功能指令只需要指定功能号，大多数功能指令在指定功能号的同时还需要指定操作元件。操作元件由 1 到 4 个操作数组成。功能指令的功能号和指令助记符占一个程序步，16 位操作与 32 位操作的每一个操作数分别占 2 个和 4 个程序步。

2. 只有 ON/OFF 状态的元件称为位（bit）元件，处理数据的元件称为字元件。位元件每相邻的 4bit 位为一组组合成一个单元，它由 Kn 加首位元件号来表示，其中的 n 为组数，16 位操作数时 n=1 ～ 4，32 位操作数时 n=l ～ 8。

3．使用跳转指令时应注意：CJP 指令表示为脉冲执行方式；在一个程序中一个标号只能出现一次，否则将出错；在跳转执行期间，即使被跳过程序的驱动条件改变，但其线圈（或结果）仍保持跳转前的状态，因为跳转期间根本没有执行这段程序。如果在跳转开始时定时器和计数器已经开始工作，则在跳转执行期间它们将停止工作，到跳转条件不满足后又继续工作。但对于正在工作的定时器 T192 ～ T199 和高速计数器 C235 ～ C255 不管有无跳转仍连续工作。若积算定时器和计数器的复位（RST）指令在跳转区外，即使它们的线圈被跳转，但对它们的复位仍然有效。

4．使用循环指令时应注意：FOR 和 NEXT 必须成对使用；FX2N 系列 PLC 可循环嵌套 5 层；在循环中可利用 CJ 指令在循环没结束时跳出循环体；FOR 应放在 NEXT 之前，NEXT 应在 FEND 和 END 之前，否则均会出错。

5．使用译码指令时应注意：位源操作数可取 X、T、M 和 S，位目标操作数可取 Y、M 和 S，字源操作数可取 K、H、T、C、D、V 和 Z，字目标操作数可取 T、C 和 D；若 [D.] 指定的目标元件是字元件 T、C、D，则 n ≤ 4；若是位元件 Y、M、S，则 n=1 ～ 8。译码指令为 16 位指令，占 7 个程序步。

6．使用编码指令时应注意：源操作数是字元件时，可以是 T、C、D、V 和 Z；源操作数是位元件，可以是 X、Y、M 和 S。目标元件可取 T、C、D、V 和 Z。编码指令为 16 位指令，占 7 个程序步。操作数为字元件时应使用 n ≤ 4，为位元件时则 n=1 ～ 8，n=0 时不作处理。若指定源操作数中有多个 1，则只有最高位的 1 有效。

7．使用位移指令时候注意将源操作数 [S.] 中数据向左或向右移动 n2 位进入以 [D.] 为首的 n1 位寄存器中，且每次左移 / 右移 n2 位，位源操作数可取 X、T、M 和 S，位目标操作数可取 Y、M 和 S；n1、n2 可选用 KnX、KnY、KnM、KnS、T、C、D、V 和 Z。

8．触点比较指令是带有逻辑运算功能的比较指令，编程时相当于一个触点。执行时比较源操作数 [S1] 和 [S2]，满足比较条件则触点闭合。源操作数可以取所有的数据类型。触点比较指令既有基本指令的逻辑功能，也有高级指令的运算功能。触点比较指令在梯形图中的位置分为 3 种，分别为起始触点比较指令、串接触点比较指令、并接触点比较指令（自行学习）。注意，触点指令可以是 16 位和 32 位运算，但不能是位脉冲执行型。

思考与练习

利用功能指令设计一台台车的呼车控制，其要求一部电动运输车供 8 个加工点使用，台车的具体控制要求如下。

PLC 上电后，车停在某个加工点（也称工位），若无用车呼叫（也称呼车）时，则各工位的指示灯亮，表示各工位可以呼车。某工作人员按本工位的呼车按钮呼车时，各工位指示灯均灭，此时别的工位呼车无效。如停车位呼车时，台车不动，呼车工位号大于停车位号时，台车自动向高位行驶，当呼车位号小于停车位号时，台车自动向低位行驶，当台车运行到呼车工位时自动停车。停车时间为 30s，供呼车工位使用，其他工位不能呼车。从安全角度出发，停电再来电时，台车不应自行启动。

为了区别，工位依 1～8 编号并各设一个限位开关。每个工位设一呼车按钮，系统设启动及停机按钮各 1 个，台车设正反转接触器各 1 个。每工位设呼车指示灯各 1 个，但并联接于各个输出口上。呼车系统布置图如图 6.34。

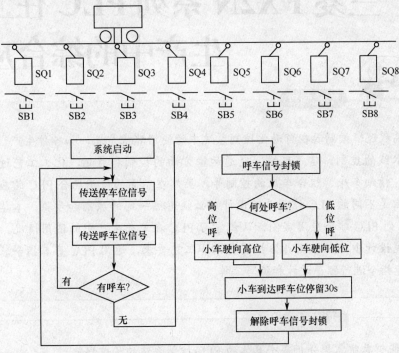

图 6.34 呼车系统布置图

三菱 FX2N 系列 PLC 在工业生产中的综合应用

单元向导

　　可编程逻辑控制器在自动化控制系统中的使用非常广泛，如各种生产、装配及包装流水线的控制，建筑环境、交通运输方面的控制和监测，化工工艺过程的精确控制，精细车床、组合车床的控制等。虽然在不同的使用场合 PLC 的应用有所不同，但是不同的 PLC 控制系统设计都必须遵循一定的原则和步骤。本单元通过 FX2N 系列 PLC 综合应用实例，认识学习 PLC 在工业生产中的使用情况。在 PLC 控制系统设计中可以根据具体控制要求和工艺要求，运用 PLC 基本指令、步进指令、功能指令进行程序设计和编写工作。

认知目标

1. 能够熟练掌握分析每个具体的 PLC 控制系统的构建思路。
2. 能够熟练综合应用基本指令、步进指令、功能指令来解决问题。
3. 能根据 PLC 编程手册查询相应指令的使用方法。
4. 能够熟练掌握 PLC 编程、仿真及调试的综合应用方法。
5. 能对 PLC 程序进行相应的优化。
6. 能够熟练掌握根据不同的施工场地选择硬件和接线的方法。

技能目标

1. 能正确说出 PLC 控制系统的设计方法。
2. 能根据任务要求，合理选择编程的方法及指令。
3. 能正确分析任务要求，进行 I/O 分配，并画出外部接线图。
4. 能根据 PLC 程序设计的一般步骤，完成编写程序的任务。
5. 能按照硬件设计及现场施工的步骤，完成硬件选择和接线任务。
6. 能根据任务要求，对程序任务进行仿真、调试。

任务 7.1　PLC 控制系统的设计

与传统的继电器—接触器控制系统相比，PLC 控制系统具有更好的稳定性、控制性和维修方便等优点。随着 PLC 的普及和推广，其应用领域越来越广泛，特别是在许多新建项目和设备的技术改造中，常常采用 PLC 作为控制装置。在应用 PLC 进行系统设计时，必须遵循一定的原则、步骤和方法，才能设计出符合现代工业生产需求的 PLC 控制系统。

我们在学习 PLC 的相关知识之后，就能够自己设计所需的 PLC 控制系统来满足生产、生活的需要。但是，要设计出经济、可靠、简洁的 PLC 控制系统，必须学习 PLC 控制系统设计的基本规则、基本内容和步骤，而且还需要丰富的专业知识和实际的工作经验。

技能目标：

1. 能正确说出 PLC 控制系统设计的基本原则。
2. 能明确列出 PLC 控制系统设计的一般步骤。
3. 能完整描述 PLC 程序设计的一般步骤、硬件设计及现场施工的步骤。
4. 能正确画出 PLC 设计步骤框图。
5. 掌握硬件设计及现场施工的步骤。
6. 能根据任务要求，合理选择 PLC 的机型和容量。

任务准备

7.1.1　可编程序控制器的选择

随着 PLC 技术的发展，PLC 产品的种类也越来越多，而且功能也日趋完善。近年来，从德国、日本和美国等引进的 PLC 产品和国内厂家组装自行开发的产品已有上百种型号。PLC 的品种繁多，其结构形式、性能、容量、指令系统、编程方式和价格等各有不同，适用的场合也各有侧重。因此，合理选择 PLC，对于提高 PLC 控制系统技术经济指标有着重要意义。

1．PLC 的机型选择

机型选择的基本原则是在满足功能要求及保证可靠、维护方便的前提下，力争最佳的性价比。

（1）合理的结构形式

整体式 PLC 的每一个 I/O 点的平均价格比模块式便宜，且体积相对较小，所以一般用于系统工艺过程较为固定的小型控制系统中；而模块式 PLC 的功能扩展灵活方便，I/O 点数量、输入点数与输出点数的比例、I/O 模块的种类等方面选择余地较大。维修时判断故障的范围很方便，只要更换故障模块即可。因此，模块式 PLC 一般适用于较复杂的系统和环境差（维修量大）的场合。

（2）安装方式的选择

根据 PLC 的安装方式，系统分为集中式、远程 I/O 式和多台 PLC 联网的分布式。集中式不需要设置驱动远程 I/O 硬件，系统反应快、成本低。大型系统经常采用远程 I/O 式，因为它们的装置分布范围很广，远程 I/O 可以分散安装在 I/O 装置附近，I/O 连线比集中式短，但需要增设驱动器和远程 I/O 电源。多台联网的分布式适用于多台设备分别独立控制，又要相互联系的场合，可以选用小型 PLC，但必须要附加通信模块。

（3）相应的功能要求

一般小型（低档）PLC 具有逻辑运算、定时和计数等功能，对于只需要开关量控制的设备都可满足。对于以开关量控制为主，带少量模拟量控制的系统，可选用能带 A/D 和 D/A 单元、具有加减算术运算、数据传送功能的增强型低档 PLC。

对于控制较复杂，要求实现 PID 运算、闭环控制和通信联网等功能，可视控制规模大小及复杂程度，选用中档或高档 PLC。但是中、高档 PLC 价格较贵，一般大型机主要用于大规模过程控制和集散控制系统等场合。

（4）响应速度的要求

PLC 的扫描工作方式引起的延迟可达 2～3 个扫描周期。对于大多数应用场合来说，PLC 的响应速度都可以满足要求。然而对于某些个别场合，则要求考虑 PLC 的响应速度。为了减少 PLC 的 I/O 响应延迟时间，可以选用扫描速度高的 PLC，或选用具有高速 I/O 处理功能指令的 PLC，或具有快速响应模块和中断输入模块的 PLC 等。

（5）系统可靠性的要求

对于一般系统，PLC 的可靠性均能满足。对可靠性要求很高的系统，应考虑是否采用冗余控制系统或热备用系统。

（6）机型统一

一个企业，应尽量做到 PLC 的机型统一。主要考虑以下 3 个方面的问题。

1）同一机型的 PLC，其编程方法相同，有利于技术力量的培训和技术水平的提高。

2）同一机型的 PLC，其模块可互为备用，便于备品、备件的采购和管理。

3）同一机型的 PLC，其外围设备通用，资源可共享，易于联网通信，配上位计算机后易于形成一个多级分布式控制系统。

2．PLC 的容量选择

PLC 的容量包括 I/O 点数和用户存储容量两个方面。

（1）I/O 点数

PLC 的 I/O 点价格比较高，因此应该合理选用 PLC 的 I/O 点数，在满足控制要求的前提下力争使用 I/O 点最少，但必须留有一定的备用量。通常 I/O 点数是根据被控对象输入、输出信号的实际需要，再加上 10% ~ 15% 的备用量来确定。

（2）用户存储容量

用户存储容量是指 PLC 用于存储用户程序的存储器容量。用户存储容量的大小由用户程序的长短决定。一般可按下式估算，再按实际需要留适当的余量（20% ~ 30%）来选择。

$$存储容量 =（开关量 I/O 点总数 ×10）+（模拟量通道数 ×100）$$

绝大部分 PLC 能满足上式要求。应当要注意：当控制系统较复杂、数据处理量较大时，可能会出现存储容量不够的问题，这时应特殊对待。

7.1.2　PLC 控制系统的设计

1．PLC 控制系统设计的基本原则

任何一种电气控制系统都是为了实现生产设备或生产过程的控制要求和工艺需求，从而提高产品质量和生产效率。因此，PLC 控制系统设计应遵循以下基本原则。

1）充分发挥 PLC 功能，最大限度地满足被控对象的控制要求。

2）在满足控制要求的前提下，力求使控制系统简单、经济、投资少、节约能源。

3）保证控制系统安全可靠，使用及维修方便。

4）应该考虑生产的发展和工艺的改进，在选择 PLC 的型号、I/O 点数和存储器容量等方面应留有适当的余量，以利于系统的调整和扩充。

2．PLC 控制系统设计的一般步骤

设计 PLC 控制系统时，首先是进行 PLC 控制系统的功能设计，即根据被控对象的功能和工艺要求，明确系统必须要做的工作和必备的条件。然后进行 PLC 控制系统的功能分析，即通过分析系统功能，提出 PLC 控制系统的结构形式，控制信号的种类、数量，系统的规模、布局。最后根据系统分析的结果，具体确定 PLC 的机型和系统的配置清单。一般 PLC 控制系统的设计步骤如下。

1）熟悉被控对象，制定控制方案。分析被控对象的工艺过程及工作特点，了解被控对象光、机、电、液之间的配合，确定被控对象对 PLC 控制系统的控制要求。

2）确定 I/O 设备。根据系统的控制要求，确定用户所需的输入（如按钮、行程开关、传感器和选择开关等）和输出设备（如接触器、电磁阀和信号指示灯等），由此确定 PLC 的 I/O 点数。

3）选择 PLC。选择内容主要包括 PLC 机型、容量、I/O 模块和电源。

4）分配 PLC 的 I/O 地址。根据生产设备现场需要，确定控制按钮、选择开关、接触器、电磁阀和信号指示灯等各种输入/输出设备的型号、规格和数量；根据所选 PLC 的型号列出输入/输出设备与 PLC 输入/输出端子的对照表，以便绘制 PLC 外部 I/O 接线图和编制程序。

5）设计软件的同时，可以进行控制柜（台）等硬件的设计及现场施工。这样 PLC 控制系统的设计周期可大大缩短，而对于继电器系统必须先设计出全部的电气控制线路后才能进行施工设计。

6）联机调试。联机调试是指将模拟调试通过的程序进行在线调试。开始时，先不连接输出设备（接触器线圈、信号指示灯等负载）进行调试。利用编程器的监控功能，采用分段调试的方法进行。各部分调试正常后，再连接实际负载运行。如不符合要求，则对硬件和程序做出调整。通常只需修改部分程序即可，全部调试完毕后即可交付试运行。经过一段时间运行，如果工作正常，则应将程序固化到 EPROM 中，以防程序丢失。

7）整理技术文件。这些文件包括设计说明书、电气安装图、电气元件明细表及使用说明书等。

3．PLC 程序设计的一般步骤

1）对于较复杂的系统，需要绘制系统的功能图；对于简单的控制系统，也可不用绘制功能图。

2）设计梯形图程序。

3）根据梯形图编写指令语句表程序。

4）对程序进行模拟调试及修改，直到满足控制要求为止。调试过程中，可采用分段调试的方法，并利用编程器的监控功能，查出故障点，加以改进。

5）编写技术文件。

6）交付使用。

4．硬件设计及现场施工的步骤

1）设计控制柜和操作面板的电气布置图及安装接线图。

2）设计控制系统各部分的电气互连图。

3）根据图样进行现场接线，并认真检查核对。

5．PLC 控制系统设计步骤的框图

PLC 控制系统设计步骤如图 7.1 所示。

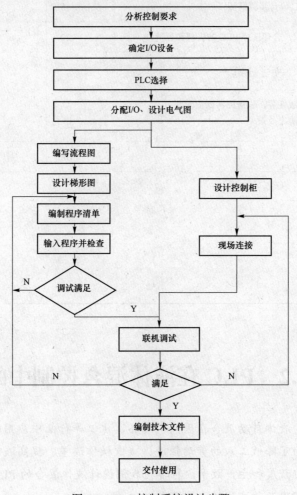

图 7.1　PLC 控制系统设计步骤

任务评价

完成 PLC 控制系统的设计任务评价表 7.1。

表 7.1 PLC 控制系统的设计任务评价表

	评价项目及标准	配分	自评	互评	师评	总评
知识与技能	能正确说出 PLC 控制系统设计的基本原则	10				
	能明确列出 PLC 控制系统设计的一般步骤	10				
	能完整描述 PLC 程序设计、硬件设计及现场施工的步骤	15				
	能正确画出 PLC 设计步骤框图	15				
	能根据任务要求，合理选择 PLC 的机型和容量	20				
实习过程	1. 按照 7S 要求，安全文明生产 2. 出勤情况 3. 积极参与完成任务，积极回答课堂问题 4. 学习中的正确率及效率	30				
	合计	100				
简要评述						

任务 7.2   PLC 在液体混合控制中的应用

液体自动混合在医药、食品、化工等行业中应用非常广泛。现某企业为了降低工人的劳动强度，减少操作误差，提高液体混合生产线的自动化程度和生产效率，特委托我们设计液体混合的 PLC 控制系统，要求能实现两种液体的自动混合。

图 7.2 所示为两种液体混合控制工艺示意图，该系统有 3 个液面传感器：SQ1 为高液面传感器，SQ2 为中液面传感器，SQ3 为低液面传感器。当液面高度达到某传感器的位置后，该传感器就为 ON 状态；若低于传感器位置时，传感器为 OFF 状态。其中有 3 个电磁阀：YV1 为液体 A 输入电磁阀，YV2 为液体 B 输入电磁阀，YV3 为混合液体输出电

磁阀。当电磁阀为 ON 状态时，阀门打开，其中 YV1、YV2 分别输入液体 A 和液体 B，YV3 输出搅拌好的混合液；当电磁阀为 OFF 状态时，阀门关闭。M 为搅拌电动机，当 M 为 OFF 状态时，搅拌电动机停止；当 M 为 ON 状态时，搅拌电动机运行。

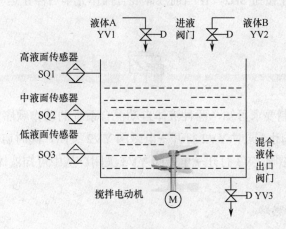

图 7.2　两种液体混合控制工艺示意图

技能目标：

1. 能正确分析任务要求，进行 I/O 分配，并画出外部接线图。
2. 能根据任务要求及特点，选择合适的编程方法。
3. 能根据 PLC 程序设计的一般步骤，编写本任务的程序。
4. 能根据硬件设计及现场施工的步骤，设计本任务的硬件系统。
5. 能根据任务要求，对本任务进行仿真、调试。

 任务准备

根据图 7.2 两种液体混合控制的工艺示意图可知，具体控制要求如下。

1. 初始状态

容器是空的，电磁阀 YV1、YV2、YV3、搅拌电动机 M 均为 OFF 状态，液面传感器 SQ1、SQ2、SQ3 也均为 OFF 状态。

2. 启动运行

按下启动按钮 SB1，首先电磁阀 YV1 打开（为 ON 状态），开始注入液体 A，当达到中液面传感器 SQ2 的高度时，SQ2 由 OFF 变为 ON 状态，电磁阀 YV1 关闭，同时电磁阀 YV2 打开，开始注入液体 B，直到液面达到高液面传感器 SQ1 的高度时，SQ1 由 OFF 变为 ON 状态，电磁阀 YV2 关闭，并启动搅拌机 M，30s 后停止搅拌，电

磁阀 YV3 打开，放出混合液体，当液面降到低液面传感器的高度时，SQ3 由 ON 变为 OFF 状态，再经 6s 延时电磁阀 YV3 关闭，容器放空。

3．停止运行

按下停止按钮 SB2，在当前液体混合操作完毕后停止运行，回到初始状态。

根据控制要求可知，两种液体自动混合系统的动作顺序为：电磁阀 YV1 打开→电磁阀 YV1 关闭，同时 YV2 打开→电磁阀 YV2 关闭，同时启动搅拌机 M →停止搅拌机 M，同时电磁阀 YV3 打开→电磁阀 YV3 关闭。从中可知液体混合过程就是顺序控制的过程。

1．设计思路

基本设计思路就是将系统的一个工作周期划为若干个顺序相连的步骤，利用步进指令实现对各个步的控制，以达到系统的各种要求。首先根据输入和输出的个数确定 PLC 的型号和 I/O 接线图，然后绘制 STL 功能图，确定每步的转换条件，进而画出 STL 梯形图和写出指令语句表，最后按照设计的程序进行实物连接和调试。

2．PLC 的 I/O 地址分配

据分析，本控制系统共有 5 个输入信号、4 个输出信号，PLC 的 I/O 地址分配见表 7.2。

表 7.2　PLC 的 I/O 地址分配

输入信号		输出信号	
元件名称	输入点	元件名称	输出点
启动按钮 SB1	X000	搅拌机 M（KM1）	Y000
高液面传感器 SQ1	X001	电磁阀 YV1	Y001
中液面传感器 SQ2	X002	电磁阀 YV2	Y002
低液面传感器 SQ3	X003	电磁阀 YV3	Y003
停止按钮 SB2	X004		

3．PLC 控制电路接线图

液体混合的 PLC 控制电路接线图如图 7.3 所示。

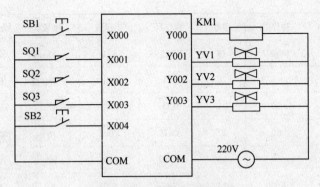

图 7.3　PLC 控制电路接线图

4．PLC 程序设计

图 7.4 所示为两种液体混合时的 STL 功能图、STL 梯形图和指令语句表程序。

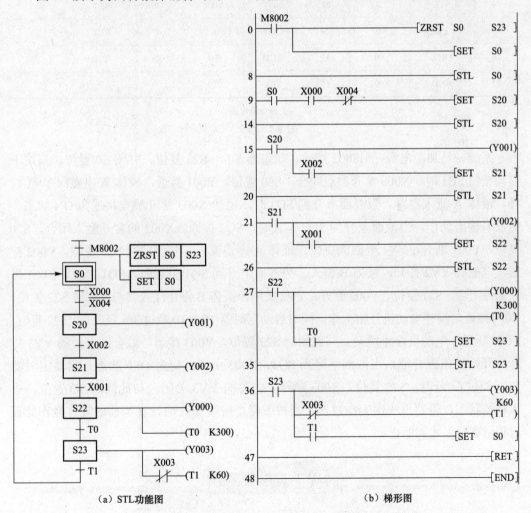

（a）STL功能图　　　　　　　　　　　　　　　　（b）梯形图

图 7.4　液体混合系统的 STL 功能图、梯形图和指令语句表

序号	操作码	操作数	序号	操作码	操作数	序号	操作码	操作数
0	LD	M8002	18	SET	S21	35	STL	S23
1	ZRST	S0 S23	20	STL	S21	36	LD	S23
6	SET	S0	21	LD	S21	37	OUT	Y003
8	STL	S0	22	OUT	Y002	38	MPS	
9	LD	S0	23	AND	X001	39	ANI	X003
10	AND	X000	24	SET	S22	40	OUT	T1 K60
11	ANI	X004	26	STL	S22	43	MPP	
12	SET	S20	27	LD	S22	44	AND	T1
14	STL	S20	28	OUT	Y000	45	SET	S0
15	LD	S20	29	OUT	T0 K300	47	RET	
16	OUT	Y001	32	AND	T0	48	END	
17	AND	X002	33	SET	S23			

（c）指令语句表

图 7.4（续）

系统一旦加上电源，M8002 接通，状态器 S0 ～ S23 复位，并将 S0 置位。当按下启动按钮 SB1 时，X000 常开触点闭合，S20 置位，Y001 接通，液体 A 电磁阀 YV1 打开，液体 A 流入容器。当液面上升到 SQ3 时，虽然 X003 常开触点接通为 ON 状态，但没有输出动作。当液面上升到 SQ2 位置时，SQ2 接通，X002 的常开触点闭合，S20 复位，Y001 断开，YV1 电磁阀关闭，液体 A 停止流入；与此同时 S21 置位，Y002 接通，电磁阀 YV2 打开，液体 B 流入。当液面上升到 SQ1 位置时，SQ1 接通，X001 常开触点闭合，S21 复位，Y002 断开，YV2 关闭，液体 B 停止注入。与此同时 S22 置位，Y000 接通，搅拌电动机开始工作。同时启动定时器 T0。T0 经过 30s 延时后，S22 复位，Y000 断开，电动机停止搅动。与此同时 S23 置位，Y003 接通，混合液电磁阀 YV3 打开，开始放出混合液。当液面下降到 SQ3，X003 由 ON 变为 OFF 状态，启动定时器 T1，经过 6s 延时，S23 复位，Y003 断开，电磁阀 YV3 关闭。与此同时 S0 置位，进入初始状态，等待下一次工作过程。当按下停止按钮 SB2 时，在当前的混合操作处理过程结束后，才能停止。

任务评价

完成 PLC 在液体混合控制中的应用任务评价表 7.3。

表 7.3　PLC 在液体混合控制中的应用任务评价表

<table>
<tr><td colspan="2" align="center">评价项目及标准</td><td>配分</td><td>自评</td><td>互评</td><td>师评</td><td>总评</td></tr>
<tr><td rowspan="5">知识与技能</td><td>能正确分析任务要求，进行 I/O 分配，并画出外部接线图</td><td>15</td><td></td><td></td><td></td><td></td></tr>
<tr><td>能根据任务要求及特点，选择合适的编程方法</td><td>10</td><td></td><td></td><td></td><td></td></tr>
<tr><td>能根据 PLC 程序设计的一般步骤，编写本任务的程序</td><td>20</td><td></td><td></td><td></td><td></td></tr>
<tr><td>能根据硬件设计及现场施工的步骤，设计本任务的硬件</td><td>15</td><td></td><td></td><td></td><td></td></tr>
<tr><td>能根据任务要求，对本任务进行仿真、调试</td><td>10</td><td></td><td></td><td></td><td></td></tr>
<tr><td rowspan="4">实习过程</td><td>1. 按照 7S 要求，安全文明生产</td><td rowspan="4">30</td><td rowspan="4"></td><td rowspan="4"></td><td rowspan="4"></td><td rowspan="4"></td></tr>
<tr><td>2. 出勤情况</td></tr>
<tr><td>3. 积极参与完成任务，积极回答课堂问题</td></tr>
<tr><td>4. 学习中的正确率及效率</td></tr>
<tr><td colspan="2" align="center">合计</td><td>100</td><td></td><td></td><td></td><td></td></tr>
<tr><td colspan="2">简要评述</td><td colspan="5"></td></tr>
</table>

任务 7.3　PLC 在物料传输控制中的应用

物料传输控制中，皮带运输机应用比较广泛。皮带运输机又称带式输送机，是一种连续运输机械，可以运送散状物料，也可以运送成件物品。以前皮带运输机的电气控制大多采用继电器、接触器控制，可靠性差、能耗高。因此某企业特委托我们设计物料传输的 PLC 控制系统，要求能实现三条连续排列的皮带运输机的控制。

图 7.5 所示为码头货船装料用的皮带运输机系统，该系统是由料库、卸料电磁阀 YV 和 3 条连续排列的皮带运输机组成。其中，等待装船的物料储存于料库内，装船用的末端皮带运输机是移动式的，可以伸入船上进行装船。

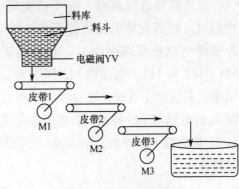

图 7.5　皮带运输系统图

皮带运输机的工作流程：需要装船的物料事先储存在料库内，尽量装满，保持适当物料位置的高度，保证系统可连续稳定地进行生产，不跑料、不扬尘。在开始装船前物料装船现场应有声光报警装置，警告或提醒现场人员注意行走和工作的安全。

技能目标：

1. 能正确分析任务要求，进行 I/O 分配，并画出外部接线图。
2. 能根据任务要求及特点，选择合适的编程方法。
3. 能根据 PLC 程序设计一般步骤，编写本任务的程序。
4. 能根据硬件设计及现场施工的步骤，设计本任务的硬件。
5. 能根据任务要求，对本任务进行仿真、调试。

任务准备

三条皮带物料输送系统由电动机 M1、M2 和 M3 驱动，其控制回路分别由交流接触器 KM1、KM2、KM3 和热继电器 FR1、FR2、FR3 组成。皮带电动机会因物料的性质状态造成过载停机，如因某段皮带上堆积的物料过多，或因物料湿度大而造成物料传输不畅导致滞留。过载电动机及上游皮带电动机和电磁阀均应马上停电处理，以免系统堵塞，进而扩大故障范围。

此皮带运输系统 PLC 控制要求：按下启动按钮 SB1 时，运行指示灯 HL 亮，进行报警。5s 后报警结束，电动机 M3 启动，皮带 3 运行。皮带 3 运行 5s 后，电动机 M2 启动，皮带 2 运行。皮带 2 运行 5s 后，电动机 M1 启动，皮带 1 运行。皮带 1 运行 5s 后，料斗下的电磁阀门 YV 通电打开卸料阀门。这种顺序启动各电动机的目的是避免系统遭受过分冲击，稳定启动过程。

当装料接近完成时，应先行关闭电磁阀 YV，停止卸料，等待各皮带无残留物料时，将各皮带电动机停下来，为下次装船做准备。即按下停机按钮 SB2 时，各皮带电动机反顺序停机。首先电磁阀 YV 停止工作，每隔 5s 依次停止电动机 M1、M2 和 M3，电动机 M3 停下来后，各皮带上应没有残留物料，整个装船过程结束。若皮带 1 过载，电动机 M1 和电磁阀 YV 应同时停机，5s 后电动机 M2 停机，再 5s 后电动机 M3 停机；若皮带 2 过载，电动机 M1、M2 和电磁阀 YV 应同时停机，5s 后电动机 M3 停机；若皮带 3 过载，电动机 M1、M2、M3 和电磁阀 YV 应同时停机。

任务实施

1. 设计思路

由控制要求可以确定输入和输出的点数，然后选定 PLC 的型号并设计 I/O 接线图，最后编制梯形图和指令语句表，并进行实物连接调试。本控制系统的启动和停止与皮带电动机启停的顺序截然相反，并且按照时间顺序进行。因此，程序设计时必须充分考虑启动和停止时各皮带的状态并合理使用定时器。

2. PLC 的 I/O 地址分配

据分析，本控制系统有 6 个输入点、5 个输出点。PLC 的 I/O 地址分配见表 7.4。

表 7.4　PLC 的 I/O 地址分配

输入信号		输出信号	
元件名称	输入点	元件名称	输出点
启动按钮 SB1	X000	HL（报警灯）	Y000
热继电器 FR1	X001	KM1（M1 电动机）	Y001
热继电器 FR2	X002	KM2（M2 电动机）	Y002
热继电器 FR3	X003	KM3（M3 电动机）	Y003
停止按钮 SB2	X004	YV（电磁阀）	Y004
急停按钮 SB3	X005		

3. PLC 控制电路接线图

皮带运输的 PLC 控制电路接线图如图 7.6 所示。

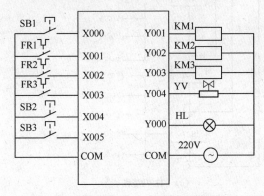

图 7.6　皮带运输的 PLC 控制电路接线图

4. PLC 程序设计

图 7.7 所示为皮带运输 PLC 控制电路的 STL 功能图、梯形图和指令语句表。

当皮带运输 PLC 控制电路加上电源，M8002 接通为 ON 状态，将 S0 ～ S27 复位，并将 S0 置位。此时，按下启动按钮 SB1 时，X000 闭合，状态进入 S20，HL 报警灯点亮，提醒现场人员设备即将启动，同时接通定时器 T0。T0 延时 5s 后进入状态 S21，电动机 M3 运转，同时接通定时器 T3，并使 S20 复位，HL 报警灯熄灭。T3 延时 5s 后进入状态 S22，电动机 M2、M3 运转，同时接通定时器 T2。T2 延时 5s 后进入状态 S23，电动机 M1、M2、M3 运转，同时接通定时器 T1。T1 延时 5s 后进入状态 S24，电动机 M1、M2、M3 运转，卸料电磁阀 YV 工作，物料通过三级传输开始装船。

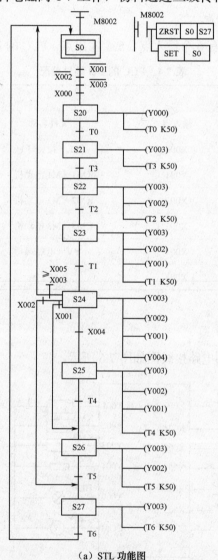

(a) STL 功能图

图 7.7 皮带输送系统的 STL 功能图、梯形图和指令语句表

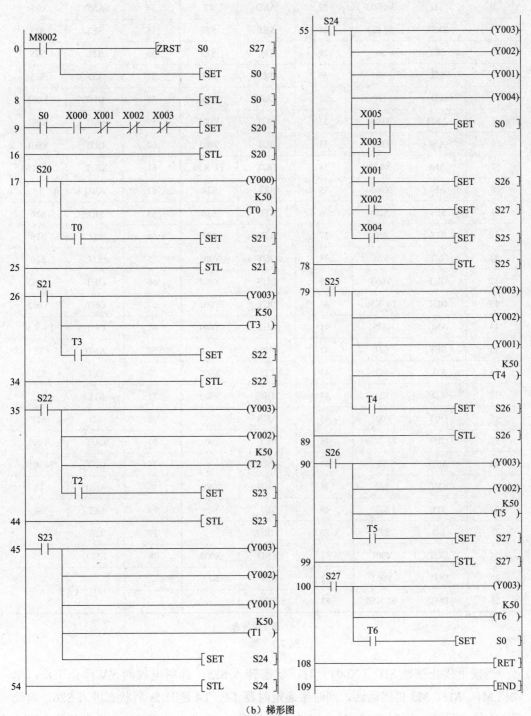

（b）梯形图

图 7.7（续）

序号	操作码	操作数	序号	操作码	操作数	序号	操作码	操作数
0	LD	M8002	27	AND	T2	54	AND	X004
1	ZRST	S0 S27	28	SET	S23	55	SET	S25
2	SET	S0	29	STL	S23	56	STL	S25
3	STL	S0	30	LD	S23	57	LD	S25
4	LD	S0	31	OUT	Y003	58	OUT	Y003
5	AND	X000	32	OUT	Y002	59	OUT	Y002
6	ANI	X001	33	OUT	Y001	60	OUT	Y001
7	ANI	X002	34	OUT	T1 K50	61	OUT	T4 K50
8	ANI	X003	35	SET	S24	62	AND	T4
9	SET	S20	36	STL	S24	63	SET	S26
10	STL	S20	37	LD	S24	64	STL	S26
11	LD	S20	38	OUT	Y003	65	LD	S26
12	OUT	Y000	39	OUT	Y002	66	OUT	Y003
13	OUT	T0 K50	40	OUT	Y001	67	OUT	Y002
14	AND	T0	41	OUT	Y004	68	OUT	T5 K50
15	SET	S21	42	MPS		69	AND	T5
16	STL	S21	43	LD	X005	70	SET	S27
17	LD	S21	44	OR	X003	71	STL	S27
18	OUT	Y003	45	ANB		72	LD	S27
19	OUT	T3 K50	46	SET	S0	73	OUT	Y003
20	AND	T3	47	MRD		74	OUT	T6 K50
21	SET	S22	48	AND	X001	75	AND	T6
22	STL	S22	49	SET	S26	76	SET	S0
23	LD	S22	50	MRD		77	RET	
24	OUT	Y003	51	AND	X002	78	END	
25	OUT	Y002	52	SET	S27			
26	OUT	T2 K50	53	MPP				

（c）指令语句表

图 7.7（续）

当按下停止按钮 SB2（X004）时，状态转入 S25，卸料电磁阀 YV 停止工作，电动机 M1、M2、M3 仍然运转，同时接通定时器 T4。T4 延时 5s 后状态进入 S26，电动机 M1 停止运转，同时接通定时器 T5。T5 延时 5s 后进入状态 S27，电动机 M2 停止运转，同时接通定时器 T6。T6 延时 5s 后，电动机 M3 停止运转。物料输送工作全部停止。

当按下急停按钮 SB3（X005）时，状态返回 S0，输送系统同时停止工作。当电动机 M3 过载时，状态返回 S0，输送系统同时停止工作。当电动机 M2 过载时，状态直接进入 S27，YV、M1、M2 同时停止，同时接通定时器 T6，延时 5s 后 M3 停机。当电动机 M1 过载时，状态进入 S26，YV、M1 同时停止，同时接通定时器 T5，延时 5s 后 M2 停机，状态进入 S27，同时接通定时器 T6，延时 5s 后 M3 停机。

 任务评价

完成 PLC 在物料传输控制中的应用任务评价表 7.5。

表 7.5　PLC 在物料传输控制中的应用任务评价表

	评价项目及标准	配分	自评	互评	师评	总评
知识与技能	能正确分析任务要求，进行 I/O 分配，并画出外部接线图	15				
	能根据任务要求及特点，选择合适的编程方法	10				
	能根据 PLC 程序设计的一般步骤，编写本任务的程序	20				
	能根据硬件设计及现场施工的步骤，设计本任务的硬件	15				
	能根据任务要求，对本任务进行仿真、调试	10				
实习过程	1. 按照 7S 要求，安全文明生产 2. 出勤情况 3. 积极参与完成任务，积极回答课堂问题 4. 学习中的正确率及效率	30				
合计		100				

简要评述

任务 7.4　PLC 在自动售货机控制中的应用

自动售货机是机电一体化的自动化装置，在接收到货币已输入的前提下，靠触摸控制按钮输入信号使控制器启动相关位置的机械装置完成规定动作，将货物输出。

现某商场特委托我们改造设计原有的自动售货机 PLC 控制系统，要求能实现自助售出矿泉水和可乐两种货物，具备计币、商品的选择、退币、报警等相应的功能。

自动售货机能够对所投入的币值进行累计，货币识别器提供该自动售货机最基本的功能即从投币口送入货币，经过传感器采集数据、识别判断人民币的面值；识别器把信息传给 PLC；PLC 根据所投入的硬币数值判断是否能够购买某种饮料，做出相应的反应。当按下选择饮料的按钮时，相应的电动机启动，饮料开始供应，提取饮料到取物口，顾客取出饮料，完成此次交易。售货机的基本功能就是对投入的货币进行运算，并根据货币数值判断是否能够购买某种商品，并做出相应的反应。

由此看来，自动售货机进行一次交易要涉及加法运算、减法运算，还要有货币识别系统和货币的传动来实现完整的售货、退币功能。

技能目标：
1. 能正确分析任务要求，进行 I/O 分配，并画出外部接线图。
2. 能根据任务要求及特点，选择合适的编程方法。
3. 能根据 PLC 程序设计的一般步骤，编写本任务的程序。
4. 能根据硬件设计及现场施工的步骤，设计本任务的硬件。
5. 能根据任务要求，对本任务进行仿真、调试。

任务准备

自动售货机控制系统主要由计币系统、钱币比较系统、货物选择系统、货物供应系统、退币系统和报警系统组成。

1. 计币系统

当有顾客购买货物并投币时，若检测为真币，计币系统进行叠加钱币。如果认为是假币，则退出投币，等待新顾客。

2. 钱币比较系统

投币完成后，系统会把投入的钱币数值和可以购买货物的价格数值进行比较，钱币不足时可以选择退币或者继续投币。

3. 货物选择系统

钱币比较系统满足货物选择条件后，货物指示灯常亮。按下矿泉水或者可乐选择按钮，相应的选择指示灯由常亮转为闪烁（周期为 1s）。当货物供应完毕时，选择指示灯的闪烁同时停止。

4. 货物供应系统

当按下货物选择按钮时，相应货物的电磁阀和电动机同时启动，输出货物。

5. 退币系统

当顾客购完饮料后，剩余钱币需要按下退币按钮，退出剩余货币。

6. 报警系统

当取货和无币的时候有报警提示。

任务实施

1. 设计思路

分析上述控制要求，我们将采用经验设计法编程实现自动售货机的控制要求，绘制程序设计流程图如图 7.8 所示。

2. PLC 的 I/O 地址分配

据分析，本控制系统有 16 个输入点、13 个输出点。PLC 的 I/O 地址分配见表 7.6。

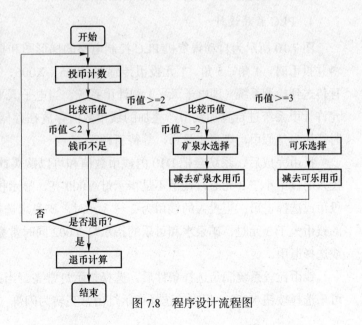

图 7.8　程序设计流程图

表 7.6　PLC 的 I/O 地址分配

输入信号		输出信号	
元件名称	输入点	元件名称	输出点
启动按钮 SB1	X000	钱币不足指示灯 HL1	Y000
停止按钮 SB2	X001	矿泉水选择指示灯 HL2	Y001
矿泉水选择 SB3	X002	可乐选择指示灯 HL3	Y002
可乐选择按钮 SB4	X003	钱币不足报警 HL4	Y003
退币按钮 SB5	X004	矿泉水不足报警 HL5	Y004
1 角投币传感器 SQ1	X005	可乐不足报警 HL6	Y005
5 角投币传感器 SQ2	X006	矿泉水控制电动机 KM1	Y011
1 元投币传感器 SQ3	X007	可乐控制电动机 KM2	Y012
1 角退币传感器 SQ4	X010	1 角退币电动机 KM3	Y013
5 角退币传感器 SQ5	X011	5 角退币电动机 KM4	Y014
1 元退币传感器 SQ6	X012	1 元退币电动机 KM5	Y015
矿泉水不足传感器 SQ7	X013	矿泉水电磁阀 YV1	Y016
可乐不足传感器 SQ8	X014	可乐电磁阀 YV2	Y017
1 角钱币不足传感器 SQ9	X015		
5 角钱币不足传感器 SQ10	X016		
1 元钱币不足传感器 SQ11	X017		

3．PLC 控制电路接线图

自动售货机的 PLC 控制电路接线图如图 7.9 所示。

4．PLC 程序设计

图 7.10 所示为自动售货机 PLC 控制电路的梯形图和指令语句表。当有顾客购买饮料并投币时，1 角、5 角、1 元投币传感器 X005、X006、X007 分别记忆投币的个数，且传送到检测系统（即电子天平）和计币系统。当电子天平测量的重量小于误差值时，允许计币系统进行叠加钱币，叠加的钱币数值存放在存储器 D10 中。如果大于误差值时，认为是假币，则退出投币，等待新顾客。

投币完成后，系统会把 D10 内钱币数值和可以购买饮料的价格数值进行比较。当投入的钱币小于 2 元时，钱币不足指示灯 Y000 亮，显示投入的钱币不足，此时可以再投币或选择退币；当投入的钱币为 2 ~ 3 元时，矿泉水选择指示灯 Y001 常亮；当投入的钱币大于 3 元时，矿泉水和可乐的指示灯 Y002 同时常亮。此时可以选择商品的类型或选择退币。

钱币比较系统满足选择条件后，选择指示灯常亮。当按下矿泉水选择按钮 X002 或可乐选择按钮 X003，相应的选择指示灯由常亮转为闪烁（周期为 1s）。当商品供应完毕时，选择指示灯的闪烁同时停止。

当按下货物选择按钮时，相应商品的电磁阀和电动机同时启动。在商品输出的同时，D10 减去相应的购买钱币数。当商品输出达到 8s 时，电磁阀首先关断，电动机继续工作 0.5s 后停机。此电动机的作用是在输出饮料时，加快输出。在电磁阀关断时，给电磁阀加压，加速电磁阀的关断，防止出现漏饮料的现象。

当顾客购完商品后，剩余钱币需要按下退币按钮。系统将 D10 内的剩余钱币数除以 10 得到的整数值（1 元需要退回的数量）存放在 D20 里，余数存放在 D21 里。再用 D21 数值除以 5 得到的整数值（5 角需要退回的数量）存放在 D30 里，余数存放在 D31 里。最后 D31 数值就是 1 角需要退回的数量。在选择退币的同时，启动退币电动机和退币传感器。当退币传感器 X010、X011 和 X012 记录的退币个数等于数据存储器退回的币数时，退币电动机停止运转。

当钱币不足传感器 X015、X016、X017 中任意一个检测到钱币不足时，钱币不足的报警指示灯 Y003 常亮；若矿泉水不足传感器 X013 检测到不足信号，则矿泉水不足报警灯 Y004 亮起；同理，可乐不足报警灯 Y005 亮起。

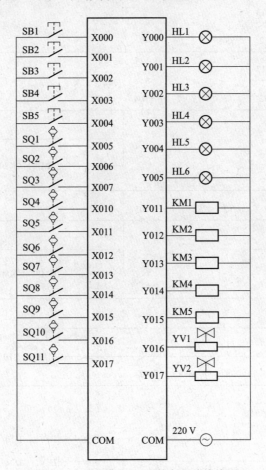

图 7.9　自动售货机 PLC 控制电路接线图

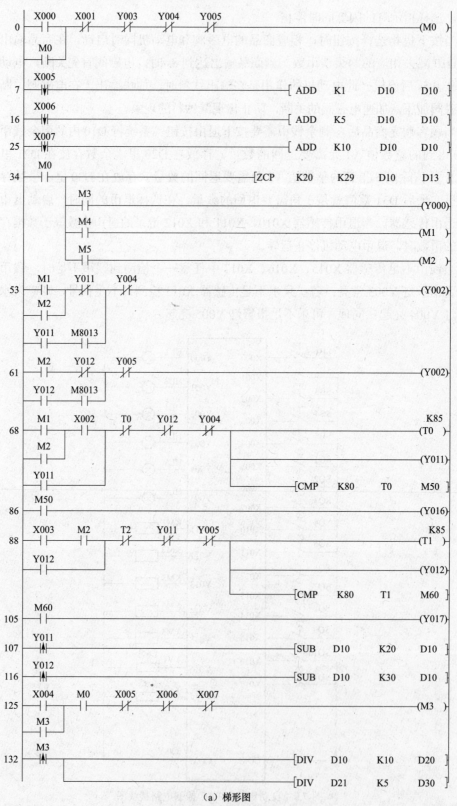

（a）梯形图

图 7.10　自动售货机系统的梯形图和指令语句表

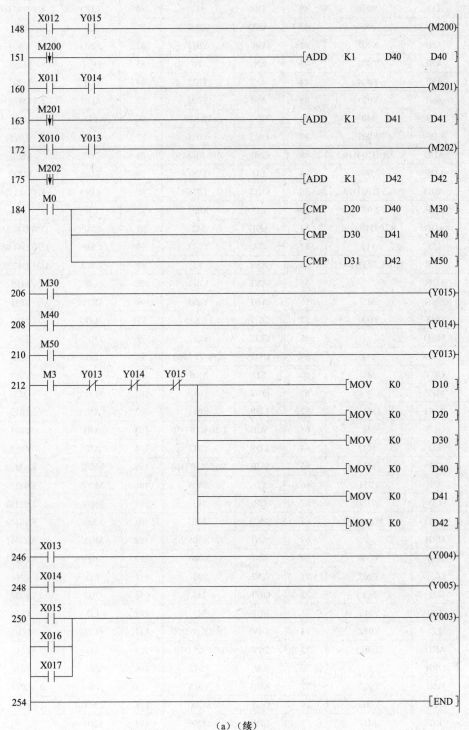

（a）（续）

图 7.10（续）

序号	操作码	操作数	序号	操作码	操作数	序号	操作码	操作数
0	LD	X000	40	OR	M2	80	ADD	K1 D40 D40
1	OR	M0	41	AND	X002	81	LD	X011
2	ANI	X001	42	OR	Y011	82	AND	Y014
3	ANI	Y003	43	ANI	T0	83	OUT	M201
4	ANI	Y004	44	ANI	Y012	84	LDF	M201
5	ANI	Y005	45	ANI	Y004	85	ADD	K1 D41 D41
6	OUT	M0	46	OUT	T0 K85	86	LD	X010
7	LDF	X005	47	OUT	Y011	87	AND	Y013
8	ADD	K1 D10 D10	48	CMP	K80 T0 M50	88	OUT	M202
9	LDF	X006	49	LD	M50	89	LDF	M202
10	ADD	K5 D10 D10	50	OUT	Y016	90	ADD	K1 D42 D42
11	LDF	X007	51	LD	X003	91	LD	M0
12	ADD	K10 D10 D10	52	AND	M2	92	CMP	D20 D40 M30
13	LD	M0	53	OR	Y012	93	CMP	D30 D41 M40
14	ZCP	K20 K29 D10 M3	54	ANI	T2	94	CMP	D31 D42 M50
15	MPS		55	ANI	Y011	95	LD	M30
16	AND	M3	56	ANI	Y005	96	OUT	Y015
17	OUT	Y000	57	OUT	T1 K85	97	LD	M40
18	MRD		58	OUT	Y012	98	OUT	Y014
19	AND	M4	59	CMP	K80 T1 M60	99	LD	M50
20	OUT	M1	60	LD	M60	100	OUT	Y013
21	MPP		61	OUT	Y017	101	LD	M3
22	AND	M5	62	LDP	Y011	102	ANI	Y013
23	OUT	M2	63	SUB	D10 K20 D10	103	ANI	Y014
24	LD	M1	64	LDP	Y012	104	ANI	Y015
25	OR	M2	65	SUB	D10 K30 D10	105	MOV	K0 D10
26	ANI	Y011	66	LD	X004	106	MOV	K0 D20
27	LD	Y011	67	OR	M3	107	MOV	K0 D30
28	AND	M8013	68	AND	M0	108	MOV	K0 D40
29	ORB		69	ANI	X005	109	MOV	K0 D41
30	ANI	Y004	70	ANI	X006	110	MOV	K0 D42
31	OUT	Y002	71	ANI	X007	111	LD	X013
32	LD	M2	72	OUT	M3	112	OUT	Y004
33	ANI	Y012	73	LDP	M3	113	LD	X014
34	LD	Y012	74	DIV	D10 K10 D20	114	OUT	Y005
35	AND	M8013	75	DIV	D21 K5 D30	115	LD	X015
36	ORB		76	LD	X012	116	OR	X016
37	ANI	Y005	77	AND	Y015	117	OR	X017
38	OUT	Y002	78	OUT	M200	118	OUT	Y003
39	LD	M1	79	LDF	M200	119	END	

（b）指令语句表

图 7.10（续）

任务评价

完成 PLC 在自动售货机控制中的应用任务评价表 7.7。

表 7.7　PLC 在自动售货机控制中的应用任务评价表

	评价项目及标准	配分	自评	互评	师评	总评
知识与技能	能正确分析任务要求，进行 I/O 分配，并画出外部接线图	15				
	能根据任务要求及特点，选择合适的编程方法	10				
	能根据 PLC 程序设计的一般步骤，编写本任务的程序	20				
	能根据硬件设计及现场施工的步骤，设计本任务的硬件	15				
	能根据任务要求，对本任务进行仿真、调试	10				
实习过程	1. 按照 7S 要求，安全文明生产 2. 出勤情况 3. 积极参与完成任务，积极回答课堂问题 4. 学习中的正确率及效率	30				
	合计	100				
简要评述						

任务 7.5　PLC 在三层电梯控制中的应用

任务描述

我国电梯行业发展迅猛，已经成为现代社会城镇化建设中必不可少的重要建筑设备之一。

现某公司特委托我们设计三层电梯的 PLC 控制系统，要求能在电梯运行到位后具有手动或自动开门和关门的功能，并且能利用指示灯显示厢外召唤信号、厢内指令信号和电梯到达信号，还能自动判别电梯运行方向，并发出响应的指示信号。

一部电梯主要由轿厢、配重、曳引机、控制柜/箱、导轨等主要部件组成。电梯在做垂直运行的过程中，有起点站也有终点站。对于三层以上建筑物内的电梯起点站和终点站之间还设有停靠站。起点站设在一楼，终点站设在最高楼。

各站的厅外设有召唤箱，箱上设置有供乘用人员召唤电梯用的召唤按钮。一般电梯在起点站和终点站上各设置一个按钮，中间层站的召唤箱上各设置两个按钮，电梯的轿厢内都设置有（杂物电梯除外）操纵箱，操纵箱上设置有与层站对应的按钮，供司机或乘用人员控制电梯上下运行。召唤箱上的按钮称外呼按钮，操纵箱上的按钮称指令按钮。

电梯的运行工作情况和汽车有共同之处，但是汽车的启动、加速、停靠等全靠司机控制操作，而且在运行过程中可能遇到的情况比较复杂，因此汽车司机必须经过严格的培训和考核。电梯的自动化程度比较高，一般电梯的司机或乘用人员只需通过操纵箱上的按钮向电气控制系统下达一个指令信号，电梯就能自动关门、定向、启动、在预定的层站平层停靠开门。对于自动化程度高的电梯，司机或乘用人员一次还可下达一个以上的指令信号，电梯便能依次启动和停靠，依次完成全部指令任务。

技能目标：

1. 能正确分析任务要求，进行 I/O 分配，并画出外部接线图。
2. 能根据任务要求及特点，选择合适的编程方法。
3. 能根据 PLC 程序设计的一般步骤，编写本任务的程序。
4. 能根据硬件设计及现场施工的步骤，设计本任务的硬件。
5. 能根据任务要求，对本任务进行仿真、调试。

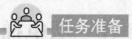

根据任务分析可知，三层电梯的具体控制要求如下。

1）电梯在入口处须设立上呼下呼两个开关，电梯的内部，需要有每个楼层的停靠站请求按钮。

2）采用轿厢外呼叫、轿厢内按钮控制形式。轿厢内、外均由指令按钮进行操作。每层楼的轿厢外有呼叫按钮 SB6～SB9，轿厢内设有开门按钮 SB1，关门按钮 SB2，轿厢内指令按钮 SB3～SB5。

3）电梯运行到指定位置后，具有自动开/关门的功能，也能手动开门和关门。

4）利用指示灯显示电梯轿厢外的呼叫信号、电梯厢内的指令信号和电梯到达信号。

5）能自动判别电梯的运行方向，并发出相应的指示信号。

6）电梯上下运行由一台主电动机驱动。电动机正转，电梯上升；电动机反转，电梯下降。电梯的轿厢门由另一台小功率电动机驱动。电动机正转，轿厢门打开；电动机反转，轿厢门关闭。

其中，电梯的安全保护装置，用于电梯的启停控制。轿厢内的操作盘，其主要作用是用于轿厢的关闭，以及轿厢需要到达的楼层控制。厅外呼叫按钮，它的主要作用是，当电梯外有乘客呼叫的时候，电梯可以准确地到达乘客所呼叫的楼层。指层器，用来显示电梯实时到达的楼层。电梯的启动、停止、加速、减速等功能由电动机拖动控制。电梯门的控制，即电梯到达指定的位置时，电梯的门可以自动打开或者电梯外有人呼叫时电梯的门也能自动打开。

任务实施

1. 设计思路

电梯控制程序总体设计时，不仅要充分考虑到乘客乘坐电梯时的随机性、突发性和不确定性，还要充分考虑到乘客的思维方式与习惯动作等因素，采用 PLC 设计控制电梯运行，可以让电梯得到数字化的全面控制，这样设计的控制系统能够充分反映出人类的智慧。整个控制系统的设计遵循如下原则。

1）电梯由乘客控制执行。

2）电梯在任何情况下都要优先响应内选信号的运行方向，在没人的情况下，才先响应外部传呼信号。

3）电梯上行与下行的方向由内呼信号和外呼信号决定，同向传呼信号优先执行。

4）当无乘客，电梯停在某一层时有自动开门信号。

5）平层精确定位控制。

6）楼层自动控制与显示。

7）上、下行自动控制与显示。

2. PLC 的 I/O 地址分配

据分析，本控制系统有 21 个输入点、19 个输出点。PLC 的 I/O 地址分配见表 7.8。

表 7.8 PLC 的 I/O 地址分配

输入信号		输出信号	
元件名称	输入点	元件名称	输出点
开门按钮 SB1	X000	开门继电器 KM1	Y000
关门按钮 SB2	X001	关门继电器 KM2	Y001
开门到位行程开关 SQ1	X002	上行继电器 KM3	Y002
关门到位行程开关 SQ2	X003	下行继电器 KM4	Y003
红外传感器（左）SQ3	X004	快速继电器 KM5	Y004
红外感应器（右）SQ4	X005	加速继电器 KM6	Y005
门锁输入信号 K	X006	慢速继电器 KM7	Y006
一层接近开关 SQ5	X007	上行方向灯 HL1	Y020
二层接近开关 SQ6	X010	下行方向灯 HL2	Y021
三层接近开关 SQ7	X011	一层指示灯 HL3	Y022
一层内指令按钮 SB3	X012	二层指示灯 HL4	Y023
二层内指令按钮 SB4	X013	三层指示灯 HL5	Y024
三层内指令按钮 SB5	X014	一层内指示灯 HL6	Y025
一层向上召唤按钮 SB6	X015	二层内指示灯 HL7	Y026
二层向上召唤按钮 SB7	X016	三层内指示灯 HL8	Y027
二层向下召唤按钮 SB8	X017	一层向上召唤灯 HL9	Y030
三层向下召唤按钮 SB9	X020	二层向上召唤灯 HL10	Y031
一层上接近开关 SQ8	X021	二层向下召唤灯 HL11	Y032
二层上接近开关 SQ9	X022	三层向下召唤灯 HL12	Y033
三层下接近开关 SQ10	X023		
二层下接近开关 SQ11	X024		

3．PLC 控制电路接线图

三层电梯的 PLC 控制电路接线图如图 7.11 所示。

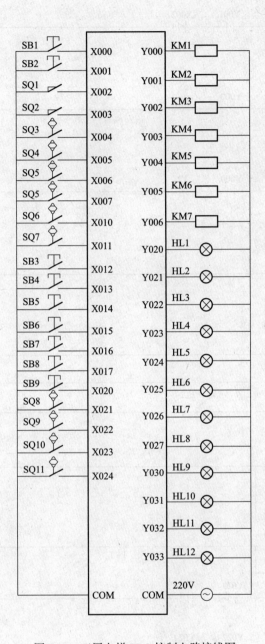

图 7.11 三层电梯 PLC 控制电路接线图

4. PLC 程序设计

假如电梯停在 a（a=1，2，3）楼，b 楼有信号，b > a 时，电梯上行；b < a 时，电梯下行。当电梯到达所指定的楼层时，电梯控制系统会发出开门信号，电梯门开，当门开到相应位置，然后计时，计时完毕后关门。图 7.12 所示为三层电梯系统梯形图和指令语句表。

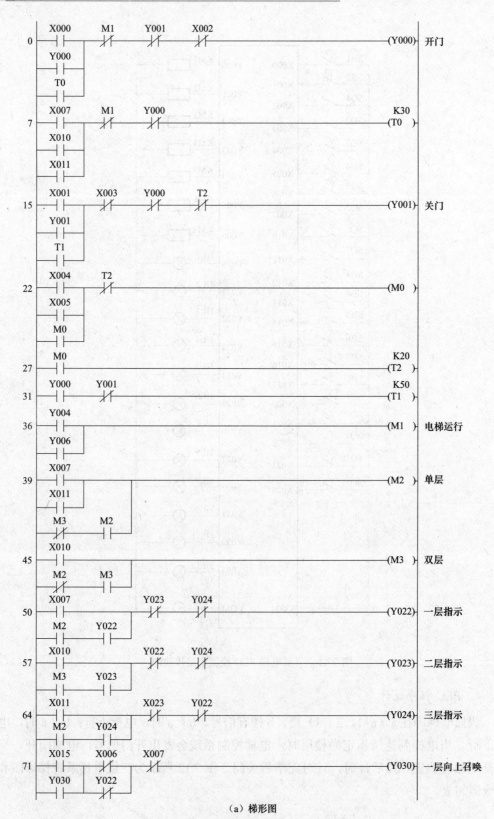

（a）梯形图

图 7.12　三层电梯系统梯形图和指令语句表

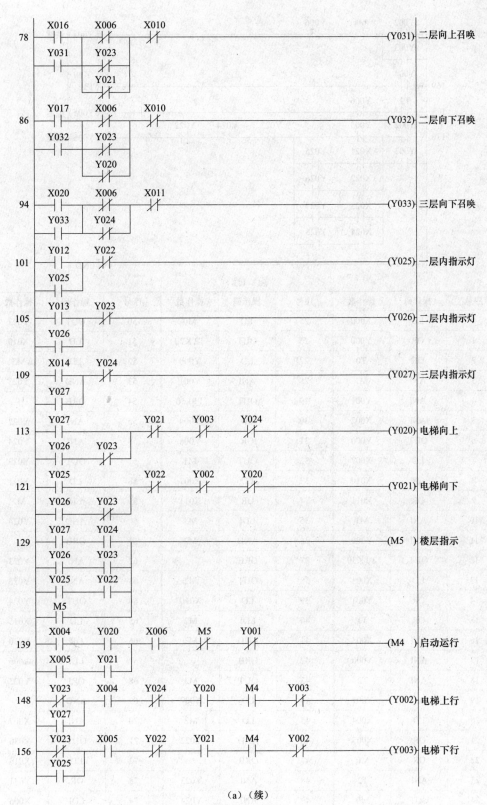

（a）（续）

图 7.12（续）

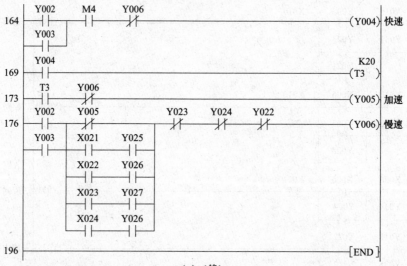

(a)（续）

序号	操作码	操作数	序号	操作码	操作数	序号	操作码	操作数
0	LD	X000	25	LD	M0	50	OUT	Y022
1	OR	Y000	26	OUT	T2 K20	51	LD	X010
2	OR	T0	27	LD	Y000	52	LD	M3
3	ANI	M1	28	ANI	Y001	53	AND	Y023
4	ANI	Y001	29	OUT	T1 k50	54	ORB	
5	ANI	X002	30	LD	Y004	55	ANI	Y022
6	OUT	Y000	31	OR	Y006	56	ANI	Y024
7	LD	X007	32	OUT	M1	57	OUT	Y023
8	OR	X010	33	LD	X007	58	LD	X011
9	OR	X011	34	OR	X011	59	LD	M2
10	ANI	M1	35	LDI	M3	60	AND	Y024
11	ANI	Y000	36	AND	M2	61	ORB	
12	OUT	T0 K30	37	ORB		62	ANI	Y023
13	LD	X001	38	OUT	M2	63	ANI	Y022
14	OR	Y001	39	LD	X010	64	OUT	Y024
15	OR	T1	40	LDI	M2	65	LD	X015
16	ANI	X003	41	AND	M3	66	OR	Y030
17	ANI	Y000	42	ORB		67	LDI	X006
18	ANI	T2	43	OUT	M3	68	ORI	Y022
19	OUT	Y001	44	LD	X007	69	ANB	
20	LD	X004	45	LD	M2	70	ANI	X007
21	OR	X005	46	AND	Y022	71	OUT	Y030
22	OR	M0	47	ORB		72	LD	X016
23	ANI	T2	48	ANI	Y023	73	OR	Y031
24	OUT	M0	49	ANI	Y024	74	LDI	X006

序号	操作码	操作数	序号	操作码	操作数	序号	操作码	操作数
75	ORI	Y023	113	ANI	Y024	151	OR	Y025
76	ORI	Y021	114	OUT	Y020	152	AND	X005
77	ANB		115	LD	Y025	153	ANI	Y022
78	ANI	X010	116	LD	Y026	154	AND	Y021
79	OUT	Y031	117	ANI	Y023	155	AND	M4
80	LD	Y017	118	ORB		156	ANI	Y002
81	OR	Y032	119	ANI	Y022	157	OUT	Y003
82	LDI	X006	120	ANI	Y002	158	LD	Y002
83	ORI	Y023	121	ANI	Y020	159	OR	Y003
84	ORI	Y020	122	OUT	Y021	160	AND	M4
85	ANB		123	LD	Y027	161	ANI	Y006
86	ANI	X010	124	AND	Y024	162	OUT	Y004
87	OUT	Y023	125	LD	Y026	163	LD	Y004
88	LD	X020	126	AND	Y023	164	OUT	T3 K20
89	OR	Y033	127	ORB		165	LD	T3
90	LDI	X006	128	LD	Y025	166	ANI	Y006
91	ORI	Y024	129	AND	Y022	167	OUT	Y005
92	ANB		130	ORB		168	LD	Y002
93	ANI	X011	131	OR	M5	169	OR	Y003
94	OUT	Y033	132	OUT	M5	170	LDI	Y005
95	LD	X012	133	LD	X004	171	LD	X021
96	OR	Y025	134	AND	Y020	172	AND	Y025
97	ANI	Y022	135	LD	X005	173	ORB	
98	OUT	Y025	136	AND	Y021	174	LD	X022
99	LD	Y013	137	ORB		175	AND	Y026
100	OR	Y026	138	AND	X006	176	ORB	
101	ANI	Y023	139	ANI	M5	177	LD	X023
102	OUT	Y026	140	ANI	Y001	178	AND	Y027
103	LD	X014	141	OUT	M4	179	ORB	
104	OR	Y027	142	LDI	Y023	180	LD	X024
105	ANI	Y024	143	OR	Y027	181	AND	Y026
106	OUT	Y027	144	AND	X004	182	ORB	
107	LD	Y027	145	ANI	Y024	183	ANB	
108	LD	Y026	146	AND	Y020	184	ANI	Y023
109	ANI	Y023	147	AND	M4	185	ANI	Y024
110	ORB		148	ANI	Y003	186	ANI	Y022
111	ANI	Y021	149	OUT	Y002	187	OUT	Y006
112	ANI	Y003	150	LDI	Y023	188	END	

（b）指令语句表

图 7.12（续）

（1）开门关门的控制

电梯开门关门控制有手动和自动两种情况。

手动：手动开门的时候，电梯运行到位后，按下 SB1，X000 闭合，Y000 得电，电机正转，轿厢门打开。开门到位行程开关 SQ1 动作，X002 常闭触点断开，Y000 常闭触点断开，Y000 失电，开门过程结束。手动关门的时候，当按下关门按钮 SB2 时，X001 闭合，Y001 得电并自锁，驱动关门继电器使电动机反转，轿厢门关闭，关门到位后关门到位行程开关 SQ2 动作，X003 常闭触点断开，Y001 失电，关门过程结束。

自动：自动开门时，当电梯运行到位后，相应的楼层接近开关 SQ5 或 SQ6 或 SQ7 被压下，即 X007 或 X010 或 X011 闭合。T0 开始计时，延时 3s 后，T0 触点闭合，Y000 输出有效，轿厢门打开。自动关门时，由定时器 T1 来控制。当电梯门开门到位后 Y000 常开触点闭合，T1 开始计时，延时 5s 后，T1 触点闭合，Y001 输出有效，轿厢门自动关闭。自动关门时，可能夹住乘客，因此在门两侧装有红外线检测装置 SQ3 和 SQ4。当有人进出时，由 SQ3 和 SQ4 发出信号使得 X004 和 X005 闭合，辅助继电器 M0 得电并自锁，使得 T2 开始定时，延时 2s 后再关门。

（2）电梯到层指示

X007、X010 和 X011 分别是一、二和三层的接近开关 SQ5、SQ6 和 SQ7 的输入点，Y022、Y023 和 Y024 分别是一、二和三层指示灯 HL3、HL4 和 HL5 的输出点。辅助继电器 M2 和 M3 分别是单、双层指示灯互锁控制。当电梯到达某一层后，只能有该层的指示灯亮。

（3）层呼叫指示

当有乘客在轿厢外的某一层按下呼叫按钮 SB6、SB7、SB8 和 SB9 中的任意一个后，对应输入点 X015、X016、X017 和 X020 中的某一个就会闭合，同时所对应的层指示灯就会亮，指示有人呼叫。呼叫信号会一直保持到电梯到达该层，该层的接近开关 X007、X010 和 X011 中动作时才会被撤销。

（4）电梯的启动和运行

电梯的运行方向由输出继电器 Y020 和 Y021 控制，当电梯运行方向确定后，在门锁输入信号 K 符合要求的情况下，有以下动作：通过电梯上行继电器 Y002，驱动电动机正转，电梯上升；通过电梯下行继电器 Y003，驱动电动机反转，电梯下降。电梯启动后快速运行，2s 后加速，在接近目标楼层时，相应的接近开关动作，电梯开始转为慢速运行，直至电梯到达目标楼层时停止。

任务评价

完成 PLC 在三层电梯控制中的应用任务评价表 7.9。

表 7.9　PLC 在三层电梯控制中的应用任务评价表

	评价项目及标准	配分	自评	互评	师评	总评
知识与技能	能正确分析任务要求，进行 I/O 分配，并画出外部接线图	15				
	能根据任务要求及特点，选择合适的编程方法	10				
	能根据 PLC 程序设计的一般步骤，编写本任务的程序	20				
	能根据硬件设计及现场施工的步骤，设计本任务的硬件	15				
	能根据任务要求，对本任务进行仿真、调试	10				
实习过程	1. 按照 7S 要求，安全文明生产 2. 出勤情况 3. 积极参与完成任务，积极回答课堂问题 4. 学习中的正确率及效率	30				
	合计	100				
简要评述						

任务 7.6　PLC 在货物贴标签控制中的应用

在日常生活中，我们随处可见各种商品的包装标签。现有某饮料企业进行技术改革，委托我们为其陈旧的自动设备进行升级改造，要求用 PLC 控制气动装置完成饮料瓶盖商标的贴合过程。

图 7.13 为自动贴标签装置工艺示意图，该系统有 3 个气缸，8 个位置传感器，A1 气缸为推料气缸，由电磁阀 YV1 控制，用来推送饮料瓶盖；A2 气缸由电磁阀 YV2 控制，用来固定瓶盖；A3 气缸由电磁阀 YV3 控制，用来压贴标签。

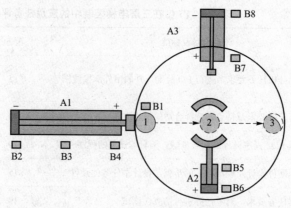

图 7.13　自动贴标签装置工艺示意图

技能目标：

1. 能正确规范地画出任务要求的 PLC 外部接线图。
2. 能熟练完成 PLC 程序的设计。
3. 能完成 PLC 控制贴标签装置气动回路的连接与调试。
4. 能完成贴标签机的 PLC 硬件接线与调试。
5. 按照 7S 标准要求，安全文明生产。

　任务准备

根据图 7.13 可知，贴标签装置的工作具体要求如下。

1. 初始状态

饮料瓶盖被其他运输装置运送到 1 号位置 B1 处，A1 气缸在原位 B2 处，A2 气缸在 B6 处，A3 气缸在 B8 处。所有气缸处于原位状态。

2. 启动运行

按下启动按钮 SB1，饮料瓶盖在 B1 处时，位置传感器检测到瓶盖，则程序开始运行，A1 气缸推出。当 B3 传感器感应到气缸到位，瓶盖被推入贴标签加工位置，此时 A2 气缸推出，夹紧瓶盖，当 B5 传感器检测到气缸到位，说明瓶盖被夹紧。此时 A3 气缸伸出，B7 传感器检测气缸到位后并延时 2s，在瓶盖上贴上标签，随后 A3 气缸收回，A2 气缸收回。传感器 B6 检测到气缸到位后，A1 气缸伸出，B4 传感器感应到位，气缸将瓶盖推出至 3 号位置，瓶盖被其他传送装置运走，瓶盖贴标签过程完成。

3. 停止运行

在设备运行过程中，按下 SB2 停止按钮，三个气缸均停止动作，回到原位。设备满足启动条件时，按下启动按钮，设备可以重新启动。

4．急停

设备在运行过程中，出现紧急情况可以按下急停按钮 SB3，三个气缸均停止动作，回到原位。待造成急停的情况处理完毕，满足正常运行条件后，设备可以重新启动。

任务实施

1．设计思路

本任务是典型的顺序控制系统，基本设计思路是利用步进功能指令进行编程，将系统的一个工作周期划为若干个顺序相连的步骤，利用步进指令实现对各个步的控制，以达到系统的各种要求。首先，根据输入和输出的个数，确定 PLC 的型号和 I/O 接线图，然后绘制 STL 功能图，确定每步的转换条件，进而画出梯形图并写出指令语句表，最后按照设计的程序进行实物连接和调试。

2．PLC 的 I/O 地址分配

根据任务分析可知，本控制系统共有 11 个输入点、3 个输出点，PLC 的 I/O 地址分配见表 7.10。

表 7.10　PLC 的 I/O 地址分配

输入信号		输出信号	
元件名称	输入点	元件名称	输出点
启动按钮 SB1	X010	推料气缸电磁阀 YV1	Y000
停止按钮 SB2	X011	夹紧气缸电磁阀 YV2	Y001
急停按钮 SB3	X012	贴标签气缸电磁阀 YV3	Y002
物料到位感应传感器 B1	X000		
推料气缸原位传感器 B2	X001		
推料气缸加工位传感器 B3	X002		
推料气缸推走位传感器 B4	X003		
固定物料气缸夹紧传感器 B5	X004		
固定物料气缸原位传感器 B6	X005		
贴标签气缸到位传感器 B7	X006		
贴标签气缸原位传感器 B8	X007		

3．PLC 控制电路接线图

货物贴标签 PLC 控制系统气动回路如图 7.14 所示，其中 V100～V302 为气动调剂球阀。货物贴标签 PLC 控制系统接线图如图 7.15 所示。

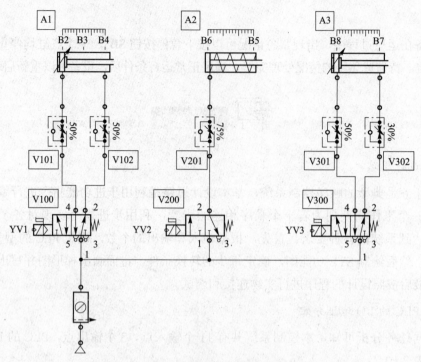

图 7.14 货物贴标签 PLC 控制系统气动回路

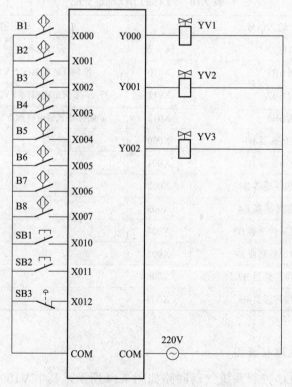

图 7.15 货物贴标签 PLC 控制系统接线图

4．PLC 程序设计

图 7.16 为贴标签装置 PLC 控制电路的 STL 功能图、梯形图和指令语句表。

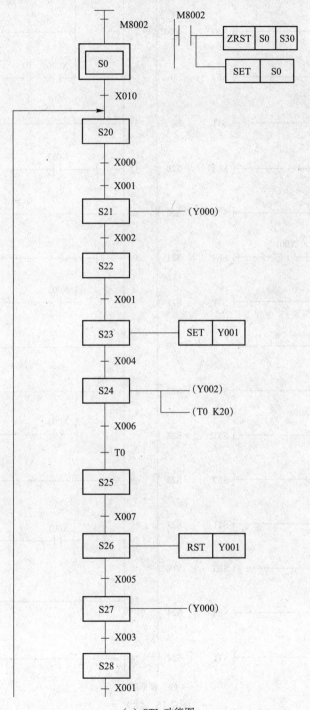

（a）STL 功能图

图 7.16　货物贴标签 PLC 控制系统 STL 功能图、梯形图和指令语句表

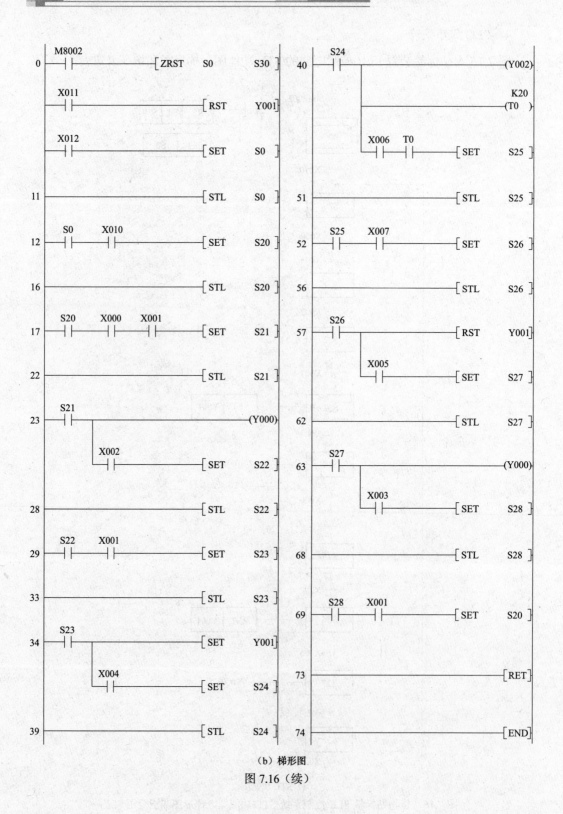

（b）梯形图

图 7.16（续）

序号	操作码	操作数	序号	操作码	操作数	序号	操作码	操作数
0	LD	M8002	28	STL	S22	53	AND	X007
1	OR	X011	29	LD	S22	54	SET	S26
2	ORI	X012	30	AND	X001	56	STL	S26
3	ZRST	S0 S30	31	SET	S23	57	LD	S26
8	RST	Y001	33	STL	S23	58	RST	Y001
9	SET	S0	34	LD	S23	59	AND	X005
11	STL	S0	35	SET	Y001	60	SET	S27
12	LD	S0	36	AND	X004	62	STL	S27
13	AND	X010	37	SET	S24	63	LD	S27
14	SET	S20	39	STL	S24	64	OUT	Y000
16	STL	S20	40	LD	S24	65	AND	X003
17	LD	S20	41	OUT	Y002	66	SET	S28
18	AND	X000	42	MPS		68	STL	S28
19	AND	X001	43	AND	X006	69	LD	S28
20	SET	S21	44	OUT	T0 K20	70	AND	X001
22	STL	S21	47	MPP		71	SET	S20
23	LD	S21	48	AND	T0	73	RET	
24	OUT	Y000	49	SET	S25	74	END	
25	AND	X002	51	STL	S25			
26	SET	S22	52	LD	S25			

（c）指令语句表

图 7.16（续）

　　贴标签装置接通电源后，M8002 接通为 ON 状态，将 S0 ～ S30 复位，并将 S0置位。按下启动按钮 SB1 时，X010 闭合，状态进入 S20。当推料气缸 A1 在原位，位置传感器 B2（X001）有信号输入，物料位置 B1 检测到有瓶盖，B1（X000）传感器有信号发出，程序进入 S21。S21 步中 Y000 输出信号，控制电磁阀 YV1 得电，气缸 A1 推出，将瓶盖推至加工位置。气缸到达位置传感器 B3（X002），信号输入 PLC，满足步进转换条件，程序进入 S22，同时复位 S21，关闭 Y000，A1 气缸收回。当 A1 气缸收回原位，触发位置传感器 B2，信号从 X001 输入 PLC，满足步进条件，程序转入 S23，同时复位 S22。S23 步中 Y001 持续输出信号给 YV2 电磁阀，转换气路控制瓶盖夹紧气缸 A2 伸出，夹紧瓶盖。此时，A2 气缸触发位置传感器 B5，B5 传感器通过 X004 将信号输入进 PLC，满足步进转换条件，程序进入 S24，同时复位 S23。由于 S23 中用的是置位指令，使 Y001 能够持续保持输出，气缸 A2 夹紧瓶盖。S24 步中控制 Y002 输出信号使得 YV3 电磁阀得电，气缸 A3 贴标签气缸动作，下压给瓶盖贴上标签，A3 气缸伸出到位后，位置传感器 B7 发出信号，通过 X006 输入给 PLC，启动定时器 T0，2s 后定时器到时，满足转换条件，程序进入 S25，同时复位 S24。该步骤中，定时器的意义在于能够使 A3 气缸在压到瓶盖后保持 2s 的持续施压，以保证标签能够顺利贴上瓶盖。S25 中断掉 Y002 输出，气缸 A3 开始收回，收回到位后，触发位置传感器 B8，通过 X007 输入给 PLC，满足步转换条件，程序进入 S26，同时复位 S25。程序 S26 步中复位 Y001 输出信号，断掉 YV2 电磁阀，气缸 A2 松开固定瓶盖，开始收回。A2 气缸收回到位，触发位置传感器 B6，信号通过 X005 传入 PLC，满足步转换条件，程序进入 S27，同时复位 S26。S27 步中，程序通过 Y000 输出信号控制 YV1 电磁阀，推料气缸 A1 伸出，推动 2 号位置已经贴完标签的瓶盖到达 3 号位置，同时气缸 A1 触发位置传感器 B4，通过 X003 输入 PLC 中，满足步进转换条件进入 S28，同时复位 S27。在 S28 步中程序断开 Y000，推料气缸 A1 开始收回，直到完全收回，触发位置传感器 B1，信号通过 X000 传入 PLC，满足步进转换条件，程序再次回到 S20 步。当 B1（X000），B2（X001）检测到信号，程序就可以开始下一次贴标签的动作。

在设备运行过程中，按下停止按钮 SB2（X011），复位所有步进程序，包括 Y001 的置位指令，所有气缸返回原位，满足启动条件后，按下启动按钮设备继续运行。

当按下急停按钮 SB3（X012），复位所有步进程序，包括 Y001 的置位指令，所有气缸返回原位。满足启动条件后，按下启动按钮，设备继续运行。

任务评价

完成 PLC 在货物贴标签控制中的应用任务评价表 7.11。

表 7.11 PLC 在货物贴标签控制中的应用任务评价表

	评价项目及标准	配分	自评	互评	师评	总评
知识与技能	能掌握梯形图的逻辑关系和工作原理	10				
	能正确设计 PLC 的外部 I/O 接线图	10				
	能灵活使用多种指令完成 PLC 程序的设计	5				
	能完成 PLC 控制自动贴标签装置的电路设计接线与调试	25				
	能根据任务要求，自检互检，并调试电路	20				
实习过程	1. 按照 7S 要求，安全文明生产 2. 出勤情况 3. 积极参与完成任务，积极回答课堂问题 4. 学习中的正确率及效率	30				
合计		100				
简要评述						

单元小结

1. 可编程逻辑控制器在自动化控制系统中使用非常广泛。在 PLC 控制系统设计中可以根据具体控制要求和工艺要求，运用 PLC 基本指令、步进指令和功能指令进行程序编制。

2. PLC 控制系统设计应遵循一些基本原则。

3. PLC 控制系统设计的一般步骤如下。

设计 PLC 控制系统时，首先是进行 PLC 控制系统的功能设计。然后进行 PLC 控制系统的功能分析。最后根据系统分析的结果，具体确定 PLC 的机型和系统的配置清单。

4. PLC 程序设计的一般步骤如下。

1) 绘制系统的功能图，对于简单的控制系统也可不用绘制。

2) 设计梯形图程序。

3) 根据梯形图编写指令语句表程序。

4) 对程序进行模拟调试及修改，直到满足控制要求为止。

5) 编写技术文件。

6) 交付使用。

5. 在多种液体混合、多级物料传输、自动售货机、三层电梯以及货物贴标签的工业生产控制程序设计中，首先分析控制要求，确定选择使用的解决方案、编程方法及指令类型，然后编制相应的梯形图，写出指令语句表程序。

思考与练习

1. 某自动生产线上，使用有轨小车来运送不同工位所需的物件，小车的驱动采用电动机拖动，其行驶示意图如图 7.17 所示。电动机正转，小车前进；电动机反转，小车后退。按照该自动生产线具体控制过程的要求，依据 PLC 控制要求设计 PLC 控制系统的程序。

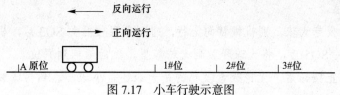

图 7.17　小车行驶示意图

具体控制过程如下。

1) 小车从原位 A 出发驶向 1# 位，抵达后，立即返回原位。

2) 接着直向 2# 位驶去，到达后立即返回原位。

3）第三次出发一直驶向 3# 位，到达后返回原位。

4）必要时，小车按上述要求出发 3 次，运行一个周期后能停下来。

5）根据需要，小车能重复上述过程，不停地运行下去，直到按下停止按钮为止。

2．在生产过程中，经常要对流水线上的产品进行分拣，图 7.18 所示是用于分拣小球大球的机械装置。输送机的机械臂工作顺序为：向下→抓住球→向上→向右运行→向下→释放球。具体控制要求如下。

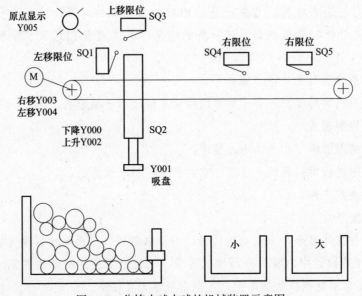

图 7.18　分拣小球大球的机械装置示意图

1）当输送机处于起始位置，上限位开关 SQ3 和左限位开关 SQ1 被压下，左上为原点。

2）按下启动按钮后，机械臂下降，当机械臂吸盘压着的是大球时，下限位开关 SQ2 断开，而压着的是小球时 SQ2 接通，以此判断是大球还是小球。

3）若吸盘吸起小球，则机械臂向上行，碰到上限位开关 SQ3 后机械臂向右行，碰到右限位开关 SQ4 后，再向下行，碰到下限位开关 SQ2 后，将小球释放到小球箱里，然后返回到原位。

4）若吸盘吸起大球，则机械臂向上行，碰到上限位开关 SQ3 后，机械臂向右行，碰到右限位开关 SQ5 后，将大球释放到大球箱里，然后返回到原位。

5）按下停止按钮后，无论吸盘吸起的是大球还是小球，直到将球放入相应的球箱后才能返回原位停车。

6）左、右移分别由 Y004、Y003 控制，上升、下降分别由 Y002、Y000 控制，将球吸住由 Y001 控制，Y005 为原位指示灯。输入继电器自行设置。依据 PLC 控制要求设计 PLC 控制系统的程序。

3．某化工生产的一个化学反应过程是在 4 个容器中进行，化学反应装置示意图如图 7.19 所示。化学反应各个容器之间的溶液用泵进行传送；每个容器都装有传感器，用于检测容器的空和满；2# 容器装有加热器和温度传感器，3# 容器装有搅拌器。当 1#、2# 容器里的溶液抽入到 3# 容器时，启动搅拌器。3# 容器是 1#、2# 容器体积的总和，1#、2# 容器的液体可以将 3#、4# 容器装满。其工作过程及控制要求如下。

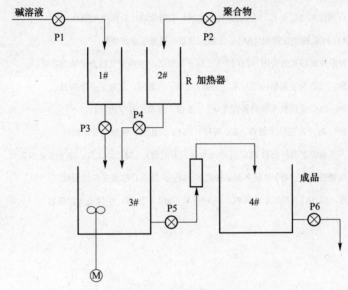

图 7.19　化学反应装置示意图

1）初始状态：容器全部是空的，泵 P1、P2、P3、P4、P5 及 P6 全部关闭，2# 容器的加热器 R 关闭，3# 容器的搅拌器 M 关闭。

2）启动操作：按下启动操作按钮后，要按以下步骤自动工作。打开泵 P1 和 P2，碱溶液进入 1# 容器内，聚合物进入 2# 容器，直到 1#、2# 容器装满。关闭泵 P1 和 P2，并打开加热器 R，给 2# 容器加热，直到容器内的温度达到 60℃。关闭加热器 R，并同时打开泵 P3、P4 及搅拌器 M，将 1# 和 2# 容器中的液体放入到 3# 容器，直到 1#、2# 放空，3# 装满，搅拌器 M 搅拌 60s 后结束。关闭搅拌器 M、泵 P3 和 P4，并打开泵 P5，将 3# 容器内混合好的液体经过过滤器抽到 4# 容器，直到 3# 容器放空，4# 容器装满。关闭泵 P5，并打开泵 P6，将产品从 4# 容器中放出，直到 4# 容器放空为止。

3）停止操作：任何时候按下停止操作按钮，系统都要将当前的化学反应过程进行到底（最后一步），才能停止动作，防止液体的浪费。依据 PLC 控制要求设计 PLC 控制系统的程序。

参 考 文 献

杜从商, 2009. PLC 编程应用基础（三菱）[M]. 北京：机械工业出版社.

瞿彩萍, 2014. PLC 应用技术（三菱）[M]. 2 版. 北京：中国劳动社会保障出版社.

廖常初, 2020. FX 系列 PLC 编程及应用 [M]. 3 版. 北京：机械工业出版社.

林尔付, 2014. 可编程序控制器及其应用（西门子）[M]. 北京：中国劳动社会保障出版社.

刘淑艳, 焦海生, 2019. PLC 与变频器应用技术（三菱）[M]. 北京：煤炭工业出版社.

邢贵宁, 赵进学, 2014. PLC 应用技术项目教程 [M]. 2 版. 北京：科学出版社.

徐茜, 2013. 电气控制与 PLC 应用技术教程（FX 系列）[M]. 北京：机械工业出版社.

徐荣华, 吕桃, 2012. 可编程逻辑控制器 PLC 应用技术（三菱机型）[M]. 北京：电子工业出版社.

杨杰忠, 2013. PLC 应用技术（三菱）（任务驱动模式）[M]. 北京：机械工业出版社.

郑渊, 赵晓明, 李庆玲, 2019. 三菱 FX 系列 PLC 应用技术 [M]. 北京：中国电力出版社.

附　录

附表 A　FX 系列 PLC 的内部软继电器及编号

编程元件种类	PLC 型号	FX0S	FX1S	FX0N	FX1N	FX2N（FX2NC）
输入继电器 X（按八进制编号）		X0 ~ X17（不可扩展）	X0 ~ X17（不可扩展）	X0 ~ X43（可扩展）	X0 ~ X43（可扩展）	X0 ~ X77（可扩展）
辅助继电器 M	普通用	M0 ~ M495	M0 ~ M383	M0 ~ M383	M0 ~ M383	M0 ~ M499
	保持用	M496 ~ M511	M384 ~ M511	M384 ~ M511	M384 ~ M1535	M500 ~ M3071
	特殊用	M8000 ~ M8255（具体见使用手册）				
状态寄存器 S	初始状态用	S0 ~ S9	S0 ~ S9	S0 ~ S9	S0 ~ S9	S0 ~ S9
	返回原点用	—	—	—	—	S10 ~ S19
	普通用	S10 ~ S63	S10 ~ S127	S10 ~ S127	S10 ~ S999	S20 ~ S499
	保持用	—	S0 ~ S127	S0 ~ S127	S0 ~ S999	S500 ~ S899
	信号报警用	—	—	—	—	S900 ~ S999
定时器 T	100ms	T0 ~ T49	T0 ~ T62	T0 ~ T62	T0 ~ T199	T0 ~ T199
	10ms	T29 ~ T49	T32 ~ T62	T32 ~ T62	T200 ~ T245	T200 ~ T245
	1ms	—	—	T63	—	—
	1ms 累积		T63		T246 ~ T249	T246 ~ T249
	100ms 累积				T250 ~ T255	T250 ~ T255
计数器 C	16 位增计数（普通）	C0 ~ C13	C0 ~ C15	C0 ~ C15	C0 ~ C15	C0 ~ C99
	16 位增计数（保持）	C14、C15	C16 ~ C31	C16 ~ C31	C16 ~ C199	C100 ~ C199
	32 位可逆计数（普通）				C200 ~ C219	C200 ~ C219
	32 位可逆计数（保持）	—	—	—	C220 ~ C234	C220 ~ C234
	高速计数器	C235 ~ C255（具体见使用手册）				
数据寄存器 D	16 位普通用	D0 ~ D29	D0 ~ D127	D0 ~ D127	D0 ~ D127	D0 ~ D199
	16 位保持用	D30、D31	D128 ~ D255	D128 ~ D255	D128 ~ D7999	D200 ~ D7999
	16 位特殊用	D8000 ~ D8069	D8000 ~ D8255	D8000 ~ D8255	D8000 ~ D8255	D8000 ~ D8195
	16 位变址用	V Z	V0 ~ V7 Z0 ~ Z7	V Z	V0 ~ V7 Z0 ~ Z7	V0 ~ V7 Z0 ~ Z7
指针 N、P、I	嵌套用	N0 ~ N7	N0 ~ N7	N0 ~ N7	N0 ~ N7	N0 ~ N7
	跳转用	P0 ~ P63	P0 ~ P63	P0 ~ P63	P0 ~ P127	P0 ~ P127
	输入中断用	I00* ~ I30*	I00* ~ I50*	I00* ~ I30*	V00* ~ I50*	I00* ~ I50*
	定时器中断	—	—	—	—	I6** ~ I8**
	计数器中断	—	—	—	—	I010 ~ I060
常数 K、H	16 位	K：-32768 ~ 32767H：0000 ~ FFFFH				
	32 位	K：-2147483648 ~ 2147483647H：00000000 ~ FFFFFFFF				

附表 B　FX2N 系列 PLC 的特殊辅助继电器

编号	继电器内容	备注	编号	寄存器内容	备注
[M] 8000	RUN 监控 a 接点	RUN 时为 ON	[D] 8000	监视定时器	初始值 200ms
[M] 8001	RUN 监控 b 接点	RUN 时为 OFF	[D] 8001	PC 型号和版本号	
[M] 8002	初始脉冲 a 接点	RUN 后第 1 个扫描周期为 ON	[D] 8002	存储器容量	
[M] 8003	初始脉冲 b 接点	RUN 后第 1 个扫描周期为 OFF	[D] 8003	存储器种类	
[M] 8004	出错	M8086～M8067 检测	[D] 8004	出错 M 编号	M8086～M8087
[M] 8005	电池电压降低	锂电池电压下降	[D] 8005	电池电压	0.1V 单位
[M] 8006	电池电压降低锁存	保持降低信号	[D] 8006	电池电压降低检测	3.0V（0.1V 单位）
[M] 8007	瞬停检测		[D] 8007	瞬停次数	电源关闭清除
[M] 8008	停电检测		[D] 8008	停电检测时间	
[M] 8009	DC24V 降低	检测 24V 电源异常	[D] 8009	下降单元编号	降低的起始输出编号
时钟					
[M] 8010			[D] 8010	扫描当前值	0.1ms 单位包括常数扫描等待时间
[M] 8011	10ms 时钟	10ms 周期振荡	[D] 8011	最小扫描时间	
[M] 8012	100ms 时钟	100ms 周期振荡	[D] 8012	最大扫描时间	
[M] 8013	1s 时钟	1s 周期振荡	[D] 8013	秒 0～59s 预置值或当前值	
[M] 8014	1min 时钟	1min 周期振荡	[D] 8014	分 0～59 分预置值或当前值	
[M] 8015	计时停止或预置		[D] 8015	时 0～23 小时预置值或当前值	
[M] 8016	时间显示停止		[D] 8016	日 1～31 日预置值或当前值	
[M] 8017	±30s 修正		[D] 8017	月 1～12 月预置值或当前值	
[M] 8018	内装 RTC 检测常时 ON	常时 ON	[D] 8018	公历 2 位（0～99）预置值或当前值	
[M] 8019	内装 RTC 出错		[D] 8019	星期（0（日）～6（天））预置值或当前值	

续表

编号	继电器内容	备注	编号	寄存器内容	备注
		标记			
[M] 8020	零标记		[D] 8020	调整输入滤波器	初始值 10ms
[M] 8021	借位标记	应用命令运算标记	[D] 8021		
[M] 8022	进位标记		[D] 8022		
[M] 8023			[D] 8023		
[M] 8024	BMOV 方向指定		[D] 8024		
[M] 8025	HSC 方式（FNC53～55）		[D] 8025		
[M] 8026	RAMP 方式（FNC67）		[D] 8026		
[M] 8027	PR 方式（FNC77）		[D] 8027		
[M] 8028	执行 RROM/TO 指令时允许中断		[D] 8028	ZO（Z）寄存器内容	寻址寄存器 Z 的内容
[M] 8029	执行指令结束标记	应用命令	[D] 8029	VO（Z）寄存器内容	寻址寄存器 V 的内容
		PC 状态			
[M] 8030	电池关灯命令	关闭面板灯	[D] 8030		
[M] 8031	非保存存储清除	清除元件的 ON/OFF 和当前值	[D] 8031		
[M] 8032	保存存储清除		[D] 8032		
[M] 8033	存储保存停止	图像存储保持	[D] 8033		
[M] 8034	全输出禁止	外部输出均为 OFF	[D] 8034		
[M] 8035	强制 RUN 方式		[D] 8035		
[M] 8036	强制 RUN 指令		[D] 8036		
[M] 8037	强制 STOP 指令		[D] 8037		
[M] 8038			[D] 8038		
[M] 8039	恒定扫描方式	定周期运作	[D] 8039	常数扫描时间	初始值 0（1ms 单位）

附表 C　FX2N 系列 PLC 基本指令及步进指令

助记符	名称	可用元件	功能和用途
LD	取	X、Y、M、S、T、C	逻辑运算开始。用于与母线连接的常开触点
LDI	取反	X、Y、M、S、T、C	逻辑运算开始。用于与母线连接的常闭触点
LDP	取上升沿	X、Y、M、S、T、C	上升沿检测的指令，仅在指定元件的上升沿时接通 1 个扫描周期
LDF	取下降沿	X、Y、M、S、T、C	下降沿检测的指令，仅在指定元件的下降沿时接通 1 个扫描周期

助记符	名称	可用元件	功能和用途
AND	与	X、Y、M、S、T、C	和前面的元件或回路块实现逻辑与，用于常开触点串联
ANI	与反	X、Y、M、S、T、C	和前面的元件或回路块实现逻辑与，用于常闭触点串联
ANDP	与上升沿	X、Y、M、S、T、C	上升沿检测的指令，仅在指定元件的上升沿时接通 1 个扫描周期
OUT	输出	Y、M、S、T、C	驱动线圈的输出指令
SET	置位	Y、M、S	线圈接通保持指令
RST	复位	Y、M、S、T、C、D	清除动作保持；当前值与寄存器清零
PLS	上升沿微指令	Y、M	在输入信号上升沿时产生 1 个扫描周期的脉冲信号
PLF	下降沿微指令	Y、M	在输入信号下降沿时产生 1 个扫描周期的脉冲信号
MC	主控	Y、M	主控程序的起点
MCR	主控复位	—	主控程序的终点
ANDF	与下降沿	Y、M、S、T、C、D	下降沿检测的指令，仅在指定元件的下降沿时接通 1 个扫描周期
OR	或	Y、M、S、T、C、D	和前面的元件或回路块实现逻辑或，用于常开触点并联
ORI	或反	Y、M、S、T、C、D	和前面的元件或回路块实现逻辑或用于常用触点关联
ORP	或上升沿	Y、M、S、T、C、D	上升沿检测的指令，仅在指定元件的上升沿时接通 1 个扫描周期
ORF	或下降沿	Y、M、S、T、C、D	下降沿检测的指令，仅在指定元件的下降沿时接通 1 个扫描周期
ORF	或下降沿	Y、M、S、T、C、D	下降沿检测的指令，仅在指定元件的下降沿时接通 1 个扫描周期
ANB	回路块与	—	并联回路块的串联连接指令
ORB	回路块或	—	串联回路块的并联连接指令
MPS	进栈	—	将运算结果（或数据）压入栈存储器
MRD	读栈	—	将栈存储器第 1 层的内容读出
MPP	出栈	—	将栈存储器第 1 层的内容弹出
INV	取反转	—	将执行该指令之前的运算结果进行取反转操作
NOP	空操作	—	程序中只进行空操作
END	结束	—	表示程序结束
STL	状态器置位	S	表示将指定的状态器置位为 1
RET	状态器复位		表示将状态器置位为 0

附表 D FX2N 系列 PLC 功能指令

分类	FNCNO	指令符号	功能	D 指令	P 指令
程序流	00	CJ	有条件跳转	—	○
	01	CALL	子程序调用	—	○
	02	SRET	子程序返回	—	—
	03	IRET	中断返回	—	—
	04	EI	开中断	—	—
	05	DI	关中断	—	—
	06	FEND	主程序结束	—	—
	07	WDT	监视定时器刷新	—	—
	08	FOR	循环区起点	—	—
	09	NEXT	循环区终点	—	—
传送比较	10	CMP	比较	○	○
	11	ZCP	区间比较	○	○
	12	MOV	传送	○	○
	13	SMOV	移位传送	—	○
	14	CML	反向传送	○	○
	15	BMOV	块传送	—	○
	16	FMOV	多点传送	○	○
	17	XCH	交换	○	○
	18	BCD	BCD 转换	○	○
	19	BIN	BIN 转换	○	○
四则逻辑运算	20	ADD	BIN 加	○	○
	21	SUB	BIN 减	○	○
	22	MUL	BIN 乘	○	○
	23	DIV	BIN 除	○	○
	24	INC	BIN 增 1	○	○
	25	DEC	BIN 减 1	○	○
	26	WAND	逻辑字"与"	○	○
	27	WOR	逻辑字"或"	○	○
	28	WXOR	逻辑字异或	○	○
	29	NEG	求补码	○	○

续表

分类	FNCNO	指令符号	功能	D 指令	P 指令
移位指令	30	ROR	循环右移	○	○
	31	ROL	循环左移	○	○
	32	RCR	带进位右移	○	○
	33	RCL	带进位左移	○	○
	34	SFTR	位右移	—	○
	35	SFTL	位左移	—	○
	36	WSFR	字右移	—	○
	37	WSFL	字左移	—	○
数据处理	38	SFWR	"先进先出"写入	—	○
	39	SFRD	"先进先出"读出	—	○
	40	ZRST	区间复位	—	○
	41	DECO	解码	—	○
	42	ENCO	编码	—	○
	43	SUM	ON 位总数	○	○
	44	BON	ON 位判别	○	○
	45	MEAN	平均值	○	○
	46	ANS	报警器置位	—	—
	47	ANR	报警器复位	—	○
	48	SOR	BIN 平方根	○	○
	49	FLT	浮点数与十进制数间转换	○	○
高速处理	50	REF	刷新	—	○
	51	REFE	刷新和滤波调整	—	○
	52	MTR	矩阵输入	—	—
	53	HSCS	比较置位（高速计数器）	○	—
	54	HSCR	比较复位（高速计数器）	○	—
	55	HSZ	区间比较（高速计数器）	○	—
	56	SPD	速度检测	—	—
	57	PLSY	脉冲输出	○	—
	58	PWM	脉冲幅宽调制	—	—
	59	PLSR	加减速的脉冲输出	○	—

续表

分类	FNCNO	指令符号	功能	D 指令	P 指令
方便指令	60	IST	状态初始化	—	—
	61	SER	数据搜索	○	○
	62	ABSD	绝对值式凸轮顺控	○	—
	63	INCD	增量式凸轮顺控	—	—
	64	TTMR	示教定时器	—	—
	65	STMR	特殊定时器	—	—
	66	ALT	交替输出	—	—
	67	RAMP	斜坡信号	—	—
	68	ROTC	旋转台控制	—	—
	69	SORT	列表数据排序	—	—
外部设备（I/O）	70	TKY	0～9 数字键输入	○	—
	71	HKY	16 键输入	○	—
	72	DSW	数字开关	—	—
	73	SEGD	7 段编码	—	○
	74	SEGL	带锁存的 7 段显示	—	—
	75	ARWS	矢量开关	—	—
	76	ASC	ASC Ⅱ 转换	—	—
	77	PR	ASC Ⅱ 代码打印输入	—	—
	78	FROM	特殊功能模块读出	○	○
	79	TO	特殊功能模块写入	○	○
外部设备（SER）	80	RS	串行数据传送	—	—
	81	PRUN	并联运行	○	○
	82	ASCI	HEX → ASC Ⅱ 转换	—	○
	83	HEX	ASC Ⅱ → HEX 转换	—	○
	84	CCD	校正代码	—	○
	85	VRRD	FX-8AV 变量读取	—	○
	86	VRSC	FX-8AV 变量整标	—	—
	87				
	88	PID	PID 运算	○	○
	89				

续表

分类	FNCNO	指令符号	功能	D 指令	P 指令
浮点数	110	ECMP	二进制浮点数比较	○	○
	111	EZCP	二进制浮点数区比较	○	○
	118	EBCD	二进制浮点数→十进制浮点数变换	○	○
	119	EBIN	十进制浮点数→二进制浮点数变换	○	○
	120	EADD	二进制浮点数加	○	○
	121	ESUB	二进制浮点数减	○	○
	122	EMUL	二进制浮点数乘	○	○
	123	EDIV	二进制浮点数除	○	○
浮点运算	127	ESOR	二进制浮点数开平方	○	○
	129	INT	二进制浮点数→ BIN 整数转换	○	○
	130	SIN	浮点数 SIN 运算	○	○
	131	COS	浮点数 COS 运算	○	○
	132	TAN	浮点数 TAN 运算	○	○
	147	SWAP	上下字节转换	—	○
时钟运算	160	TCMP	时钟数据区比较	—	○
	161	TZCP	时钟数据区间比较	—	○
	162	TADD	时钟数据加	—	○
	163	TSUB	时钟数据减	—	○
	166	TRD	时钟数据读出	—	○
	167	TWR	时钟数据写入	—	○
格雷码	170	GRY	格雷码转换	○	○
	171	GBIN	格雷码逆转换	○	○
接点比较	224	LD=	(S1) = (S2)	○	—
	225	LD>	(S1) > (S2)	○	—
	226	LD<	(S1) < (S2)	○	—
	228	LD<>	(S1) ≠ (S2)	○	—
	229	LD ≦	(S1) ≦ (S2)	○	—
	230	LD ≧	(S1) ≧ (S2)	○	—
	232	AND=	(S1) = (S2)	○	—
	233	AND>	(S1) > (S2)	○	—
	234	AND<	(S1) < (S2)	○	—

续表

分类	FNCNO	指令符号	功能	D 指令	P 指令
接点比较	236	AND<>	(S1) ≠ (S2)	○	—
	237	AND ≦	(S1) ≦ (S2)	○	—
	238	AND ≧	(S1) ≧ (S2)	○	—
	240	OR=	(S1) = (S2)	○	—
	241	OR>	(S1) > (S2)	○	—
	242	OR<	(S1) < (S2)	○	—
	244	OR<>	(S1) ≠ (S2)	○	—
	245	OR ≦	(S1) ≦ (S2)	○	—
	246	OR ≧	(S1) ≧ (S2)	○	—

注：P 表示可使用脉冲执行方式，D 表示可处理 32 位（双字）数据，○表示某一指令有相应的处理功能，—表示某一指令无相应的处理功能。

附表 E　FX2N 系列 PLC 的基本单元

型号			输出点数	输入点数	扩展模块可用点数
继电器输出	可控硅输出	晶体管输出			
FX2N-16MR-001	FX2N-16MS	FX2N-16MT	8	8	24～32
FX2N-32MR-001	FX2N-32MS	FX2N-32MT	16	16	24～32
FX2N-48MR-001	FX2N-48MS	FX2N-48MT	24	24	48～64
FX2N-64MR-001	FX2N-64MS	FX2N-64MT	32	32	48～64
FX2N-80MR-001	FX2N-80MS	FX2N-80MT	40	40	48～64
FX2N-128MR-001		FX2N-128MT	64	64	48～64

附表 F　FX2N 系列 PLC 子系列扩展单元

型号	总 I/O 数目	输入			输出	
		数目	电压	类型	数目	类型
FX2N-32ER	32	16	24V 直流	漏型	16	继电器
FX2N-32ET	32	16	24V 直流	漏型	16	晶体管
FX2N-48ER	48	24	24V 直流	漏型	24	继电器
FX2N-48ET	48	24	24V 直流	漏型	24	晶体管
FX2N-48ER-D	48	24	24V 直流	漏型	24	继电器（直流）
FX2N-48ET-D	48	24	24V 直流	漏型	24	继电器（直流）

附表 G　FX2N 子系列的扩展模块

型号	总 I/O 数目	输入			输出	
		数目	电压	类型	数目	类型
FX2N-16EX	16	16	24V 直流	漏型		
FX2N-16EYT	16				16	晶体管
FX2N-16EYR	16				16	继电器

附表 H　FX2N 系列 PLC 性能指标

运算控制方式		存储程序，反复运算方法（专用 LSI），中断命令
输入输出控制方式		批处理方式（在执行 END 指令时），但有输入输出刷新指令
运算处理速度	基本指令	0.08μs/ 命令
	应用指令	1.52μs 100μs/ 命令
程序语言		SFC、梯形图、功能图
程序容量存储器形式		内附 8000 步 RAM 最大为 16K 步（可装 RAM EEPROM 存储卡盒）
指令数	基本、步进指令	基本（顺控）指令 27 个，步进指令 2 个
	应用指令	128 种，298 个
输入继电器		184 点 X000 ～ X267
输出继电器		184 点 Y000 ～ Y267
辅助继电器	一般用	500 点 M000 ～ M499
	断电保持用	2572 点 M000 ～ M3071
	特殊用	256 点 M8000 ～ M8255